中国科学技术学术著作出版基金资助出版
中国科学院中国孢子植物志编辑委员会　编辑

中　国　真　菌　志

第五十卷

外担菌目　隔担菌目

郭　林　主编

中国科学院知识创新工程重大项目
国家自然科学基金重大项目
（国家自然科学基金委员会　中国科学院　国家科学技术部　资助）

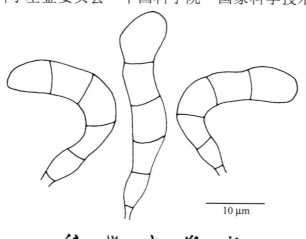

科　学　出　版　社
北　京

内 容 简 介

外担菌和隔担菌是重要的植物病原菌，可引起植物的严重病害。本卷简要地介绍了外担菌和隔担菌的经济重要性、研究简史、生活史、分类地位、形态分类特征、生态和分布、生物学特性等；记述了我国外担菌目和隔担菌目真菌共 92 种，其中外担菌目 3 科 4 属 35 种，隔担菌目 1 科 1 属 57 种，附有检索表，75 面图版，79 幅线条图。书末附有寄主植物各科、属、种上的中国外担菌和隔担菌目录，及盾蚧上的中国隔担菌目录，参考文献和索引。

本书可供菌物学科研人员、植物保护工作者、植病检疫工作者以及大专院校相关专业的师生使用和参考。

图书在版编目(CIP)数据

中国真菌志. 第 50 卷，外担菌目、隔担菌目 / 郭林主编. —北京：科学出版社，2015.9

(中国孢子植物志)

ISBN 978-7-03-044660-2

Ⅰ. ①中⋯ Ⅱ. ①郭⋯ Ⅲ. ①真菌志–中国 ②担子菌亚门–植物志–中国 Ⅳ. ①Q949.32②Q949.329

中国版本图书馆 CIP 数据核字(2015)第 124847 号

责任编辑：韩学哲 孙 青 / 责任校对：郑金红
责任印制：肖 兴 / 封面设计：槐寿明

科 学 出 版 社 出版
北京东黄城根北街 16 号
邮政编码：100717
http://www.sciencep.com

中国科学院印刷厂 印刷

科学出版社发行 各地新华书店经销

*

2015 年 9 月第 一 版　　开本：787×1092　1/16
2015 年 9 月第一次印刷　　印张：15 3/4
字数：370 000

定价：108.00 元
(如有印装质量问题，我社负责调换)

CONSILIO FLORARUM CRYPTOGAMARUM SINICARUM

ACADEMIAE SINICAE EDITA

FLORA FUNGORUM SINICORUM

VOL. 50

EXOBASIDIALES
SEPTOBASIDIALES

REDACTOR PRINCIPALIS

Guo Lin

A Major Project of the Knowledge Innovation Program
of the Chinese Academy of Sciences
A Major Project of the National Natural Science Foundation of China

(Supported by the National Natural Science Foundation of China,
the Chinese Academy of Sciences, and the Ministry of Science and Technology of China)

Science Press

Beijing

外担菌目 隔担菌目

本卷著者

郭　林　李振英　陆春霞　何双辉　陈素真

(中国科学院微生物研究所真菌学国家重点实验室)

AUCTORES

Guo Lin, Li Zhenying, Lu Chunxia, He Shuanghui, Chen Suzhen

(*Institutum Microbiologicum Academiae Sinicae*)

中国孢子植物志第五届编委名单

(2007 年 5 月)

主　　编　魏江春

副 主 编　夏邦美　胡征宇　庄文颖　吴鹏程

编　　委　(以姓氏笔画为序)

丁兰平　王全喜　王幼芳　田金秀　吕国忠
刘杏忠　刘国祥　庄剑云　李增智　李仁辉
杨祝良　陈健斌　张天宇　郑儒永　胡鸿钧
施之新　姚一建　贾　渝　郭　林　高亚辉
谢树莲　戴玉成　魏印心

序

　　中国孢子植物志是非维管束孢子植物志，分《中国海藻志》、《中国淡水藻志》、《中国真菌志》、《中国地衣志》及《中国苔藓志》五部分。中国孢子植物志是在系统生物学原理与方法的指导下对中国孢子植物进行考察、收集和分类的研究成果；是生物多样性研究的主要内容；是物种保护的重要依据，对人类活动与环境甚至全球变化都有不可分割的联系。

　　中国孢子植物志是我国孢子植物物种数量、形态特征、生理生化性状、地理分布及其与人类关系等方面的综合信息库；是我国生物资源开发利用、科学研究与教学的重要参考文献。

　　我国气候条件复杂，山河纵横，湖泊星布，海域辽阔，陆生和水生孢子植物资源极其丰富。中国孢子植物分类工作的发展和中国孢子植物志的陆续出版，必将为我国开发利用孢子植物资源和促进学科发展发挥积极作用。

　　随着科学技术的进步，我国孢子植物分类工作在广度和深度方面将有更大的发展，对于这部著作也将不断补充、修订和提高。

中国科学院中国孢子植物志编辑委员会
1984 年 10 月·北京

中国孢子植物志总序

中国孢子植物志是由《中国海藻志》、《中国淡水藻志》、《中国真菌志》、《中国地衣志》及《中国苔藓志》所组成。至于维管束孢子植物蕨类未被包括在中国孢子植物志之内,是因为它早先已被纳入《中国植物志》计划之内。为了将上述未被纳入《中国植物志》计划之内的藻类、真菌、地衣及苔藓植物纳入中国生物志计划之内,出席1972年中国科学院计划工作会议的孢子植物学工作者提出筹建"中国孢子植物志编辑委员会"的倡议。该倡议经中国科学院领导批准后,"中国孢子植物志编辑委员会"的筹建工作随之启动,并于1973年在广州召开的《中国植物志》、《中国动物志》和中国孢子植物志工作会议上正式成立。自那时起,中国孢子植物志一直在"中国孢子植物志编辑委员会"统一主持下编辑出版。

孢子植物在系统演化上虽然并非单一的自然类群,但是,这并不妨碍在全国统一组织和协调下进行孢子植物志的编写和出版。

随着科学技术的飞速发展,人们关于真菌的知识日益深入的今天,黏菌与卵菌已被从真菌界中分出,分别归隶于原生动物界和管毛生物界。但是,长期以来,由于它们一直被当作真菌由国内外真菌学家进行研究;而且,在"中国孢子植物志编辑委员会"成立时已将黏菌与卵菌纳入中国孢子植物志之一的《中国真菌志》计划之内并陆续出版,因此,沿用包括黏菌与卵菌在内的《中国真菌志》广义名称是必要的。

自"中国孢子植物志编辑委员会"于1973年成立以后,作为"三志"的组成部分,中国孢子植物志的编研工作由中国科学院资助;自1982年起,国家自然科学基金委员会参与部分资助;自1993年以来,作为国家自然科学基金委员会重大项目,在国家基金委资助下,中国科学院及科技部参与部分资助,中国孢子植物志的编辑出版工作不断取得重要进展。

中国孢子植物志是记述我国孢子植物物种的形态、解剖、生态、地理分布及其与人类关系等方面的大型系列著作,是我国孢子植物物种多样性的重要研究成果,是我国孢子植物资源的综合信息库,是我国生物资源开发利用、科学研究与教学的重要参考文献。

我国气候条件复杂,山河纵横,湖泊星布,海域辽阔,陆生与水生孢子植物物种多样性极其丰富。中国孢子植物志的陆续出版,必将为我国孢子植物资源的开发利用,为我国孢子植物科学的发展发挥积极作用。

中国科学院中国孢子植物志编辑委员会
主编　曾呈奎
2000年3月　北京

Foreword of the Cryptogamic Flora of China

Cryptogamic Flora of China is composed of *Flora Algarum Marinarum Sinicarum*, *Flora Algarum Sinicarum Aquae Dulcis*, *Flora Fungorum Sinicorum*, *Flora Lichenum Sinicorum*, and *Flora Bryophytorum Sinicorum*, edited and published under the direction of the Editorial Committee of the Cryptogamic Flora of China, Chinese Academy of Sciences (CAS). It also serves as a comprehensive information bank of Chinese cryptogamic resources.

Cryptogams are not a single natural group from a phylogenetic point of view which, however, does not present an obstacle to the editing and publication of the Cryptogamic Flora of China by a coordinated, nationwide organization.The Cryptogamic *Flora of China* is restricted to non-vascular cryptogams including the bryophytes, algae, fungi, and lichens.The ferns, a group of vascular cryptogams, were earlier included in the plan of Flora of China, and are not taken into consideration here.In order to bring the above groups into the plan of Fauna and Flora of China, some leading scientists on cryptogams, who were attending a working meeting of CAS in Beijing in July 1972, proposed to establish the Editorial Committee of the Cryptogamic Flora of China.The proposal was approved later by the CAS.The committee was formally established in the working conference of Fauna and Flora of China, including cryptogams, held by CAS in Guangzhou in March 1973.

Although myxomycetes and oomycetes do not belong to the Kingdom of Fungi in modern treatments, they have long been studied by mycologists. *Flora Fungorum Sinicorum* volumes including myxomycetes and oomycetes have been published, retaining for *Flora Fungorum Sinicorum* the traditional meaning of the term fungi.

Since the establishment of the editorial committee in 1973, compilation of Cryptogamic Flora of China and related studies have been supported financially by the CAS.The National Natural Science Foundation of China has taken an important part of the financial support since 1982.Under the direction of the committee, progress has been made in compilation and study of Cryptogamic Flora of China by organizing and coordinating the main research institutions and universities all over the country.Since 1993, study and compilation of the Chinese fauna, flora, and cryptogamic flora have become one of the key state projects of the National Natural Science Foundation with the combined support of the CAS and the National Science and Technology Ministry.

Cryptogamic Flora of China derives its results from the investigations, collections, and classification of Chinese cryptogams by using theories and methods of systematic and evolutionary biology as its guide.It is the summary of study on species diversity of cryptogams and provides important data for species protection.It is closely connected with human activities, environmental changes and even global changes.Cryptogamic Flora of China is a comprehensive information bank concerning morghology, anatomy, physiology, biochemistry, ecology, and phytogeographical distribution.It includes a series of special monographs for using the biological resources in China, for scientific research, and for teaching.

China has complicated weather conditions, with a crisscross network of mountains and rivers, lakes of all sizes, and an extensive sea area.China is rich in terrestrial and aquatic cryptogamic resources.The development of taxonomic studies of cryptogams and the publication of Cryptogamic Flora of China in concert will play an active role in exploration and utilization of the cryptogamic resources of China and in promoting the development of cryptogamic studies in China.

C. K. Tseng
Editor-in-Chief
The Editorial Committee of the Cryptogamic Flora of China
Chinese Academy of Sciences
March, 2000 in Beijing

《中国真菌志》序

《中国真菌志》是在系统生物学原理和方法指导下,对中国真菌,即真菌界的子囊菌、担子菌、壶菌及接合菌四个门以及不属于真菌界的卵菌等三个门和黏菌及其类似的菌类生物进行搜集、考察和研究的成果。本志所谓"真菌"系广义概念,涵盖上述三大菌类生物(地衣型真菌除外),即当今所称"菌物"。

中国先民认识并利用真菌作为生活、生产资料,历史悠久,经验丰富,诸如酒、醋、酱、红曲、豆豉、豆腐乳、豆瓣酱等的酿制,蘑菇、木耳、茭白作食用,茯苓、虫草、灵芝等作药用,在制革、纺织、造纸工业中应用真菌进行发酵,以及利用具有抗癌作用和促进碳素循环的真菌,充分显示其经济价值和生态效益。此外,真菌又是多种植物和人畜病害的病原菌,危害甚大。因此,对真菌物种的形态特征、多样性、生理生化、亲缘关系、区系组成、地理分布、生态环境以及经济价值等进行研究和描述,非常必要。这是一项重要的基础科学研究,也是利用益菌、控制害菌、化害为利、变废为宝的应用科学的源泉和先导。

中国是具有悠久历史的文明古国,从远古到明代的 4500 年间,科学技术一直处于世界前沿,真菌学也不例外。酒是真菌的代谢产物,中国酒文化博大精深、源远流长,有六七千年历史。约在公元 300 年的晋代,江统在其《酒诰》诗中说:"酒之所兴,肇自上皇。或云仪狄,又曰杜康。有饭不尽,委之空桑。郁结成味,久蓄气芳。本出于此,不由奇方。"作者精辟地总结了我国酿酒历史和自然发酵方法,比之意大利学者雷蒂(Radi, 1860) 提出微生物自然发酵法的学说约早 1500 年。在仰韶文化时期(5000~3000 B. C.),我国先民已懂得采食蘑菇。中国历代古籍中均有食用菇蕈的记载,如宋代陈仁玉在其《菌谱》(1245 年)中记述浙江台州产鹅膏菌、松蕈等 11 种,并对其形态、生态、品级和食用方法等作了论述和分类,是中国第一部地方性食用蕈菌志。先民用真菌作药材也是一大创造,中国最早的药典《神农本草经》(成书于 102~200 A. D.)所载 365 种药物中,有茯苓、雷丸、桑耳等 10 余种药用真菌的形态、色泽、性味和疗效的叙述。明代李时珍在《本草纲目》(1578)中,记载"三菌"、"五蕈"、"六芝"、"七耳"以及羊肚菜、桑黄、鸡㙡、雪蚕等 30 多种药用真菌。李氏将菌、蕈、芝、耳集为一类论述,在当时尚无显微镜帮助的情况下,其认识颇为精深。该籍的真菌学知识,足可代表中国古代真菌学水平,堪与同时代欧洲人(如 C. Clusius, 1529~1609)的水平比拟而无逊色。

15 世纪以后,居世界领先地位的中国科学技术,逐渐落后。从 18 世纪中叶到 20 世纪 40 年代,外国传教士、旅行家、科学工作者、外交官、军官、教师以及负有特殊任务者,纷纷来华考察,搜集资料,采集标本,研究鉴定,发表论文或专辑。如法国传教士西博特(P. M. Cibot)1759 年首先来到中国,一住就是 25 年,对中国的植物(含真菌)写过不少文章,1775 年他发表的五棱散尾菌(*Lysurus mokusin*),是用现代科学方法研究发表的第一个中国真菌。继而,俄国的波塔宁(G. N. Potanin, 1876)、意大利的吉拉迪(P. Giraldii, 1890)、奥地利的汉德尔-马泽蒂(H. Handel Mazzetti, 1913)、美国的梅里尔(E. D. Merrill, 1916)、瑞典的史密斯(H. Smith, 1921)等共 27 人次来我国采集标本。研究发表中国真菌论著 114 篇册，作者多达 60 余人次，报道中国真菌 2040 种，其中含 10 新属、361 新种。东邻日本自 1894 年以来，特别是 1937 年以后，大批人员涌到中国，调查真菌资源及植物病害，采集标本，鉴定发表。据初步统计，发表论著 172 篇册，作者 67 人次以上，共报道中国真菌约 6000 种(有重复)，其中含 17 新属、1130 新种。其代表人物在华北有三宅市郎(1908)，东北有三浦道哉(1918)，台湾有泽田兼吉(1912)；此外，还有斋藤贤道、伊藤诚哉、平冢直秀、山本和太郎、逸见武雄等数十人。

国人用现代科学方法研究中国真菌始于 20 世纪初，最初工作多侧重于植物病害和工业发酵，纯真菌学研究较少。在一二十年代便有不少研究报告和学术论文发表在中外各种刊物上，如胡先骕 1915 年的"菌类鉴别法"，章祖纯 1916 年的"北京附近发生最盛之植物病害调查表"以及钱穟孙(1918)、邹钟琳(1919)、戴芳澜(1920)、李寅恭(1921)、朱凤美(1924)、孙豫寿(1925)、俞大绂(1926)、魏喦寿(1928)等的论文。三四十年代有陈鸿康、邓叔群、魏景超、凌立、周宗璜、欧世璜、方心芳、王云章、裘维蕃等发表的论文，为数甚多。他们中有的人终生或大半生都从事中国真菌学的科教工作，如戴芳澜(1893~1973)著"江苏真菌名录"(1927)、"中国真菌杂记"(1932~1946)、《中国已知真菌名录》(1936，1937)、《中国真菌总汇》(1979)和《真菌的形态和分类》(1987)等，他发表的"三角枫上白粉菌一新种"(1930)，是国人用现代科学方法研究、发表的第一个中国真菌新种。邓叔群(1902~1970)著"南京真菌记载"(1932~1933)、"中国真菌续志"(1936~1938)、《中国高等真菌志》(1939)和《中国的真菌》(1963，1996)等，堪称《中国真菌志》的先导。上述学者以及其他许多真菌学工作者，为《中国真菌志》研编的起步奠定了基础。

在 20 世纪后半叶，特别是改革开放以来的 20 多年，中国真菌学有了迅猛的发展，如各类真菌学课程的开设，各级学位研究生的招收和培养，专业机构和学会的建立，专业刊物的创办和出版，地区真菌志的问世等，使真菌学人才辈出，为《中国真菌志》的研编输送了新鲜血液。1973 年中国科学院广州"三志"会议决定，《中国真菌志》的研编正式启动，1987 年由郑儒永、余永年等编辑出版了《中国真菌志》第 1 卷《白粉菌目》，至 2000 年已出版 14 卷。自第 2 卷开始实行主编负责制，2.《银耳目和花耳目》(刘波主编，1992)；3.《多孔菌科》(赵继鼎，1998)；4.《小煤炱目Ⅰ》(胡炎兴，1996)；5.《曲霉属及其相关有性型》(齐祖同，1997)；6.《霜霉目》(余永年，1998)；7.《层腹菌目》(刘波，1998)；8.《核盘菌科和地舌菌科》(庄文颖，1998)；9.《假尾孢属》(刘锡琎、郭英兰，1998)；10.《锈菌目Ⅰ》(王云章、庄剑云，1998)；11.《小煤炱目Ⅱ》(胡炎兴，1999)；12.《黑粉菌科》(郭林，2000)；13.《虫霉目》(李增智，2000)；14.《灵芝科》(赵继鼎、张小青，2000)。盛世出巨著，在国家"科教兴国"英明政策的指引下，《中国真菌志》的研编和出版，定将为中华灿烂文化做出新贡献。

余永年
庄文颖 谨识
中国科学院微生物研究所
中国·北京·中关村
公元 2002 年 09 月 15 日

Foreword of Flora Fungorum Sinicorum

Flora Fungorum Sinicorum summarizes the achievements of Chinese mycologists based on principles and methods of systematic biology in intensive studies on the organisms studied by mycologists, which include non-lichenized fungi of the Kingdom Fungi, some organisms of the Chromista, such as oomycetes etc., and some of the Protozoa, such as slime molds.In this series of volumes, results from extensive collections, field investigations, and taxonomic treatments reveal the fungal diversity of China.

Our Chinese ancestors were very experienced in the application of fungi in their daily life and production.Fungi have long been used in China as food, such as edible mushrooms, including jelly fungi, and the hypertrophic stems of water bamboo infected with *Ustilago esculenta*; as medicines, like *Cordyceps sinensis* (caterpillar fungus), *Poria cocos* (China root), and *Ganoderma* spp. (lingzhi); and in the fermentation industry, for example, manufacturing liquors, vinegar, soy-sauce, *Monascus*, fermented soya beans, fermented bean curd, and thick broad-bean sauce.Fungal fermentation is also applied in the tannery, paperma-king, and textile industries.The anti-cancer compounds produced by fungi and functions of saprophytic fungi in accelerating the carbon-cycle in nature are of economic value and ecological benefits to human beings.On the other hand, fungal pathogens of plants, animals and human cause a huge amount of damage each year.In order to utilize the beneficial fungi and to control the harmful ones, to turn the harmfulness into advantage, and to convert wastes into valuables, it is necessary to understand the morphology, diversity, physiology, biochemistry, relationship, geographical distribution, ecological environment, and economic value of different groups of fungi. *Flora Fungorum Sinicorum* plays an important role from precursor to fountainhead for the applied sciences.

China is a country with an ancient civilization of long standing.In the 4500 years from remote antiquity to the Ming Dynasty, her science and technology as well as knowledge of fungi stood in the leading position of the world.Wine is a metabolite of fungi.The Wine Culture history in China goes back 6000 to 7000 years ago, which has a distant source and a long stream of extensive knowledge and profound scholarship.In the Jin Dynasty (*ca.* 300 A.D.), JIANG Tong, the famous writer, gave a vivid account of the Chinese fermentation history and methods of wine processing in one of his poems entitled *Drinking Games* (Jiu Gao), 1500 years earlier than the theory of microbial fermentation in natural conditions raised by the Italian scholar, Radi (1860). During the period of the Yangshao Culture (5000—3000 B. C.), our Chinese ancestors knew how to eat mushrooms. There were a great number of records of edible mushrooms in Chinese ancient books. For example, back to the Song Dynasty, CHEN Ren-Yu (1245) published the *Mushroom Menu* (Jun Pu) in which he listed 11 species of edible fungi including *Amanita* sp.and *Tricholoma matsutake* from Taizhou, Zhejiang Province, and described in detail their morphology, habitats, taxonomy, taste, and way of cooking. This was the first local flora of the Chinese edible mushrooms.Fungi used as medicines originated in ancient China. The earliest Chinese pharmacopocia, *Shen-Nong Materia Medica* (Shen Nong Ben Cao Jing), was published in 102—200 A. D. Among the 365 medicines recorded, more than 10 fungi, such as *Poria cocos* and *Polyporus mylittae*, were included. Their fruitbody shape, color, taste, and medical functions were provided.The great pharmacist of Ming Dynasty, LI Shi-Zhen (1578) published his eminent work *Compendium Materia Medica* (Ben Cao Gang Mu) in which more than thirty fungal species were accepted as medicines, including *Aecidium mori*, *Cordyceps sinensis*, *Morchella* spp., *Termitomyces* sp., etc.Before the invention of microscope, he managed to bring fungi of different classes together, which demonstrated his intelligence and profound knowledge of biology.

After the 15th century, development of science and technology in China slowed down.From middle of the 18th century to the 1940's, foreign missionaries, tourists, scientists, diplomats, officers, and other professional workers visited China.They collected specimens of plants and fungi, carried out taxonomic studies, and published papers, exsi ccatae, and monographs based on Chinese materials.The French missionary, P. M. Cibot, came to China in 1759 and stayed for 25 years to investigate plants including fungi in different regions of China.Many papers were written by him. *Lysurus mokusin*, identified with modern techniques and published in 1775, was probably the first Chinese fungal record by these visitors.Subsequently, around 27 man-times of foreigners attended field excursions in China, such as G. N. Potanin from Russia in 1876, P. Giraldii from Italy in 1890, H. Handel-Mazzetti from Austria in 1913, E. D. Merrill from the United States in 1916, and H. Smith from Sweden in 1921. Based on examinations of the Chinese collections obtained, 2040 species including 10 new genera and 361 new species were reported or described in 114 papers and books.Since 1894, especially after 1937, many Japanese entered China.They investigated the fungal resources and plant diseases, collected specimens, and published their identification results.According to incomplete information, some 6000 fungal names (with synonyms) including 17 new genera and 1130 new species appeared in 172 publications.The main workers were I. Miyake in the Northern China, M. Miura in the Northeast, K. Sawada in Taiwan, as well as K. Saito, S. Ito, N. Hiratsuka, W. Yamamoto, T. Hemmi, etc.

Research by Chinese mycologists started at the turn of the 20th century when plant diseases and fungal fermentation were emphasized with very little systematic work.Scientific papers or experimental reports were published in domestic and international journals during the 1910's to 1920's. The best-known are "Identification of the fungi" by H. H. Hu in 1915, "Plant disease report from Peking and the adjacent regions" by C. S. Chang in 1916, and papers by S. S. Chian (1918), C. L. Chou (1919), F. L. Tai (1920), Y. G. Li (1921), V. M. Chu (1924), Y. S. Sun (1925), T. F. Yu (1926), and N. S. Wei (1928). Mycologists who were active at the 1930's to 1940's are H. K. Chen, S. C. Teng, C. T. Wei, L. Ling, C. H. Chow, S. H. Ou,

S. F. Fang, Y. C. Wang, W. F. Chiu, and others.Some of them dedicated their lifetime to research and teaching in mycology. Prof. F. L. Tai (1893—1973) is one of them, whose representative works were "List of fungi from Jiangsu"(1927), "Notes on Chinese fungi"(1932—1946), *A List of Fungi Hitherto Known from China* (1936, 1937), *Sylloge Fungorum Sinicorum* (1979), *Morphology and Taxonomy of the Fungi* (1987), etc.His paper entitled "A new species of *Uncinula* on *Acer trifidum* Hook.& Arn."was the first new species described by a Chinese mycologist. Prof. S. C. Teng (1902—1970) is also an eminent teacher.He published "Notes on fungi from Nanking" in 1932—1933, "Notes on Chinese fungi" in 1936—1938, *A Contribution to Our Knowledge of the Higher Fungi of China* in 1939, and *Fungi of China* in 1963 and 1996.Work done by the above-mentioned scholars lays a foundation for our current project on *Flora Fungorum Sinicorum*.

In 1973, an important meeting organized by the Chinese Academy of Sciences was held in Guangzhou (Canton) and a decision was made, uniting the related scientists from all over China to initiate the long term project "Fauna, Flora, and Cryptogamic Flora of China".Work on *Flora Fungorum Sinicorum* thus started.Significant progress has been made in development of Chinese mycology since 1978.Many mycological institutions were founded in different areas of the country.The Mycological Society of China was established, the journals *Acta Mycological Sinica* and *Mycosystema* were published as well as local floras of the economically important fungi.A young generation in field of mycology grew up through postgraduate training programs in the graduate schools.The first volume of Chinese Mycoflora on the Erysiphales (edited by R. Y. Zheng & Y. N. Yu, 1987) appeared.Up to now, 14 volumes have been published: Tremellales and Dacrymycetales edited by B. Liu (1992), Polyporaceae by J. D. Zhao (1998), Meliolales Part I (Y. X. Hu, 1996), *Aspergillus* and its related teleomorphs (Z. T. Qi, 1997), Peronosporales (Y. N. Yu, 1998), Sclerotiniaceae and Geoglossaceae (W. Y. Zhuang, 1998), *Pseudocercospora* (X. J. Liu & Y. L. Guo, 1998), Uredinales Part I (Y. C. Wang & J. Y. Zhuang, 1998), Meliolales Part II (Y. X. Hu, 1999), Ustilaginaceae (L. Guo, 2000), Entomophthorales (Z. Z. Li, 2000), and Ganodermataceae (J. D. Zhao & X. Q. Zhang, 2000). We eagerly await the coming volumes and expect the completion of Flora *Fungorum Sinicorum* which will reflect the flourishing of Chinese culture.

Y. N. Yu and W. Y. Zhuang
Institute of Microbiology, CAS, Beijing
September 15, 2002

致 谢

中国科学院微生物研究所真菌学国家重点实验室的李伟、刘娜、朱一凡、何帆等在野外考察时曾采集部分标本,李伟鉴定了许多隔担菌标本;中国科学院昆明植物研究所杨祝良,西南林学院周彤燊,北京林业大学刘德庆,广西大学农学院韦继光,广东梅州农业学校李嘉斌,江西大余农业局李道玉,中国科学院植物研究所于胜祥,安徽舒城河棚镇詹文勇,云南保山白花林侯体国,云南永德乌木龙欧阳德才,西昌学院郑晓慧,安徽黄山风景区叶要清向作者馈赠标本;中国科学院植物研究所李振宇、曹子余、耿运英,海南霸王岭自然保护区陈庆,安徽黄山叶要清,本室庄剑云鉴定寄主植物标本;北京林业大学武三安鉴定盾蚧;真菌学国家重点实验室姚一建、魏铁铮、胡光荣和吕红梅在标本国内外借阅、入藏、管理等方面给予帮助;朱向菲帮助绘图;中国科学院微生物研究所谢家仪和梁静南在扫描电镜观察方面给予帮助;在此一并对他们表示衷心的感谢。

下列标本馆,即中国科学院昆明植物研究所隐花植物标本馆(HKAS),中国台湾自然科学博物馆(TNM),中国台湾大学标本馆(TAI),美国农业部国家菌物标本馆(BPI),美国哈佛大学隐花植物标本馆(FH),曾借给作者馆藏模式标本和某些中国的标本,对这些标本馆的负责人及其工作人员表示感谢。

庄剑云、侯成林和庄文颖对本书进行了仔细审阅,提出了宝贵意见,在此表示诚挚的谢意!

说　明

本书是我国外担菌和隔担菌分类研究的总结，包括绪论、专论、附录、参考文献和索引五大部分。

绪论部分简要地叙述了外担菌的经济重要性、研究概况、研究简史、隔担菌经济重要性、生物学特性、生活史等。

专论中共描述了我国外担菌目 3 科 4 属 35 种，隔担菌目 1 科 1 属 57 种，包括属下分种检索表。每个种包括正名、异名及其文献引证、形态描述和分布等。每个种记载的寄主和国内分布是根据作者研究的标本引注的，没有注明研究标本的引证未在检索表中列出。国内分布以我国直辖市以及各省、自治区的市、县、山或河流等为单位，按《全国省级行政区划代码》中地名出现的顺序排列。如果省、自治区后面无市、县、山等具体地名，则表示标本采集地不详。世界分布按《世界地图集》（2006 年）中地名出现的顺序排列。

文中外担菌和隔担菌拉丁学名命名人缩写，采用国际通用 Kirk 和 Ansell（1992）的缩写方法。

本书引证标本时采用国际通用的标本馆缩写。

BPI＝Herbarium, U.S. National Fungus Collections, USA，美国农业部国家菌物标本馆

FH＝Harvard University Herbaria, USA，美国哈佛大学隐花植物标本馆

HKAS＝中国科学院昆明植物研究所隐花植物标本馆

HMAS＝中国科学院微生物研究所菌物标本馆

TAI＝中国台湾大学标本馆

TNM＝中国台湾自然科学博物馆

目　　录

序
中国孢子植物志总序
《中国真菌志》序
致谢
说明
第一部分　外担菌目 ··· 1
　绪论 ·· 1
　经济重要性 ·· 1
　外担菌目分类地位和种类 ·· 2
　外担菌目研究简史 ·· 2
　中国外担菌目研究简史 ·· 3
　中国外担菌生态和分布 ·· 4
　外担菌属生活史 ·· 5
　外担菌属形态分类特征 ·· 5
　外担菌属真菌的标本采集 ·· 7
　专论 ·· 8
　外担菌目 EXOBASIDIALES ·· 8
　　座担菌科 BRACHYBASIDIACEAE ··· 9
　　　二孢外担菌属 Kordyana Racib. ··· 9
　　　　1. 鸭跖草二孢外担菌 *Kordyana commelinae* Sawada ············ 9
　　外担菌科 EXOBASIDIACEAE ·· 10
　　　外担菌属 Exobasidium Woronin ·· 10
　　　　2. 茶树外担菌 *Exobasidium camelliae* Shirai ························ 11
　　　　3. 加拿大外担菌 *Exobasidium canadense* Savile ··················· 12
　　　　4. 圆柱外担菌 *Exobasidium cylindrosporum* Ezuka ··············· 13
　　　　5. 德钦外担菌 *Exobasidium deqenense* Zhen Ying Li & L. Guo ········· 14
　　　　6. 柃外担菌 *Exobasidium euryae* Syd. & P. Syd. ···················· 15
　　　　7. 台湾外担菌 *Exobasidium formosanum* Sawada ·················· 16
　　　　8. 白珠树外担菌 *Exobasidium gaultheriae* Sawada ················ 18
　　　　9. 细丽外担菌 *Exobasidium gracile* (Shirai) Syd. & P. Syd. ···· 18
　　　　10. 半球状外担菌 *Exobasidium hemisphaericum* Shirai ········· 19
　　　　11. 日本外担菌 *Exobasidium japonicum* Shirai ······················ 20
　　　　12. 昆明外担菌 *Exobasidium kunmingense* Zhen Ying Li & L. Guo ······ 21
　　　　13. 庐山外担菌 *Exobasidium lushanense* Zhen Ying Li & L. Guo ······· 22

14. 珍珠花外担菌 *Exobasidium lyoniae* Zhen Ying Li & L. Guo ··········· 23
15. 桢楠外担菌 *Exobasidium machili* Sawada ··········· 25
16. 单孢外担菌 *Exobasidium monosporum* Sawada ··········· 25
17. 南烛外担菌 *Exobasidium ovalifoliae* Zhen Ying Li & L. Guo ··········· 25
18. 五孢外担菌 *Exobasidium pentasporium* Shirai ··········· 27
19. 马醉木外担菌 *Exobasidium pieridis* Henn. ··········· 27
20. 卵叶马醉木外担菌 *Exobasidium pieridis-ovalifoliae* Sawada ··········· 28
21. 鹿蹄草叶白珠外担菌 *Exobasidium pyroloides* Zhen Ying Li & L. Guo ··········· 29
22. 腋花杜鹃外担菌 *Exobasidium racemosum* Zhen Ying Li & L. Guo ··········· 30
23. 网状外担菌 *Exobasidium reticulatum* S. Ito & Sawada ··········· 31
24. 杜鹃外担菌 *Exobasidium rhododendri* (Fuckel) C.E. Cramer ··········· 32
25. 雪层杜鹃外担菌 *Exobasidium rhododendri-nivalis* Zhen Ying Li & L. Guo ··········· 33
26. 紫蓝杜鹃外担菌 *Exobasidium rhododendri-russati* Zhen Ying Li & L. Guo ··········· 34
27. 锈叶杜鹃外担菌 *Exobasidium rhododendri-siderophylli* Zhen Ying Li & L. Guo ··········· 35
28. 泽田外担菌 *Exobasidium sawadae* G. Yamada ··········· 36
29. 乌饭果外担菌 *Exobasidium splendidum* Nannf. ··········· 37
30. 少孢外担菌 *Exobasidium taihokuense* Sawada ··········· 38
31. 腾冲外担菌 *Exobasidium tengchongense* Zhen Ying Li & L. Guo ··········· 39
32. 坏损外担菌 *Exobasidium vexans* Massee ··········· 40
33. 云南外担菌 *Exobasidium yunnanense* Zhen Ying Li & L. Guo ··········· 41

果黑粉菌科 GRAPHIOLACEAE ··········· 42
 果黑粉菌属 Graphiola Poit. ··········· 42
  34. 刺葵果黑粉菌 *Graphiola phoenicis* (Moug.) Poit. ··········· 43
 蒲葵果黑粉菌属 *Stylina* Syd. ··········· 44
  35. 蒲葵果黑粉菌 *Stylina disticha* (Ehrenb.) Syd. & P. Syd. ··········· 44

第二部分 隔担菌目 ··········· 45

绪论 ··········· 45
经济重要性 ··········· 45
生物学特性 ··········· 45
生活史 ··········· 45
细胞学特征 ··········· 46
症状和分类特征 ··········· 46
分类地位 ··········· 47
世界研究简史 ··········· 48
中国研究简史 ··········· 48
专论 ··········· 50
隔担菌目 SEPTOBASIDIALES ··········· 50
 隔担菌科 SEPTOBASIDIACEAE ··········· 50
  隔担菌属 Septobasidium Pat. ··········· 50

36. 金合欢隔担菌 *Septobasidium acaciae* Sawada ································ 54
37. 白隔担菌 *Septobasidium albidum* Pat. ··· 54
38. 合欢隔担菌 *Septobasidium albiziae* S.Z. Chen & L. Guo ···················· 55
39. 环状隔担菌 *Septobasidium annulatum* C.X. Lu & L. Guo ···················· 56
40. 紫金牛隔担菌 *Septobasidium ardisiae* C.X. Lu & L. Guo ···················· 57
41. 酒饼簕隔担菌 *Septobasidium atalantiae* S.Z. Chen & L. Guo ················ 58
42. 黑点隔担菌 *Septobasidium atropunctum* Couch ································ 59
43. 白轮盾蚧隔担菌 *Septobasidium aulacaspidis* C.X. Lu & L. Guo ············ 60
44. 茂物隔担菌 *Septobasidium bogoriense* Pat. ····································· 61
45. 构树隔担菌 *Septobasidium broussonetiae* C.X. Lu, L. Guo & J.G. Wei ······ 62
46. 褐色隔担菌 *Septobasidium brunneum* Wei Li bis & L. Guo ·················· 64
47. 山柑隔担菌 *Septobasidium capparis* S.Z. Chen & L. Guo ···················· 64
48. 煤状隔担菌 *Septobasidium carbonaceum* Pat. ································· 65
49. 卡雷隔担菌 *Septobasidium carestianum* Bres. ·································· 66
50. 柑橘隔担菌 *Septobasidium citricola* Sawada ··································· 66
51. 菌丝状隔担菌 *Septobasidium conidiophorum* Couch ex L.D. Gómez & Henk ··· 67
52. 栒子隔担菌 *Septobasidium cotoneastri* S.Z. Chen & L. Guo ················· 67
53. 陆均松隔担菌 *Septobasidium dacrydii* S.Z. Chen & L. Guo ·················· 68
54. 双圆蚧隔担菌 *Septobasidium diaspidioti* Wei Li bis & L. Guo ··············· 69
55. 胡颓子隔担菌 *Septobasidium elaeagni* S.Z. Chen & L. Guo ··················· 70
56. 卫矛隔担菌 *Septobasidium euonymi* S.Z. Chen & L. Guo ···················· 71
57. 岗柃隔担菌 *Septobasidium euryae-groffii* C.X. Lu & L Guo ················· 71
58. 裂缝隔担菌 *Septobasidium fissuratum* Wei Li bis & L. Guo ················· 73
59. 台湾隔担菌 *Septobasidium formosense* Couch ex L.D. Gómez & Henk ······· 73
60. 高黎贡山隔担菌 *Septobasidium gaoligongense* C.X. Lu & L. Guo ············ 74
61. 山小橘隔担菌 *Septobasidium glycosmidis* S.Z. Chen & L. Guo ··············· 75
62. 广西隔担菌 *Septobasidium guangxiense* Wei Li bis & L. Guo ················ 76
63. 海南隔担菌 *Septobasidium hainanense* C.X. Lu & L. Guo ···················· 77
64. 山龙眼隔担菌 *Septobasidium heliciae* Wei Li bis & L. Guo ··················· 78
65. 亨宁斯隔担菌 *Septobasidium henningsii* Pat. ···································· 79
66. 枳椇隔担菌 *Septobasidium hoveniae* Wei Li bis, S.Z. Chen, L. Guo & Y.Q. Ye ······· 80
67. 叶隔担菌 *Septobasidium humile* Racib. ·· 81
68. 绣球隔担菌 *Septobasidium hydrangeae* S.Z. Chen & L. Guo ················· 81
69. 龟井隔担菌 *Septobasidium kameii* Kaz. Itô ······································ 82
70. 白丝隔担菌 *Septobasidium leucostemum* Pat. ··································· 83
71. 女贞隔担菌 *Septobasidium ligustri* C.X. Lu & L. Guo ·························· 84
72. 珍珠花隔担菌 *Septobasidium lyoniae* C.X. Lu & L. Guo ······················· 85
73. 杜茎山隔担菌 *Septobasidium maesae* C.X. Lu & L. Guo ······················· 86
74. 梅州隔担菌 *Septobasidium meizhouense* C.X. Lu, L. Guo & J.B. Li ··········· 87

75. 南方隔担菌 *Septobasidium meridionale* C.X. Lu & L. Guo ·································· 88
76. 浅色隔担菌 *Septobasidium pallidum* Couch ex. L. D. Gómez & Henk ················ 90
77. 佩奇隔担菌 *Septobasidium petchii* Couch. ex L. D. Gómez & Henk ················· 94
78. 海桐花隔担菌 *Septobasidium pittospori* C.X. Lu & L. Guo ····························· 94
79. 蓼隔担菌 *Septobasidium polygoni* C.X. Lu & L. Guo ······································ 95
80. 李隔担菌 *Septobasidium pruni* C.X. Lu & L. Guo ·· 96
81. 假柄隔担菌 *Septobasidium pseudopedicellatum* Burt ······································ 98
82. 梭罗树隔担菌 *Septobasidium reevesiae* S.Z. Chen & L. Guo ···························· 99
83. 赖因金隔担菌 *Septobasidium reinkingii* Couch ex L.D. Gómez & Henk ············ 99
84. 黄色隔担菌 *Septobasidium rhabarbarinum* (Mont.) Bres. ······························ 100
85. 水东哥隔担菌 *Septobasidium saurauiae* S.Z. Chen & L. Guo ·························· 101
86. 拟隔担菌 *Septobasidium septobasidioides* (Henn.) Höhn. & Litsch. ··············· 103
87. 四川隔担菌 *Septobasidium sichuanense* S.Z. Chen & L. Guo ·························· 104
88. 中国隔担菌 *Septobasidium sinense* Couch ex L.D. Gómez & Henk ················· 105
89. 山矾隔担菌 *Septobasidium symploci* S.Z. Chen & L. Guo ······························ 107
90. 田中隔担菌 *Septobasidium tanakae* (Miyabe) Boedijn & B.A. Steinm. ············ 107
91. 横层隔担菌 *Septobasidium transversum* Wei Li bis & L. Guo ························ 108
92. 云南隔担菌 *Septobasidium yunnanense* S.Z. Chen & L. Guo ·························· 109

附录 I 寄主植物各科、属、种上的中国外担菌名录 ·································· 110
附录 II 寄主植物各科、属、种上的中国隔担菌名录 ································ 113
附录 III 蚧虫各科、属、种上的中国隔担菌名录 ······································ 122

参考文献 ··· 124
索引 ··· 130
    植物汉名索引 ·· 130
    蚧虫汉名索引 ·· 134
    真菌汉名索引 ·· 135
    植物学名索引 ·· 137
    蚧虫学名索引 ·· 141
    真菌学名索引 ·· 142

图版

第一部分 外担菌目

绪 论

外担菌是一种植物病原真菌，可在植株上形成病斑、肿胀、菌瘿、丛枝、黑点等症状，导致嫩叶和果实脱落、花朵凋零、幼枝枯萎，严重影响植物生长与繁殖。此类真菌多分布于全球气候温暖潮湿之地，在我国主要分布于南方诸省。外担菌主要侵染杜鹃花科 Ericaceae、山茶科 Theaceae 和棕榈科 Palmae 等植物。

经济重要性

外担菌通常侵害某些经济类植物和观赏性植物，并造成相当大的经济损失。由坏损外担菌 *Exobasidium vexans* Massee 引起的茶树病害，侵染茶树的嫩叶和嫩枝，导致这些枝叶枯死，大大降低了茶叶产量。如果大量使用杀菌剂来控制外担菌的侵袭，则会造成茶叶品质的下降。亚洲是茶叶的主要生产区域，故而几种外担菌引起的病害十分常见。其中以印度、斯里兰卡和印度尼西亚等国茶园受害最为严重 (Punyasiri et al., 2004, 2005)。我国以南方茶园受害尤重。例如，寄生有大量细丽外担菌 *Exobasidium gracile* 的油茶子产量明显下降，而被柃外担菌 *Exobasidium euryae* 侵染的油茶只见花开，油茶子颗粒无收；观赏植物，如杜鹃，嫩枝受害后肿大增粗成肉质菌瘿，影响抽梢，破坏了植物的观赏性。引起杜鹃饼病的外担菌有台湾外担菌 *Exobasidium formosanum*、日本外担菌 *Exobasidium japonicum*、杜鹃外担菌 *Exobasidium rhododendri* 等。棕榈是亚热带、热带城市绿化道路、公园、公共绿地的优良植物，刺葵果黑粉菌 *Graphiola phoenicis* 和蒲葵果黑粉菌 *Stylina disticha* 引起叶片的黑点病，有碍观赏。

外担菌少数种有一定的食用价值。例如，柃外担菌 *Exobasidium euryae* (俗称：茶苞) 及细丽外担菌 *Exobasidium gracile* (俗称：茶耳、茶片或茶瓣)，我国南方各省均有分布，是一种农村的传统野生食品，一些研究表明它们含有丰富的营养成分与微量元素 (朱必凤等，2006)。

外担菌还有一定的药用价值。范崔生等 (2002) 报道的泽田外担菌 *Exobasidium sawadae* G. Yamada，俗称"樟榕子"或"樟梨"，它是江西中医习用的一味中药，具有散寒化滞，行气止痛的作用，用于胃脘疼痛、吐泻，外用抹涂治疗肿毒。

外担菌在侵染寄主植物时能产生激素。激素类物质引起植物细胞快速增大增生 (Hirata, 1957)，Wolf 和 Wolf (1952) 研究表明该类真菌产生的主要是生长素——吲哚乙酸。Norberg (1968) 对外担菌侵染植物产生的生长刺激物质进行了详细研究。

外担菌的侵染引起寄主植物组织结构和化学物质的改变。Punyasiri 等 (2004) 报道了外担菌侵染引起植物叶片某些化学物质结构的改变；Pius 等 (1998) 报道了植物的各类多糖在外担菌侵染过程中不同阶段代谢水平的变化。

外担菌具有一定的工业应用前景。刘爱英等 (2002) 发现，某些种一定稀释浓度的分生孢子发酵液明显促进萝卜种子萌发和生长，认为某些种外担菌的发酵提取物可能含有一种激发子。

外担菌目分类地位和种类

根据 Kirk 等 (2008) 的分类系统，外担菌目 (Exobasidiales) 属于黑粉菌亚门 Ustilaginomycotina，外担菌纲 Exobasidiomycetes。外担菌目包括 4 科 17 属 142 种，其中外担菌属有 111 种，主要分布在热带、亚热带及温带地区，包括亚洲、欧洲、北美洲及大洋洲等。

外担菌目研究简史

最早对外担菌病害进行研究的是 Fuckel (1861)，他将引起越橘 *Vaccinium vitis-idaea* L. 叶部增生病的病原菌命名为 *Fusidium vaccinii* Fuck.，属于无性型真菌。俄国著名的真菌学家 Woronin (1867) 认为 Fuckel 命名的 *Fusidium vaccinii* 实际上是一种子实层直接产生于寄主植物表面的原始担子菌，将其组合为越橘外担菌 *Exobasidium vaccinii* (Fuck.) Woron.，建立了外担菌属 *Exobasidium*。Fuckel (1873) 在阿尔卑斯山发现了由外担菌属 *Exobasidium* 引起的真菌菌瘿，寄生在高山玫瑰杜鹃 *Rhododendron ferrugineum* 植物上，曾经被认为是动物虫瘿。Juel (1912) 首先对北欧的 *Exobasidium* 的分类进行了研究，采用菌丝局部侵染或是系统侵染、担子大小、小梗数目、担孢子形状和大小等特征。1917 年在美国西雅图首先发现了外担菌属真菌 (Hotson, 1927)。新西兰记载有 8 种外担菌 (McNabb, 1962)，欧洲有 27 种 (Nannfeldt, 1981)。

关于外担菌属的分类地位，颇有争议。Burt 曾经将外担菌属放在革菌科 Thelephoraceae (Hotson, 1927)，但是，不被多数真菌学家所接受。Schröter (*in* Cohn, 1888) 建立了外担菌科 Exobasidiaceae。Talbot (1954) 认为外担菌科与黑粉菌目 Ustilaginales 相似，把它放在有隔担子菌纲 Heterobasidiomycetes。而 Savile (1955) 曾经把 Exobasidiaceae 放在无隔担子菌纲 Homobasidiomycetes，其后此科也曾经被放在黑粉菌目 (Savile, 1976)。Henning 在 1897 年建立了外担菌目 Exobasidiales。

果黑粉菌属 *Graphiola* 的分类地位则变化很大。Fries (1823) 将此属放在了子囊菌中的核菌。1824 年 Poiteau 对温室中棕榈叶上的同类病害进行描述，将其定名为 *Graphiola phoenicis*，并提供了拉丁描述，他将该种担子果的外壁等同于黏菌的外层包被，而将该属放入了黏菌纲 Myxomycetes。Fischer (1883) 认为他们描述的是同一个种；他详细描述了刺葵果黑粉菌 *Graphiola phoenicis* 的特征，并认为与黑粉菌最为相近。1921 年，他建立 Graphiolaceae 科，还包括了 *Stylina* 属。1924 年，Killian 通过对刺葵果黑粉菌细胞倍性的研究，认为该种隶属于黑粉菌。1980 年，Carmichael 依据发育菌丝细胞链而不是子实体的结构，将果黑粉菌属放在丝孢菌纲 Hyphomycetes。1982 年 Oberwinkler 通过超微结构分析，确定了刺葵果黑粉菌减数分裂发生部位。1983 年 Cole 利用荧光显微技术和流式细胞技术对此种的两类细胞倍性进行了研究。Blanz 和 Gottschalk (1986) 基于 5S rRNA 的研究，支持刺葵果黑粉菌与黑粉菌近缘的观点。

从 Hennings (1898) 建立外担菌科 Exobasidiaceae，Fischer (1921) 建立果黑粉菌科 Graphiolaceae，Gäumann (1926) 建立座担菌科 Brachybasidiaceae，到 Donk (1956) 正式承认 Cryptobasidiaceae，现代分类系统中外担菌目包括上述 4 科。在 Vánky (1999) 之前，学者们都采用狭义的 Exobasidiales 概念，此目仅包括 Exobasidiaceae 一个科，而将其他科作为独立的目。Donk (1956)、McNabb 和 Talbot (1973)、Vánky (1999) 及 Bandoni (1995) 都对它们进行了讨论和定位，对是否隶属于无隔担子菌亚纲 Homobasidiomycetidae、有隔担子菌亚纲 Heterobasidiomycetidae 还是层菌纲 (Hymenomycetes) 持不同意见。Khan 等 (1981) 对菌丝隔膜超微结构和担子的一些特征进行了研究，将 Exobasidiales 归入冬胞菌纲 Teliomycetes；Oberwinkler 等 (1982) 提出 Exobasidium 的担子结构在进化上比较保守，可依据担子和担孢子超微结构特征，探讨外担菌属的分类地位，从而开始了超微结构研究的时代。Mims 等 (1987) 研究了 Exobasidium 担子和担孢子发育的超微结构，得出与 Khan 等 (1981) 同样的结论；Bauer 等 (1997) 通过对菌丝隔膜及寄主寄生物相互关系作用区超微结构的研究，曾将 Exobasidiales、Graphiolales 和 Cryptobasidiales 三个目归入外担菌亚纲 Exobasidiomycetidae，同黑粉菌亚纲 Ustilaginomycetidae 及根肿黑粉菌亚纲 Entorrhizomycetidae 构成黑粉菌纲 Ustilaginomycetes；Begerow 等(1997) 通过 nrDNA-LSU 的研究得到同样的结果，将 Exobasidiales 和 Graphiolales 归属于黑粉菌纲 Ustilaginomycetes 的外担菌亚纲 Exobasidiomycetidae。Kirk 等 (2008) 在《菌物辞典》中将外担菌目隶属于外担菌纲 Exobasidiomycetes。

中国外担菌目研究简史

我国对外担菌的认识主要是伴随农业植物病害而进行的。外担菌侵染种植茶引起的茶饼病在南方各省茶园多有发生，侵染油茶引起的茶耳和茶苞病在南方油茶林也很常见，但仅仅是人们对病害的认识，并没有对病原菌进行鉴定。Miyake (1913) 记载了湖南地区寄生在杜鹃上的日本外担菌 Exobasidium japonicum；Keissler 和 Lohwag (1937) 记载了云南省外担菌 4 个种，即细丽外担菌 Exobasidium gracile、日本外担菌 Exobasidium japonicum、半球状外担菌 Exobasidium hemisphaericum 和马醉木外担菌 Exobasidium pieridis；Sawada (1919，1922，1928，1931，1942，1959) 对我国台湾省的外担菌进行分类研究，共记载 14 个种，包括 9 个新种。奥地利科学家 Petrak 于 1947 年报道了四川寄生在白珠树上的白珠树外担菌 Exobasidium gaultheriae Sawada。

我国科学家做了大量工作。邓叔群 (1963) 描述了外担菌科 Exobasidiaceae 外担菌属 Exobasidium 1 个种、果黑粉菌科 Graphiolaceae 果黑粉菌属 Graphiola 1 个种和蒲葵果黑粉菌属 Stylina 1 个种。戴芳澜 (1979) 记载了二孢外担菌属 Kordyana 和外担菌属 Exobasidium 两个属共 15 个种。郭林等 (1991) 对泽田外担菌 Exobasidium sawadae 进行了研究，以区别于樟树上常见的油盘孢属真菌。中国科学院青藏高原综合科学考察队 (1996) 记载了横断山区采集的外担菌属 4 个种，包括一个中国新记录种——茶树外担菌

Exobasidium camelliae Shirai。目前，我国外担菌目有 3 科 4 属 35 种，包括近期发表的外担菌属大量新种和中国新记录种 (李振英和郭林，2006a, 2006b, 2008a, 2008b, 2009a, 2009b, 2010)。

中国外担菌生态和分布

外担菌目真菌的寄主植物在我国种类多、分布广。广阔的地域使我国具有适合外担菌生长的良好环境，因此调查外担菌目真菌在中国的种类及其分布，研究其病原性、寄主、症状、形态学和解剖学的特征，阐明其种间的亲缘关系，有重要的学术价值和生产实践意义。

我国外担菌目真菌寄主植物极其丰富。据杨汉碧等 (1999) 报道，我国杜鹃花科植物种类丰富，有 15 属 757 种，分布于全国各地，主产于西南部山区，尤其是云南、四川、西藏，这里也是杜鹃属 *Rhododendron*、树萝卜属 *Agapetes* 的物种多样性分布中心，有许多特有物种类群。杜鹃花属是我国第一大属植物 (吴征镒等，2003)，有 542 种，主要分布于西南和华南。在中华植物的百花园中，云南是世界公认的"植物王国"，根据刀志灵和郭辉军 (1999a, 1999b) 的报道，云南是杜鹃花科植物最丰富的地区，共有 375 种，而高黎贡山地区又是云南杜鹃花科植物主要分布区，是杜鹃花科特有植物高度分布地区，是 70 种杜鹃花科植物模式标本产地，也是世界上山茶科植物最重要的发生中心和变异中心。我国山茶科植物有 480 种，占世界总数的一半以上，有几个属原产中国，以云南、广西、广东及四川最多，其中山茶属是山茶科最大的属 (张宏达和任善湘，1998)。樟科植物也很丰富，有 423 种 (李锡文等，1982)。

我国自然条件得天独厚，地域辽阔，经纬度跨度大，有温带、热带、亚热带地区及青藏高原，地貌多变，气候条件十分复杂，南方各省梅雨季节雨量充沛，温度适宜，具有适合外担菌目真菌生长的良好环境，尤其是云南，地处西南边陲，位于热带和亚热带地区，境内群山起伏，江河纵横，地形错综复杂，雨量丰沛，3 月至 9 月中旬均可在云南发现处于生长期的外担菌。

外担菌属真菌生长的最适温度是 15～25℃，湿度是 85% 以上，偏好弱酸性，光照和干燥对外担菌侵染有抑制作用，因而，高湿、多雾、少日照、通风不良的高山茶园及森林中或灌木丛中的杜鹃、越橘等易发病，生长在偏酸性土壤中的油茶等相对容易发病。清明节前后我国南方外担菌病害开始发生，病害最严重的时间持续大约两个星期，夏季干旱炎热不利其扩展，病菌多在荫蔽处越夏，到秋季病害会再次发生。

我国外担菌属 *Exobasidium* 真菌已报道的物种主要寄生在杜鹃花科、山茶科和樟科，包括 9 属：杜鹃属 *Rhododendron*、珍珠花属 *Lyonia*、越橘属 *Vaccinium*、马醉木属 *Pieris*、白珠树属 *Gaultheria*、山茶属 *Camellia*、大头茶属 *Gordonia*、樟属 *Cinnamomum* 和润楠属 *Machilus*，以杜鹃属植物上外担菌属种类最多。

果黑粉菌属 *Graphiola* 种类分布于热带地区及温室中，寄生于棕榈科 Palmae 刺葵属 *Phoenix* 植物叶子的两面，蒲葵果黑粉菌属 *Stylina* 真菌寄生在棕榈科 Palmae 蒲葵属 *Livistona* 植物上。

二孢外担菌属 *Kordyana* 分布于热带地区，寄生在鸭跖草科 Commelinaceae 植物上，在中国台湾分布。

外担菌属生活史

Eftimiu 和 Kharbush (1927) 细胞学实验发现，外担菌的担子及担孢子均是单核的，而胞间菌丝是双核的，核融及减数分裂发生在担子中；Graafland (1960) 在培养中观察不到担孢子之间或分生孢子之间发生细胞融合，而来自单细胞的孢子悬液可侵染寄主植物产生相应症状。以上研究结果表明，外担菌是同宗配合的类型。

根据张星耀 (1998a) 报道，关于外担菌属的越夏、越冬情况尚不是很清楚，只有很少研究，Ezuka 于 1958 年报道 *Exoabsidium reticulatum* S. Ito & Sawada 以菌丝的形式在病叶的非坏死病斑及其周缘的组织中越冬。Ito 1990 年根据冬季施用杀菌剂可以有效地抑制早春茶饼病的发生，认为病原菌 *Exoabsidium vexans* 的孢子可能附着在越冬芽表面越冬。Ezuka (1990a, 1991b) 用 *Exoabsidium gracile* 和 *Exoabsidium pieridis-ovalifoliae* 的培养菌分别对其寄主植物 *Camellia sasanqua* Thunb. 和 *Lyonia ovalifolia* var. *elliptica* 接种，一年后的春天在新叶上再现了症状，因此 Ezuka 认为病原菌可能在芽的表面或组织中越冬。Shirai (1896) 报道 *Exoabsidium pentasporium* Shirai 引起丛枝症状，推测它以菌丝的形式在枝的组织中越夏、越冬。Nannfeldt (1981) 认为多数种可能是在宿主芽孢里以担孢子或次生孢子的形式存活。

以上学者以外担菌属的细胞学、解剖学、接种实验等研究为基础，简单概括外担菌属真菌的生活史，以孢子在植株的受害部位及其周缘的表面或组织内越夏、越冬的病菌，翌春条件适宜时担孢子萌发产生芽管 (少数为分生孢子)，通过气孔或表皮细胞深入组织细胞间，48 h 内分枝菌丝在细胞间形成菌丝网，侵染后第八天可见明显的半透明至透明的斑点，16 天产生典型的症状，菌丝产生的担子在近表皮处形成并在表面细胞间突出，外皮层被顶破，使得担子成层地裸露于寄主表面，病变部位呈现白色粉状，少数情况下，菌丝在亚表皮下深层处形成子座，成熟时角质层、表皮细胞及其邻近组织破裂而使子实层外露，外担菌典型症状在自然界存在的时期极其短暂，有两个星期左右。病变组织迅速肿胀、菌瘿枯萎收缩、崩溃、脱落，同时被其他菌侵入，成熟的担孢子随风雨传播至其他嫩叶或新梢，开始新一轮侵染。

外担菌属形态分类特征

外担菌属是外担菌目中最大的属，全球有 111 种，种的分类特征简单，研究者往往采用不同的分类特征，争议主要在寄主的种类和症状差异是否可以作为分类依据上。Burt (1915) 认为，外担菌属菌所致症状因侵染时期、侵染部位不同而不稳定，不足以作为分类依据，他基于形态学的特征将北美洲的外担菌属分为 3 个种：*Exobasidium vaccinii* (Fuckel) Woronin，*Exoabsidium vaccinii-uliginosi* Boud. 和 *Exoabsidium symploci* Ellis & G. Martin。Savile (1959) 接受 Burt 的观点，根据担孢子形状及隔膜数目，将北美洲报道的外担菌属分为 6 种 5 变种。McNabb (1962) 也依据形态学特征记载了新西兰外担菌属的 7 种 1 变种。Sundström (1964) 强调寄主植物的分类学意义，批判了 Savile 的观点，对外担菌属真菌进行了生长温度、pH 以及氮源、碳源和生长物质的利用及血清反应实验，指出寄主相同的外担菌属真菌具有极为相似的生理学性质，同时指出担孢子的萌发方式相对稳定，可作为分类依据。Ito (1955) 根据寄主和症状对日本的外担菌属真菌进行了研究。Nannfeldt (1981) 同样根据寄主和症状将分布在欧洲的外担菌属菌进行了报道。Ezuka (1990a, 1990b, 1991a, 1991b) 描述了外担菌属的培养性状、担孢子在人工培养基上萌发产生分生孢子的方式、寄主、症状、菌的形态等特性，发现了大量新种。Nagao 等 (2001, 2003a, 2003b, 2004a, 2004b, 2006) 采纳 Ezuka 的分类观点，也发表了很多新种。Park 等 (2006) 依据寄主、症状和形态学特征对韩国外担菌进行了研究。

目前，外担菌属的主要分类特征有：侵染症状，担子的形状和宽度，小梗的数目、形状和大小，担孢子的形状、大小和萌发方式，培养性状和寄主范围等 (Savile, 1959; Nannfeldt, 1981)。由于担子的长度变异大，而缺乏分类价值。

1. 症状

(1) 病斑 (spot)：罹病叶肿大不明显或不肿大，病斑的细胞个体有所增大，但细胞数量不增多，有或无栅栏状组织和海绵状组织的分化；子实层叶下生或两面生；如寄生在茶 *Camellia sinensis* 上的坏损外担菌 *Exobasidium vexans* (Sawada, 1919)。

(2) 肿胀 (swelling)：罹病部位 (叶、茎、花、果实等) 肿大肥厚不扭曲，或肿大畸形呈耳状、袋状、球形及各种不规则形状，细胞个体的增大 (hypertrophy) 和细胞数量的增加 (hyperplasia) 均十分显著，栅栏状组织和海绵状组织有病变但不明显，或没有病变；子实层叶下生或两面生；如寄生在油茶 *Camallia oleifera* 上的细丽外担菌 *Exobasidium gracil* (Ezuka, 1990a)。

(3) 菌瘿 (gall)：罹病部位 (叶、芽、茎等) 迅速肿胀，畸形，形成球形、亚球形实心菌瘿，细胞增大增生均十分显著；子实层分布在菌瘿的整个表面；如寄生在杜鹃属植物上的台湾外担菌 *Exobasidium formosanum* (Sawada, 1922)。

(4) 丛枝 (witches' broom)：外担菌侵染茎部或嫩枝叶，引起帚状分枝，罹病枝的叶肿大不明显，细胞的数量有所增加；子实层叶下及枝条表面生；如寄生在杜鹃属植物上的五孢外担菌 *Exobasidium pentasporium* (Ezuka, 1990b)。

2. 担子和担孢子梗

担子无色，单个着生或簇生，单胞，圆柱形至棍棒形，顶端钝圆，簇生有 (1～) 2～7 个甚至 8 个小梗。小梗圆锥形，先端着生担孢子。

3. 担孢子及萌发方式

担孢子无色，光滑，圆柱形、棍棒形、椭圆形、卵形、倒卵形等，上部圆头、基部渐细，有的弯曲，最初无隔，成熟后产生横隔膜。担孢子从子实层担子上脱落后，在 PDA 培养基上开始增大、分隔，一般产生 1～4 (少数 5～8) 个隔膜，接种 12 h 后培养基上可见明显的白色担孢子堆，20 h 可见孢子萌发，48 h 后担孢子耗尽养分萎缩；萌发时，从担孢子两端或中间隔膜处生出芽管，芽管长或较短，有或无分支，分生孢子产生于芽管顶端或侧面，或从担孢子两端及侧面直接产生分生孢子。

4. 菌落

外担菌属菌株在人工培养基上的生长十分缓慢，培养 21 天直径一般不超过 15 mm。弹射的担孢子在 PDA 培养基上，25℃生长良好，形成圆形或不规则形菌落，表面平滑或有皱褶，边缘卷起或平滑，菌落呈乳黄色、黄色、黄褐色、白色或灰白色，菌落由分生孢子或菌丝或两者共同组成，呈糊状、皮膜质或絮状 (张星耀, 1998b)。

培养过程中很多外担菌都能产生分生孢子，分生孢子从芽管顶端及侧壁产生，或直接由担孢子产生，而后以出芽的方式增生，杆状、球形、卵圆形、泪珠状、亚纺锤形、近棒形至线形等，无色，单胞，萌发时产生隔膜。

5. 子实层

子实层直接产生于寄主植物的表面，多数位于叶片下表面，少数两面生，或布满整个菌瘿表面，白色粉状，由大量菌丝、担子束及担孢子组成，有些种还含有大量分生孢子。

子实层有 2 种类型 (Wolf and Wolf, 1952)。

(1) 直接产生于表皮细胞下方。担子发育过程中撕裂寄主植物角质细胞层，单个或成簇从表皮细胞间生出。此种子实层占绝大部分，如卵叶马醉木外担菌 *Exobasidium pieridis-ovalifoliae* (Ezuka, 1991a)。

(2) 产生于表皮细胞下数层细胞深处的细胞间隙。担子成熟后，寄主植物表皮连同数层细胞呈薄膜状剥离，担子成束密集排列。此种子实层较少，如茶树外担菌 *Exobasidium camelliae*、细丽外担菌 *Exobasidium gracile* (McNabb, 1962; Ezuka, 1990a) 和柃外担菌 *Exobasidium euryae* (Sydow et al., 1912; Li and Guo, 2006b)。

6. 菌丝

菌丝无色、有隔、双核，通常在寄主植物细胞间生长，为细胞间菌丝。菌丝隔膜简单，仅具单一中央隔孔 (Khan et al., 1981)，有些种产生特征明显、短而分叉的吸器 (Mims, 1982; Mims and Nickerson, 1986)，这些吸器在形态上与所有其他植物病原菌物的吸器都不同，每个吸器短枝有一个密集的、膜质的内含体，使得吸器短枝顶端显示出一个明显的、电子密集的盖状结构。

外担菌属真菌的标本采集

1. 野外采集时间

每年春季、秋季在南方各省气温达 20℃左右，雨量充沛时，到杜鹃科、山茶科等寄主植物丰富的地区采集外担菌属真菌。

2. 采集记录

记录外担菌侵染寄主的部位，引起的症状，病变部位大小变化，颜色及数量，子实层的着生位置等，并记录。用解剖刀取几块病变组织放入固定液中，用于实验室切片观察。

3. 分离培养

外担菌属种类子实层直接着生于寄主植物表面，在分离过程中尽量选用处于生长旺盛期、孢子刚刚开始弹射的病块。无菌条件下，将双面胶贴在培养皿皿盖上，用解剖刀切下小块病块粘到双面胶上 (子实层一面朝下)，转动皿盖，第一次隔 6 h 左右，然后每次隔 1 h，共转动 3 次，标记病块每次的位置。隔夜早晨观察弹落的担孢子萌发情况 (一般 24 h 内发生)，将肉眼略微可见的孢子堆挑取少量放在固定液中保存，以便实验室内观察担孢子萌发情况，待菌落比较明显后，从标记处边缘挑取单孢菌落，培养在 3 个培养皿中观察菌落生长情况，3 个试管中保存菌株，用于分子生物学研究。

4. 标本阴干

外担菌的担子及担孢子很容易脱落，在干标本制作中宜采取室内晾干的方法，避免风吹及吸水纸压干的方式带走担子及担孢子。

5. 显微结构观察

用解剖刀从子实层表面刮下担子和担孢子，加棉蓝乳酚油染色，进行显微观察，记录担子、小梗及担孢子的大小形状，小梗及担孢子隔膜的数目，并绘图。切片 20～30 μm 可观察菌丝着生部位、担子长度及着生情、植物组织细胞的变化、栅栏组织和海绵组织的结构等。

专 论

迄今为止，中国外担菌目 Exobasidiales 有 3 科：座担菌科 Brachybasidiaceae、外担菌科 Exobasidiaceae 和果黑粉菌科 Graphiolaceae。座担菌科仅有二孢外担菌属 *Kordyana* 1 种。外担菌科记述了外担菌属 *Exobasidium* 32 种，果黑粉菌科果黑粉菌属 *Graphiola* 1 种和蒲葵果黑粉菌属 *Stylina* 1 种，共计 35 种 (Sawada, 1922; 邓淑群, 1963; 戴芳澜, 1979; 郭林等, 1991; 中国科学院青藏高原综合科学考察队, 1996; Li and Guo, 2006a, 2006b, 2008a, 2008b, 2009a, 2009b, 2010)。

外 担 菌 目
EXOBASIDIALES

具有简单的孔和相互作用器。担子单生或并排产生。侵染植物的茎、叶、花、芽、幼枝或果实；担子果非典型状，退化或无；菌丝细胞间或细胞内着生；原担子有或无；担子单生、簇生或并排产生，从气孔或表皮细胞间生出，无隔，圆柱形或棍棒状，顶端着生 (1～) 2～7 (～8) 个小梗；担孢子薄壁，光滑或有纹饰，开始时无隔，不能持续产生；萌发产生芽管或分生孢子。

模式科：外担菌科 Exobasidiaceae J. Schröt.。

讨论：外担菌目真菌主要寄生在杜鹃花科 Ericaceae、山茶科 Theaceae、樟科 Lauraceae、山矾科 Symplocaceae、岩高兰科 Empetraceae、澳石南科 Epacridaceae (McNabb, 1962)、虎耳草科 Saxifragaceae、棕榈科 Palmae、鸭跖草科 Commelinaceae，还有禾本科 Poaceae 的少数属。

中国外担菌目 Exobasidiales 分科检索表

1. 担子不生子座上 ·· 外担菌科 Exobasidiaceae
1. 担子生子座上 ··· 2
2. 形成黑色子座 ··· 果黑粉菌科 Graphiolaceae
2. 不形成黑色子座 ·· 座担菌科 Brachybasidiaceae

座 担 菌 科
BRACHYBASIDIACEAE

寄生在木棉科、棕榈科、鸭跖草科、禾本科、芭蕉科等植物上，胶质，疱状或盘状，子实层产生于寄主植物表面；担子来源于子座，簇生，突破气孔外露，薄壁或厚壁；担孢子有隔或无隔，非重复发生，萌发产生分生孢子或芽管；具有持久的原担子。

模式属：座担菌属 *Brachybasidium* Gäum.。

二孢外担菌属 Kordyana Racib.

Parasit. Alg. Pilze Java's (Jakarta) 2: 35, 1900.

侵染叶片，形成病斑；胞间菌丝；担子成束，位于侧丝间，从气孔或破壁而出，顶端着生 2 个小梗。

模式种：*Kordyana tradescantiae* (Pat.) Racib.。

1. 鸭跖草二孢外担菌

Kordyana commelinae Sawada, Trans. Nat. Hist. Soc. Formosa, 62: 83, 1922; Tai, Sylloge Fungorum Sinicorum. p. 506, 1979.

症状：病斑在叶上 1 个至数个，圆形，直径 4~8 mm，橙叶色，有绿色边缘，病斑上密布有白色细粒状的霉，被害叶衰弱，变黄凋萎。子实层主要叶背生，叶面生的少。

显微特征：担子在气孔下呈束状，高 52~60 μm，顶端从气孔外出，高约 100 μm，宽约 200 μm 的集团，细长，基部渐细，单根，较少分枝，35~64×3~3.5 μm，上面有 2 个小梗；小梗长 3.5~4.5 μm；担孢子半圆形或椭圆形，顶端圆，基端尖或成钝角，平滑，无色，10~14 × 3.5~6 μm。

鸭跖草科 Commelinaceae：

鸭跖草 *Commelina communis* L.，台湾。未见标本。

世界分布：中国。

讨论：该种最初由 Sawada (1922) 在台湾发现，以上描述来自戴芳澜 (1979) 记载。

外 担 菌 科
EXOBASIDIACEAE

不形成担子果，子实层直接产生于寄主植物表面。无原担子。

模式属：外担菌属 *Exobasidium* Woronin。

外担菌属 *Exobasidium* Woronin
Verh. Naturf. Ges. Freiburg 4: 397, 1867.

菌丝无锁状联合；担孢子圆柱形、棍棒形、椭圆形、卵形、倒卵形等，萌发时产生横隔膜。

模式种：*Exobasidium vaccinii* (Fuckel) Woronin。

讨论：外担菌属是外担菌目最大的一个属。

中国外担菌属 *Exobasidium* 分种检索表

1. 寄生在樟科植物上 ··· 泽田外担菌 *E. sawadae*
1. 寄生在其他科植物上 ·· 2
2. 寄生在山茶科植物上 ·· 3
2 寄生在杜鹃花科植物上 ·· 8
3. 引起病斑 ·· 4
3. 引起肿胀和菌瘿 ·· 7
4. 担孢子大，长 10~23 (~25) μm ··· 5
4. 担孢子小，长 (7~) 11~14 (~16) μm ·· 6
5. 担子有小梗 2 (~3) 个 ··· 云南外担菌 *E. yunnanense*
5. 担子有小梗 1 个 ··· 单孢外担菌 *E. monosporum*
6. 担子有 2 个小梗 ··· 坏损外担菌 *E. vexans*
6. 担子有 4 个小梗 ·· 网状外担菌 *E. reticulatum*
7. 引起叶片肿胀 ·· 细丽外担菌 *E. gracile*
7. 侵染嫩芽形成菌瘿 ·· 柃外担菌 *E. euryae*
8. 寄生在杜鹃花亚科植物上 ·· 9
8. 寄生在其他亚科植物上 ·· 19
9. 引起病斑 ·· 10
9. 引起肿胀或菌瘿 ·· 12
10. 担孢子较小，长度为 (7.2~) 9~13 μm ·· 庐山外担菌 *E. lushanense*
10. 担孢子较大，长度为 12~24 μm ·· 11
11. 担子小梗数目较少，2~4 个 ··· 加拿大外担菌 *E. canadense*
11. 担子小梗数目较多，3~5 (~6) 个 ·· 圆柱外担菌 *E. cylindrosporum*

| 12. 引起肿胀 ··· 13 |
| 12. 引起菌瘿 ··· 16 |
| 13. 担子有 2 (~3) 个小梗 ·· 德钦外担菌 *E. deqenense* |
| 13. 担子有 3~6 (~7) 个小梗 ··· 14 |
| 14. 侵染整簇嫩叶幼茎，以分生孢子萌发 ······················· 腋花杜鹃外担菌 *E. racemosum* |
| 14. 侵染叶片或果实，以芽管方式萌发 ··· 15 |
| 15. 侵染叶、茎，芽管较长 ·· 日本外担菌 *E. japonicum* |
| 15. 侵染叶、茎、果实，芽管较短 ······················ 锈叶杜鹃外担菌 *E. rhododendri-siderophylli* |
| 16. 担子有 2~5 个小梗 ·· 台湾外担菌 *E. formosanum* |
| 16. 担子有 2~4 个小梗 ··· 17 |
| 17. 菌瘿较大，小梗较宽 1.2~3 μm ································ 杜鹃外担菌 *E. rhododendri* |
| 17. 菌瘿较小，小梗较窄 1~2 μm ··· 18 |
| 18. 小梗长为 4.5~6 (~7) μm，担孢子长为 10~13 μm ····· 雪层杜鹃外担菌 *E. rhododendri-nivalis* |
| 18. 小梗长为 (2~) 4.5~5.5 μm，担孢子长为 11~16 μm ······ 紫蓝杜鹃外担菌 *E. rhododendri-russati* |
| 19. 寄生在锦木亚科植物上 ··· 20 |
| 19. 寄生在白珠树亚科和越橘亚科植物上 ··· 25 |
| 20. 引起病斑 ··· 21 |
| 20. 引起肿胀 ··· 23 |
| 21. 寄生于马醉木属 *Pieris*，担子有 2~4 个小梗，小梗长度为 (2~) 3~5 μm ·· 腾冲外担菌 *E. tengchongense* |
| 21. 寄生于珍珠花属 *Lyonia* ·· 22 |
| 22. 小梗较多，有 3~6 个 ··· 昆明外担菌 *E. kunmingense* |
| 22. 小梗数目较少，有 2~4 (~5) 个 ··· 23 |
| 23. 担孢子较大，长度为 (7~) 10~19 (~22) μm，小梗长 (2~) 4~8 (~9) μm ·· 卵叶马醉木外担菌 *E. pieridis-ovalifoliae* |
| 23. 担孢子较小，长度为 (9~) 10~15 (~16) μm，小梗短 (2~) 3~5 μm ····· 珍珠花外担菌 *E. lyoniae* |
| 24. 担子有 2~3 (~4) 个小梗，担孢子以分生孢子方式萌发 ············· 马醉木外担菌 *E. pieridis* |
| 24. 担子有 2 (~3) 个小梗，担孢子以芽管方式萌发 ················ 南烛外担菌 *E. ovalifoliae* |
| 25. 寄生在越橘亚科植物上，引起病斑，担子 2~4 个小梗，担孢子长度为 (7~) 9~14 (~16) μm ·· 乌饭果外担菌 *E. splendidum* |
| 25. 寄生在白珠树亚科植物上 ··· 26 |
| 26. 引起肿胀，担子 3~6 个小梗 ···································· 白珠树外担菌 *E. gaultheriae* |
| 26. 引起病斑，担子 2~4 个小梗，担孢子长度为 9~13 (~14) μm ·· 鹿蹄草叶白珠外担菌 *E. pyroloides* |

2. 茶树外担菌

Exobasidium camelliae Shirai, Bot. Mag. Tokyo 10: 51, 1896.

讨论：此种是中国科学院青藏高原综合科学考察队 (1996) 在我国云南首次发现，生于茶属的叶片上，标本未见。

世界分布：中国、日本。

3. 加拿大外担菌　图版 I

Exobasidium canadense Savile, Can. J. Bot. 37: 651, 1959; Li & Guo, Mycotaxon 108: 482, 2009.

症状：侵害寄主植物的嫩叶，叶片上表面略凹陷，但不增大也不增厚，病斑直径可达 4.5 mm，每片叶上有 1~3 个，罹病叶片上表面浅黄色，叶背白绒状，子实层白色，叶下着生。

解剖结构：寄主植物罹病部位无细胞增大增生，海绵组织和栅栏组织完整；菌丝位于细胞间，担子从表皮细胞间生出，形成连续的子实层。

显微特征：担子无色，棍棒状或圆柱状，长 7~40 μm，宽 4~8 μm；小梗 2~4 个，圆锥形，3.5~5.5×1.2~2.3 μm；担孢子无色，光滑，椭圆形，略弯曲，14~24×4~5 μm。

萌发特征：担孢子萌发产生 1~3 (~4) 个隔膜，24 h 内萌发，从两端和隔膜处生出多个长且有分支的芽管。

培养特征：该菌在 PDA 培养基上生长 21 天菌落直径约 12 mm，边缘不褶起，表面较多皱褶，浅黄色，皮膜质，主要由分生孢子组成，分生孢子杆状，5~9×1~1.2 μm。

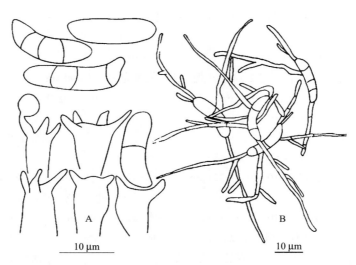

图　加拿大外担菌 *Exobasidium canadense* Savile 的担子、小梗、担孢子 (A) 和担孢子萌发 (B) (HMAS 167371)

研究标本：

杜鹃花科 Ericaceae：

满山红 *Rhododendron mariesii* Hemsl. & E.H.Wilson，江西：庐山植物园，2007.V.14，李振英、郭林 633，HMAS 173409。

亮毛杜鹃 *Rhododendron microphyton* Franch.，云南：景东，无量山，十八里道坡，海拔 2200 m，2006.VI.26，李振英、郭林 285，HMAS 196981。

小花杜鹃 *Rhododendron minutiflorum* Hu，云南：大理，苍山，海拔 2800 m，2005.IX.15，李振英、郭林、刘娜 140，HMAS 183440。

白花杜鹃 *Rhododendron mucronatum* G. Don，台湾：南投，溪头，海拔 1200 m，

2012.IX.17，郭林 11633，HMAS 244326。

杜鹃属一种植物 Rhododendron sp.，江西：井冈山，上井，海拔 982 m，2006.IX.22，李振英、陆春霞、郭林 374，HMAS 167371。

世界分布：中国、美国、加拿大。

讨论：*Exobasidium canadense* Savile 与 *Exobasidium burtii* Zeller 和 *Exobasidium decolorans* Harkn. (现用名：*Exobasidium myrtilli* Siegm.) 是近似种。但是，在担孢子的形状和小梗的数目上有区别。*Exobasidium burtii* 的担孢子通常是直的，仅在基部弯曲；小梗数目为 4 (~5) 个。*Exobasidium decolorans* 的担孢子近乎全部弯曲；小梗数目为 (2~) 3~5 (~6) 个。*Exobasidium canadense* 的担孢子也是全部弯曲，但是比 *Exobasidium decolorans* 的稍短而窄；小梗数目为 2~4 (~5) 个 (Savile, 1959)。

4. 圆柱外担菌　图版 II

Exobasidium cylindrosporum Ezuka, Trans. Mycol. Soc. Japan 31: 451, 1990; Li & Guo Mycotaxon 105: 333, 2008.

症状：侵害寄主植物的嫩叶，叶片上表面略凹陷或略隆起，但不增大也不增厚，病斑椭圆形，长 9~13 mm，宽 4~6.5 mm，多位于叶缘，每片叶上有 1 个至多个，成熟后上下表面均覆盖白色子实层。

解剖结构：罹病部位细胞增大但无细胞增生，没有栅栏组织和海绵组织的分化；菌丝位于细胞间，担子从表皮细胞间生出，形成连续的子实层。

显微特征：担子无色，圆柱形，顶部宽 4~6 (~8) μm；小梗 3~5 (~6) 个，圆锥形，长 (3.2~) 4~5.5 (~7) μm，基部宽 1.2~2 μm；担孢子无色，光滑，圆柱形，略弯曲，15~20.5 × (3.5~) 4~4.8 μm。

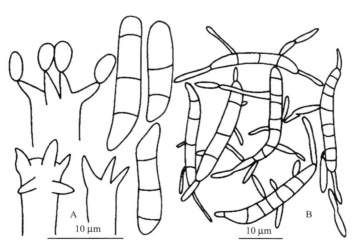

图　圆柱外担菌 *Exobasidium cylindrosporum* Ezuka 的担子、小梗、担孢子 (A) 和担孢子萌发 (B) (HMAS 183415)

萌发特征：担孢子产生 3~8 个隔膜，24 h 内萌发，从两端及侧面生出多个较短的芽管，从芽管上又生出多个分生孢子。

培养特征：该菌在 PDA 培养基上生长 21 天菌落直径为 10 mm，边缘不褶起，表面略有凹凸，浅黄色，皮膜质，主要由分生孢子和菌丝组成，分生孢子线形，9～20×1 μm。

研究标本：

杜鹃花科 Ericaceae：

锦绣杜鹃 *Rhododendron pulchrum* Sweet，云南：昆明，中国科学院植物园，海拔 1920 m，2006.III.7，鲁元学 1，HMAS 167370；昆明，中国科学院植物园，海拔 1920 m，2006.II.25，郭林 3564，HMAS 140208。

杜鹃属几种植物 *Rhododendron* spp.，江西：庐山植物园，海拔 1080 m，2007.V.14，李振英、郭林 638，HMAS 183415；云南：楚雄，紫溪山，2008.VI，周彤燊 2446，HMAS 242316。

世界分布：中国、日本、韩国。

5. 德钦外担菌　图版 III 1～3

Exobasidium deqenense Zhen Ying Li & L. Guo, Mycotaxon 108: 481, 2009.

症状：侵染寄主植物的嫩叶，引起叶片增大，肿胀变形，叶片上表面凹陷，下表面隆起，扭曲为亚球形或半球形，大小为 1～4 × 0.5～3 cm，通常每片叶上有一处受侵染，新鲜标本奶油色，保存的干标本黄色，子实层白色，两面生。

显微特征：担子无色，圆柱状，宽 7.5～9 μm；小梗 2 (～3) 个，圆锥形，(4～) 5～7.5 × 3～4.2 μm；担孢子无色，光滑，圆柱形或近倒卵形，末端渐细，(8～) 13～16 (～17) × (5～) 6.5～8 μm，初期无隔，后期可产生 1～3 个隔膜。

研究标本：

图　德钦外担菌 *Exobasidium deqenense* Zhen Ying Li & L. Guo 的担子、小梗和担孢子 (HKAS 36550)

杜鹃花科 Ericaceae：

杜鹃属一种植物 *Rhododendron* sp.，云南：德钦，梅里雪山，索拉附近，海拔 4350 m，

2000.VIII.30，杨祝良 3037，HKAS 36550 (主模式)。

世界分布：中国。

讨论：该种源自高海拔地区，具有一定的特异性。它的显著特征是具有较少的小梗数目，小梗长而宽，担孢子较宽。*Exobasidium shiraianum* Henn. (Nagao et al., 2004a) 与 *Exobasidium deqenense* 小梗数目一样、担孢子大小相近，但前者小梗较小，仅 2～6×1～2 μm。*Exobasidium deqenense* 与 Sawada (1959) 不合格发表的 *Exobasidium taihokuense* 小梗数目及小梗大小相近，但后者不引起寄主植物组织肿胀变形，而且担孢子较窄，宽仅 3.5～5 μm。该种是目前为止我国报道的外担菌属真菌中担孢子最宽的一个种。

6. 柃外担菌　图版 IV

Exobasidium euryae Syd. & P. Syd., Ann. Mycol. 10: 275, 1912; Li & Guo Mycotaxon 97: 381, 2006.

症状：侵害寄主枝条顶端的嫩芽，形成海绵质、中空、桃型至草莓型菌瘿，30～50×25 mm，最初翠绿色，成熟时表皮连同数层叶肉细胞脱落，露出白色的子实层。

解剖结构：被侵染的嫩芽细胞增大且细胞层数增多；菌丝位于细胞间，担子从细胞间生出，形成厚厚一片子实层。

显微特征：担子无色，圆柱形或棍棒状，长 101～138 (～151) μm，顶部宽 5～11 μm；小梗 2～4 个，圆锥形，长 2～4 μm，基部宽 1～2 μm；担孢子倒卵球形、棒状，(10～) 12～17.6×3～4.8 μm。

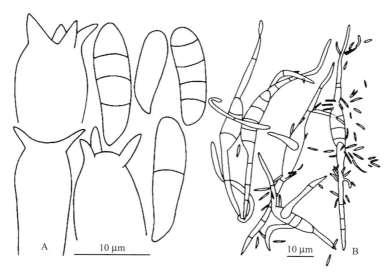

图　柃外担菌 *Exobasidium euryae* Syd. & P. Syd. 的担子、小梗、担孢子 (A) 和担孢子萌发 (B) (HMAS 97947)

萌发特征：担孢子产生 1～4 个横隔，24 h 内萌发，从其两端和隔膜处产生多个较长的芽管，芽管可再分支，分生孢子生于芽管侧壁或簇生于其顶端，分生孢子芽生，产生更多分生孢子。

培养特征：该菌在 PDA 培养基上生长 21 天菌落直径 12 mm，边缘卷起，表面皱褶，呈蜂窝状，浅黄色，周边略显白色，皮膜质，主要由菌丝和分生孢子组成，分生孢子杆状，2～6×0.5～1.2 μm。

研究标本：

山茶科 Theaceae：

油茶 *Camellia oleifera* Abel.，湖南：常德，鼎城区，石板滩镇，毛里岗村，2005.IV.17，李振英、郭林、郭春秋 2，HMAS 97947，李振英、郭林、郭春秋 11，HMAS 150039；贵州：贵阳，花溪区，桐木岭，2005.IV.15，李振英、郭林 22，HMAS 151239；江西：大余县，樟斗镇，横江村，2006.IV.11，李道玉 261，HMAS 154243。

世界分布：中国、尼泊尔。

讨论：此种在我国南方各省广泛分布，俗称"茶泡"或"茶苞"，该病害形成的菌瘿被认为是"油茶树上的奇异果"，可食用。

杨新美（相望年，1957）将此种鉴定为茶树外担菌 *Exobasidium camelliae* (Ezuka, 1990b)，但茶树外担菌担孢子大小为 15～25 × 5～7.5 μm，远大于该种的担孢子；刘爱英等（2002）将其定为坏损外担菌 *Exobasidium vexans*，坏损外担菌仅侵染茶（*Camellia sinensis*）的幼叶，引起叶斑，有 2 个小梗，与此种有明显的不同；王文龙等（2004）定为细丽外担菌 *Exobasidium gracile*，细丽外担菌是引起我国南方油茶树病害的主要病原菌，俗称"茶耳"，国内很多学者认为引起油茶产生"茶耳"与"茶泡"的是同一个种，但 *Exobasidium gracile* 只侵害油茶的嫩叶和嫩茎，PDA 培养基上生长的菌落由分生孢子构成，糊状，与此种不同；另外，野外观察发现，"茶耳"与"茶泡"并不寄生同一棵茶树，前者生在树龄较短的茶树新枝上，一般以树腰上的新枝为多，后者生长在比较老的、植株高大的油茶树枝梢，悬在树冠上，多是树冠的中央，也有悬在边缘枝头上的，一般"茶泡"生成时间要晚于"茶耳"，并且几乎所有的油茶树都形成"茶耳"，只有少数油茶树长"茶泡"，作者认为引起"茶耳"与引起"茶泡"的菌不是同一个种。

Sydow 等（1912）最初记载 *Exobasidium euryae* 寄生在柃属 *Eurya* 植物的花序上，而在中国则是在山茶属 *Camellia* 植物上发现，寄主植物的属不同。

7. 台湾外担菌　　图版 V

Exobasidium formosanum Sawada, Descriptive catalogue of the Formosan fungi. Part II: 107, 1922; Xu & He, Sylloge of Phytopathogens on Woody Plants in China. p. 281, 2008.

症状：侵害寄主植物的茎或叶片，在叶片下表面形成菌瘿，菌瘿以一短柄与叶片相连，相连处叶片上表面形成一浅黄色小点，略凹陷，菌瘿白色或浅绿色，不规则球形或半球形，肉质，长 0.5～2 cm，宽 0.4～1 cm，每片叶上有 1～6 个。子实层白色，布满整个菌瘿表面。

解剖结构：菌瘿实心，内部长满菌丝，初期肉质，后期海绵状。

显微特征：担子无色，棍棒状或圆柱状，(7～) 10～24×6～10 μm；小梗 2～5 个，圆锥形，(3.5～) 5～6× (1.5～) 2 μm；担孢子无色，光滑，椭圆形，末端渐细，略弯曲，10～15 ×3～3.5 (～4) μm。

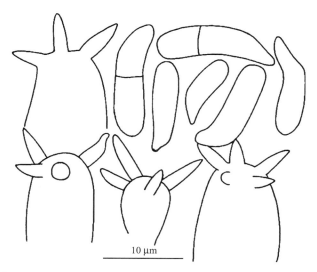

图 台湾外担菌 *Exobasidium formosanum* Sawada 的担子、小梗和担孢子 (HMAS 183418)

萌发特征：担孢子萌发产生 1 个隔膜，从两端生出芽管。

培养特征：该菌在 PDA 培养基上生长 21 天形成的菌落不规则，喜好往高处生长，边缘不皱褶，表面花纹状皱褶，浅黄色，皮膜质，主要由大量分生孢子和少数较短的菌丝组成，分生孢子杆状，6～14×1～2 μm。

研究标本：

杜鹃花科 Ericaceae：

马缨杜鹃 *Rhododendron delavayi* Franch.，云南：漾濞，上街，磨盘地，海拔 2350 m，2005.IX.14，李振英、郭林、刘娜 122，HMAS 183418；丽江，迪安乡，万亩杜鹃园，海拔 2730 m，2005.IX.17，李振英、郭林、刘娜 192，HMAS 183446；永德，乌木龙，海拔 2600 m，2008.IX.8，何双辉、朱一凡、郭林 2402，HMAS 194282。

高山杜鹃 *Rhododendron lapponicum* Wahlenb.，福建：武夷山，黄岗山，海拔 2000 m，2012.VI.19，李伟 1614，HMAS 243851。

腋花杜鹃 *Rhododendron racemosum* Franch.，云南：大理，苍山，龙眼洞，海拔 2800 m，2005.IX.15，李振英、郭林、刘娜 137，HMAS 183439。

杜鹃属 *Rhododendron* spp.，四川：盐源，棉垭，海拔 3164 m，2010.IX.13，朱一凡、郭林 321，HMAS 242323；盐源，新沟，海拔 2573 m，2010.IX.11，朱一凡、郭林 287，HMAS 242320；西昌，大箐乡，海拔 2600 m，2009.VIII.19，何双辉、陆春霞、朱一凡、郭林 2717，HMAS 242317；普格，螺髻山，海拔 3650 m，2009.VIII.20，何双辉、陆春霞、朱一凡、郭林 2743，HMAS 251138；云南：洱源县，牛街乡，清洁灯村，海拔 3000 m，2005.IX.16，李振英、郭林、刘娜 145，HMAS 183420；李振英、郭林、刘娜 151，HMAS 183421；景东，哀牢山，杜鹃湖，海拔 2400 m，2006.VI.26，李振英、郭林 295，HMAS 183438；丽江，迪安乡，万亩杜鹃园，海拔 2730 m，2005.IX.17，李振英、刘娜、郭林 191，HMAS 196925；漾濞，上街，磨盘地，海拔 2350 m，2005.IX.14，李振英、郭林、刘娜 124，HMAS 196943；德钦，海拔 4200 m，李振英、郭林、何双辉 699，HMAS 196968；丽江，

高山植物园，海拔 3300 m，2007.IX.8，欧阳德才 2398，HMAS 251144；贡山，海拔 3000 m，2008.VIII.29，何双辉、朱一凡、郭林 2236，HMAS 196472。

世界分布：中国。

讨论：此种与 *Exobasidium rhododendri* 是近似种，引起菌瘿，小梗大小及担孢子大小相近，其区别是前者小梗数目多，有 2~5 个；后者小梗数目少，有 2~4 个。

8. 白珠树外担菌

Exobasidium gaultheriae Sawada, Trans. Nat. Hist. Soc. Formosa 19: 33, 1929; Tai, Sylloge Fungorum Sinicorum. p. 454, 1979; Xu & He, Sylloge of Phytopathogens on Woody Plants in China. p. 281, 2008.

症状：侵害寄主的叶和芽，叶上的病部稍肥厚，向下弯曲，叶面上黄绿色，后来带紫红色，叶背白绒状；子实层白色。

解剖结构：菌丝在病部组织的细胞间，无色，直径 2~3 μm；子实层厚约 70 μm。

显微特征：担子圆柱形，向基部略渐细，直径 5~7.8 μm，无隔膜或有一个横隔膜，顶端有 3~6 个小梗；小梗圆锤形，高 4~6.5 μm；担孢子镰刀形，顶端圆，基部稍斜向，基端钝圆，略弯曲，单孢，无色，平滑，12~15.3×3.5~5 μm；担孢子萌发时形成 1~3 个横隔膜，从两端形成小孢子；小孢子杆状，向两端略狭细，4.5~10.5×1~2 μm，从小孢子的顶端还可以再形成小孢子。

研究标本：

杜鹃花科 Ericaceae：

高山白珠 *Gaultheria borneensis* Stapf.，台湾：台中，1928.VIII.4，K. Sawada (TAI)。

世界分布：中国、澳大利亚、新西兰。

讨论：该种最初是由 Sawada (1929) 在中国台湾地区采集和记载的，由戴芳澜 (1979) 先生整理收录，文中的描述来自 Sawada (1929) 和戴芳澜 (1979)。笔者认为描述中讲的小孢子是指分生孢子，该种是以分生孢子的方式萌发。

9. 细丽外担菌　　图版 VI

Exobasidium gracile (Shirai) Syd. & P. Syd., Ann. Mycol. 10: 277, 1912; Tai, Sylloge Fungorum Sinicorum. p. 454, 1979; Xu & He, Sylloge of Phytopathogens on Woody Plants in China. p. 281, 2008.

Exobasidium camelliae Shirai var. *gracilis* Shirai, Bot. Mag. Tokyo 10: 52, 1896.

Exobasidium camelliae-oleiferae Sawada, Trans. Nat. Hist. Soc. Formosa 25: 140, 1935.

症状：侵害寄主的嫩叶、嫩茎，引起罹病部位肿胀、叶片增大，罹病叶厚度可达 3.5 mm，大部分背面突起，少数正面突起，每片叶上有 1~3 处被侵染，叶片上表面鲜绿色或黄橙色，生长在阴暗环境下的为红色，病处与健康叶接触处显红色，成熟后下表面表皮连同数层叶肉细胞被撕裂而露出白色子实层。

解剖结构：罹病部分细胞增大，细胞层数增多大于 2 倍，栅栏组织和海绵组织有分化，但不明显；菌丝位于细胞间，担子从细胞间生出，形成厚厚的子实层。

显微特征：担子无色，圆柱形或棍棒状，长 40~121 μm，顶部宽 4~10 μm；小梗 2~

4个，圆锥形，长 2~3 (~4) μm，基部宽 1~2 μm；担孢子无色，光滑，棍棒状至倒卵形，(8~) 10~15 (~16) ×2.8~4.5 (~5) μm 大小，初期无隔膜。

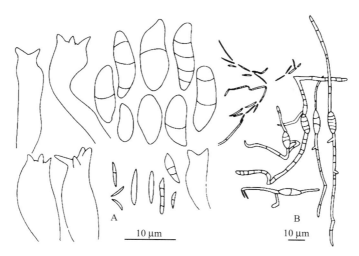

图　细丽外担菌 Exobasidium gracile (Shirai) Syd. & P. Syd. 的担子、小梗、担孢子、分生孢子 (A) 和担孢子萌发 (B) (HMAS 140276)

萌发特征：担孢子从担子上脱落后开始产生隔膜，产生 1~4 (~5) 个横隔，24 h 内萌发，从其两端和隔膜处产生多个长且有分支的芽管，从芽管顶端或侧面产生多个细线状分生孢子，分生孢子芽生产生更多分生孢子。

培养特征：该菌在 PDA 培养基上生长 21 天的菌落直径 11~13 mm，表面光滑，浅黄色，糊状，易于挑取，主要由分生孢子组成，分生孢子细线状，大小为 3~11×1~2 μm。

研究标本：

山茶科 Theaceae：

油茶 Camellia oleifera Abel.，湖南：常德，石板滩镇，毛家冲，2005.IV.17，李振英、郭林 1，HMAS 140220；澧县，游家山村，2005.IV.28，李振英、郭林 47，HMAS 143631；贵州：江口县，挂扣村，2005.IV.30，李振英、郭林 60，HMAS 140210；江口县，桃映乡，2005.IV.30，李振英、郭林 65，HMAS 140276；江西：大余县，横江村，2006.III.29，李振英、郭林 233，HMAS 140499，李振英、郭林 234，HMAS 140502；广东：韶关，2006.III.30，李振英、郭林 243，HMAS 132141，李振英、郭林 250，HMAS 140490。

西南白山茶 Camellia pitardii Cohen-Stuart. var. alba Chang，贵州：梵净山，2005.V.1，李振英、郭林 75，HMAS 99924。

世界分布：中国、日本、印度、新西兰、美国。

讨论：此种在我国南方各省广泛分布，春天清明节前后病害最严重，各地有不同的俗称，如"茶耳"、"茶瓣"、"茶片"，引起的病害称为"油茶饼病"。可食用。

10. 半球状外担菌

Exobasidium hemisphaericum Shirai, Bot. Mag. Tokyo: 53, 1896.

戴芳澜 (1979) 记载此种在我国有分布，作者未见标本。

11. 日本外担菌 图版 VII

Exobasidium japonicum Shirai, Bot. Mag. Tokyo 10: 52, 1896; Tai, Sylloge Fungorum Sinicorum. p. 454, 1979; Xu & He, Sylloge of Phytopathogens on Woody Plants in China. p. 282, 2008.

Exobasidium vaccinii var. *japonicum* (Shirai) McNabb, Trans. Roy. Soc. New Zealand, New Series 1 (20): 267, 1962.

Exobasidium caucasicum Woron., Monit. Jard. Bot. Tiflis 51: 3, 1921.

症状：侵染植物嫩叶、叶柄及幼茎，引起肿胀，叶片上表面凹陷，下表面隆起扭曲变形呈袋状，厚度可达 5 mm，每片叶上有 1～3 处被侵染，或者整个叶片全部被侵染，罹病叶、叶柄增厚可达健康叶、叶柄的 2 倍，茎可达 3～4 倍，罹病叶初期嫩绿色，少数粉红色、深红色，两面均可见白色子实层。

解剖结构：罹病处叶肉细胞增大，细胞层数增多，没有栅栏组织和海绵组织的分化；菌丝细胞间着生，担子从表皮或气孔生出，在叶片表面形成网状子实层。

显微特征：担子无色，圆柱形或棍棒状，长 11～53（～80）μm，顶部宽 4～9 μm；小梗（2～）3～6（～7）个，圆锥形，长（2～）4～6（～7.5）μm，基部宽 1～2 μm；担孢子无色，光滑，棍棒形或椭圆形，末端略弯曲，大小为（7.5～）9～18（～19）×2～3.5（～4）μm。

萌发特征：担孢子产生 1～3 个隔膜，24 h 内萌发，从两端或侧面隔膜处生出多个较长的芽管，有分支或无，从芽管上产生分生孢子。

培养特征：菌株在 PDA 培养基上生长缓慢，所分离到的 10 个菌株培养 21 天得到的菌落直径为 8～15（～18）mm，特征也略有差异，它们的表面有的有皱褶，有的绒状，有的光滑，所有菌株的菌落均为浅黄色、皮膜质，主要由分生孢子和菌丝组成，两者的多寡在不同菌株中略有差异，分生孢子长卵形、圆柱状、棍棒状，4～9×1～1.5 μm。

研究标本：

杜鹃花科 Ericaceae：

白花杜鹃 *Rhododendron mucronatum* G. Don，云南：昆明，金殿，海拔 2000 m，2006.VI.24，李振英、郭林 264，HMAS 173408。

锦绣杜鹃 *Rhododendron pulchrum* Sweet，江西：庐山植物园，海拔 1050 m，2006.IX.16，李振英、郭林 342，HMAS 172284。

杜鹃 *Rhododendron simsii* Planch，湖南：常德火车站，海拔 50 m，2005.IV.27，李振英、郭林 27，HMAS 143691，李振英、郭林 45，HMAS 143682；江西：井冈山，水井，2006.IX.2，李振英、陆春霞、郭林 375，HMAS 172285。江西：庐山植物园，海拔 1100 m，2007.V.14，李振英、郭林 632，HMAS 175467。

杜鹃属几种植物 *Rhododendron* spp.，江西：庐山植物园，海拔 1080 m，2007.V.14，李振英、郭林 634，HMAS 175457，李振英、郭林 635，HMAS 175456，李振英、郭林 636，HMAS 175455，李振英、郭林 637，HMAS 175454，李振英、郭林 639，HMAS 175452，李振英、郭林 640，HMAS 175449，李振英、郭林 641，HMAS 175453，李振英、郭林 642，HMAS 175447；安徽：黄山，1995.VI1.3，Cao Hengsheng，HMAS 71625；云南：丽江，玉龙雪山附近，海拔 3200 m，2007.IX.20，李振英、郭林、何双辉 689，HMAS 168514；广西：花坪，粗江保护站，2006.IV.6，于胜祥 1，HMAS 143649。

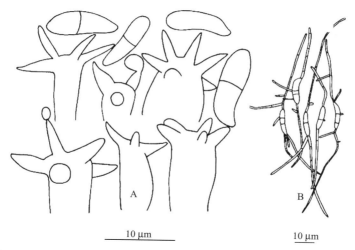

图 日本外担菌 *Exobasidium japonicum* Shirai 担子、小梗、担孢子 (A) 和担孢子萌发 (B) (HMAS 175453)

世界分布：中国、韩国、日本、瑞典、瑞士、新西兰。

讨论：该种在我国南方各省广泛分布，危害野生植物和栽培的观赏植物，发病时几乎整个植株全部被侵染，叶片凋落，小枝枯萎，破坏了杜鹃的观赏性。

12. 昆明外担菌　图版 VIII

Exobasidium kunmingense Zhen Ying Li & L. Guo, Mycotaxon 107: 215, 2009.

症状：侵染嫩叶，叶片上表面略突起，下表面略凹陷，病斑直径为 4.5～15 mm，每个叶片有 1 个至多个，罹病叶初期红色，成熟后在叶片下表面形成白色子实层。

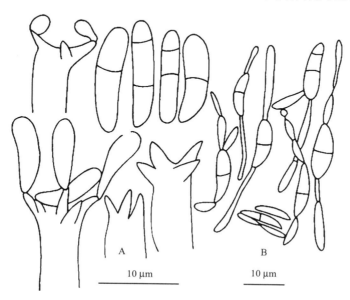

图 昆明外担菌 *Exobasidium kunmingense* Zhen Ying Li & L. Guo 的担子、小梗、担孢子 (A) 和担孢子萌发 (B) (HMAS 173147)

解剖结构：罹病叶没有细胞增大也没有增生，栅栏组织和海绵组织分化明显。菌丝位于细胞间，担子从表皮细胞间生出，在叶片的下表面形成连续的子实层。

显微特征：担子无色，圆柱形，顶部宽 4～6 μm；小梗 3～6 个，圆锥形，长 (3～) 4 μm，基部宽 1～1.2 (～1.8) μm；担孢子无色，光滑，圆柱形，末端尖而略有弯曲，大小为 12～17 ×3～4 μm。

萌发特征：担孢子产生 1 (～3) 个横隔，24 h 内萌发，从两端或侧壁产生多个较短的芽管，芽管顶端产生杆状分生孢子。

培养特征：该菌在 PDA 培养基上生长 21 天后菌落直径约为 9 mm，边缘不褶起，表面略有皱褶，浅黄色，菌落为皮膜质，主要由分生孢子组成，分生孢子镰刀形或杆状，5～9×1～1.2 (～1.8) μm。

研究标本：

杜鹃花科 Ericaceae：

珍珠花 *Lyonia ovalifolia* (Wall.) Drude，云南：昆明，禄劝县，者老村，海拔 2520 m，2006.VII.1，李振英、郭林 335，HMAS 173147 (主模式)。

世界分布：中国。

讨论：在珍珠花属 *Lyonia* 植物上，外担菌全球共有 5 种，在我国均有分布，其中引起病斑的 3 种是 *Exobasidium kunmingense*、*Exobasidium lyoniae* 和 *Exobasidium pieridis-ovalifoliae*。*Exobasidium kunmingense* 小梗数目多，有 3～6 个；后两种的小梗数目少，分别为 2～5 个和 2～3 (～4) 个。*Exobasidium kunmingense* 与 *Exobasidium pieridis-ovalifoliae* 另一个区别特征是担孢子大小不同，前者担孢子较小，为 12～17 ×3～4 μm，后者担孢子较大，为 (7～) 10～19 (～22) ×3～5.3 μm。

13. 庐山外担菌　图版 IX

Exobasidium lushanense Zhen Ying Li & L. Guo, Mycotaxon 107: 216, 2009.

症状：侵染嫩叶，叶片略增大，上表面略隆起，下表面略凹陷，病斑多位于叶缘，每个叶片有 1 至多个，子实层白色，位于叶片下表面。

解剖结构：罹病叶表层细胞增大变圆，无细胞增生，栅栏组织和海绵组织完整；菌丝位于细胞间，担子从表皮细胞间生出，形成连续的子实层。

显微特征：担子无色，圆柱形，长 36～60 μm，顶部宽 5.5～7 μm；小梗 (2～) 3～6 个，圆锥形，长 3～4 μm，基部宽 1～1.5 μm；担孢子无色，光滑，圆柱形或棒状，末端尖而略有弯曲，大小为 (7.2～) 9～13 (～15) ×3～4 μm。

萌发特征：担孢子产生 1～3 个横隔，24 h 内萌发，从两端和隔膜处生出多个长芽管，芽管有的有分支。

培养特征：该菌在 PDA 培养基上生长 21 天后菌落直径为 10 mm，边缘不褶起，表面光滑，浅黄色，皮膜质，主要由菌丝组成。

研究标本：

杜鹃花科 Ericaceae：

杜鹃 *Rhododendron simsii* Planch，江西：庐山植物园，海拔 1100 m，2007.V.14，李振英、郭林 631，HMAS 173148 (主模式)。

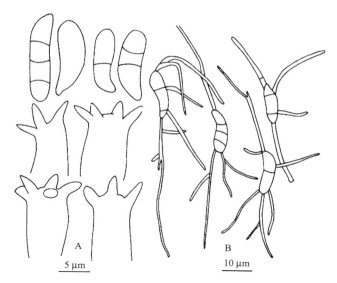

图　庐山外担菌 *Exobasidium lushanense* Zhen Ying Li & L. Guo 的担子、小梗、担孢子 (A) 和担孢子萌发 (B) (HMAS 173148，主模式)

世界分布：中国。

讨论：我国杜鹃花科植物上的外担菌类群极其丰富，以 3～6 个小梗和 2～4 个小梗的居多，3～6 个小梗的类群中以 *Exobasidium japonicum* 分布最为广泛，也较为常见。在同一棵杜鹃植株上，我们同时采集到引起叶片肿胀变形与形成病斑的两号标本，经鉴定引起肿胀的外担菌小梗较长，为 4～5 μm，其他特征与引起病斑的基本相同，但此两号标本的培养菌株在 nrDNA-LSU/nrDNA-ITS 系统进化树上，位于两个完全不同的分支上。笔者认为它们是两个完全不同的种，引起病斑的定为新种 *Exobasidium lushanense*，引起肿胀的定为常见种 *Exobasidium japonicum*。

14. 珍珠花外担菌　图版 X 1～3

Exobasidium lyoniae Zhen Ying Li & L. Guo, Mycotaxon 97: 380, 2006.

症状：侵染寄主植物的嫩叶形成病斑，病斑圆形，直径为 6～9 (～15) mm，着生于叶中央或叶缘，每个叶片有 1～2 (～3) 个或更多，罹病叶上表面红色或浅黄色，子实层白色，位于叶片下表面。

解剖结构：罹病叶没有细胞增大也没有细胞增生，栅栏组织完好；菌丝位于细胞间，担子从细胞间生出，在叶片的下表面形成连续的子实层。

显微特征：担子无色，圆柱形或棍棒状，长 30～50 μm，顶部宽 5～7 (～8) μm；小梗 2～5 个，圆锥形，长 (2～) 3～5 μm，基部宽 1～1.5 (～2) μm；担孢子无色，光滑，椭圆形或近棍棒状，末端尖而略有弯曲，(9～) 10～15 (～16) ×2.8～4.5 μm，初期无隔，后产生 1～3 个横隔。

研究标本：

杜鹃花科 Ericaceae：

珍珠花 *Lyonia ovalifolia* (Wall.) Drude，云南：漾濞，上街，磨盘地，海拔 2350 m，

2005.IX.14，李振英、郭林、刘娜 107，HMAS 155921；景东，无量山，十八里道坡，海拔 2200 m，2006.VI.26，李振英、郭林 289，HMAS 196978。

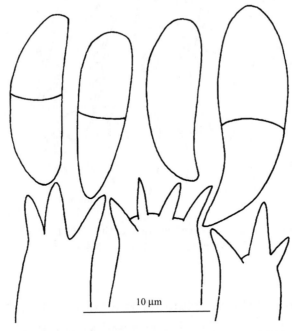

图　珍珠花外担菌 Exobasidium lyoniae Zhen Ying Li & L. Guo 的担子、小梗和担孢子 (HMAS 140551，主模式)

小果珍珠花 Lyonia ovalifolia (Wall.) Drude var. *elliptica* (Siebold et Zucc.) Hand.-Mazz.，云南：漾濞，上街，磨盘地，海拔 2350 m，2005.IX.14，李振英、郭林、刘娜 114，HMAS 155919。

狭叶珍珠花 Lyonia ovalifolia (Wall.) Drude var. *lanceolata* (Wall.) Hand.-Mazz.，云南：腾冲，小地方，海拔 2180 m，2005.IX.19，李振英、郭林、刘娜 206，HMAS 140551 (主模式)；龙陵，绕廊，海拔 2197 m，2005.IX.22，李振英、郭林、刘娜 225，HMAS 183434。

珍珠花属几种植物 Lyonia spp.，四川：昭觉，海拔 3100 m，2009.VIII.14，何双辉、朱一凡、郭林 2676，HMAS 242331；云南：腾冲，海拔 2000 m，2008.IX.6，何双辉、朱一凡、郭林 2379，HMAS 196896；贡山，独龙江，海拔 1500 m，2008.VIII.29，何双辉、朱一凡、郭林 2239，HMAS 196475；保山，白花林，海拔 1450 m，2008.IX.2，何双辉、朱一凡、郭林 2276，HMAS 242325；云龙，漕涧镇，海拔 2300 m，2008.VIII.27，何双辉、朱一凡、郭林 2224，HMAS 251161。

世界分布：中国。

讨论：此种与 Exobasidium pieridis-ovalifoliae 都寄生在珍珠花属 (Lyonia) 植物上，产生病斑，是近似种，其区别是前者小梗数目多，有 2～5 个，担孢子较小，(9～) 10～15 (～16) ×2.8～4.5 μm；后者小梗数目少，有 2～3 (～4) 个，担孢子较大，(7～) 10～19 (～22) ×3～5.3 μm。

15. 桢楠外担菌

Exobasidium machili Sawada, Rep. Dept. Agr. Gov't. Res. Inst. Formosa 1: 422, 1919; Tai, Sylloge Fungorum Sinicorum. p. 454, 1979; Xu & He, Sylloge of Phytopathogens on Woody Plants in China. p. 283, 2008.

症状：侵害寄主的叶形成菌瘿，初期红褐色或褐色，后期被白色子实层覆盖。

解剖结构：菌丝体在菌瘿组织的细胞间生，菌丝无色，很细，稀疏地分枝，直径1.7~3.5 μm；吸胞穿过寄主细胞的壁而进入细胞内，短，多少瘤状，柄极短，5~6.8×4~5 μm。

显微特征：担子簇生，圆柱形，向基部略渐细，无隔膜，45~68×6.5~8.5 μm，顶端平截，有6个或3个小梗。小梗向顶端渐尖，3~3.5×1.5~1.7 μm。担孢子镰刀形，顶端圆，基部斜向呈楔形，单孢，无色，平滑，内含粗颗粒状物，13~17×3.5~4 μm，后期在中部形成一个横隔膜，萌发时从每一个细胞都可以长出芽管。

樟科 Lauraceae：

假长叶桢楠 *Machilus pseudolongifolia* Hayata，台湾。未见标本。

世界分布：中国。

讨论：该种是寄生在 *Machilus* 属植物上唯一的一个外担菌，以上描述来自 Sawada (1919) 和戴芳澜 (1979)。

16. 单孢外担菌

Exobasidium monosporum Sawada, Descriptive catalogue of the Formosan fungi, 2: 108, 1922; Tai, Sylloge Fungorum Sinicorum. p. 455, 1979; Xu & He, Sylloge of Phytopathogens on Woody Plants in China. p. 283, 2008.

症状：侵害寄主的嫩叶形成病斑，每片叶上有1个甚至7~8个，初期黄绿色圆状小斑点，渐渐增大，可达15 mm，仍为黄绿色，周围紫褐色，上表面略隆起，下表面凹陷，最后病斑褐变枯死。

解剖结构：菌丝体在病斑的叶肉细胞间生，无色，纤细，分枝，有隔膜，直径1.5~3 μm。

显微特征：担子高75~105 μm，圆柱形，向基部渐细，基部直径2 μm，顶端急楔形，无隔膜，含颗粒状物，最大部分的直径6.5~7 μm。小梗通常1个。担孢子镰刀形，顶端圆，基部钝圆，无色，平滑，起初单胞，逐渐形成2~5个横膈膜，12~30×6~7 μm；担孢子萌发时各个细胞膨大，在隔膜处缢缩，或各个细胞分离，从每细胞上长出一个芽管，芽管直径2~3 μm，有隔膜。

研究标本：

山茶科 Theaceae：

大头茶属一种植物 *Gordonia* sp.，台湾：台东，1931.III.9，K. Sawada. (TAI)。

世界分布：中国。

17. 南烛外担菌　图版 XI

Exobasidium ovalifoliae Zhen Ying Li & L. Guo, Mycotaxon 104: 333, 2008.

Exobasidium pieridis-taiwanense Sawada, Descriptive Catalogue of Taiwan (Formosan) Fungi

XI p. 98, 1959 (nom. invalid.).

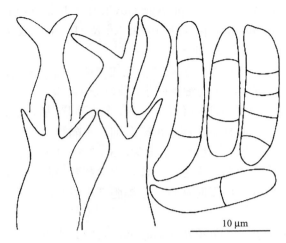

图　南烛外担菌 *Exobasidium ovalifoliae* Zhen Ying Li & L. Guo 的担子、小梗和担孢子 (HMAS 99934)

症状：侵染寄主植物幼叶，使之肿胀扭曲变形，上表面凹陷，下表面隆起，膨大呈泡状，近球形，长 0.7～2.5 cm，宽 0.5～2 cm，有些几乎整个叶片被侵染，每片叶上有 1～8 个，罹病初期嫩绿色或浅红色，成熟后上下表面均覆盖白色子实层。

解剖结构：罹病叶细胞增大且细胞增生，无栅栏组织和海绵组织的分化；菌丝位于细胞间，担子从表皮细胞间生出，形成连续的子实层。

显微特征：担子无色，圆柱形，顶端着生小梗处有缢缩，长 40～70 μm，顶部宽 5～8 μm；小梗 2 (～3) 个，圆锥形，长 4～8 μm，基部宽 1.3～3 μm；担孢子无色，光滑，长椭圆形，末端尖而略有弯曲，大小为 12～20 (～23) ×3～4.2 μm，后期产生 1～5 个横隔。

萌发特征：扫描电镜下观察到担孢子两端萌发产生芽管。

研究标本：

杜鹃花科 Ericaceae：

小果珍珠花 *Lyonia ovalifolia* (Wall.) Drude var. *elliptica* (Siebold et Zucc.) Hand.-Mazz.，云南：龙陵，绕廊，海拔 2197 m，2005.IX.22，李振英、郭林、刘娜 229，HMAS 99934 (主模式)。

珍珠花属几种植物 *Lyonia* spp.，云南：凤庆，洛党，海拔 1500 m，2008.IX.9，何双辉、朱一凡、郭林 2423，HMAS 196470；永德，蕨坝，海拔 2600 m，2008.IX.8，何双辉、朱一凡、郭林 2403，HMAS 196465；漾濞，海拔 2200 m，2008.IX.10，和顺军 2442，HMAS 251142；龙陵，勐冒，海拔 1700 m，2008.IX.7，何双辉、朱一凡、郭林 2386，HMAS 251139。

世界分布：中国。

讨论：*Exobasidium ovalifoliae* 与 *Exobasidium pieridis-taiwanense* Sawada (1959) 在形态学特征上相同。Sawada (1959) 描述的 *Exobasidium pieridis-taiwanense* 寄生在 *Pieris taiwanensis* Hayata.植物上，引起叶片肿胀变形，小梗 2 (～3) 个，大小为 5～10 × 2.5～

3 μm，担孢子大小为 15～19×4.5～6 μm，它们应该是同一个种，但是 Sawada 在描述 *Exobasidium pieridis-taiwanense* 新种时缺乏拉丁描述，根据国际植物命名法规，是不合格发表。作者试图从日本 TNS 和中国台湾 TAI 标本馆借阅模式标本，但是未获成功。因此，作者将这个种发表为新种 (Li and Guo, 2008a)。

18. 五孢外担菌

Exobasidium pentasporium Shirai, Bot. Mag., Tokyo: 53, 1896.

Microstroma pentasporium Shirai, 日本隐花植物图鉴 p. 376, 1939.

杜鹃属一种 *Rhododendron* sp.，江西。未见标本。

讨论：朱凤美 (1927) 最早记载此种。

19. 马醉木外担菌　图版 XII

Exobasidium pieridis Henn., Bot. Jahrb. 32: 38, 1902 (1903); Tai, Sylloge Fungorum Sinicorum. p. 455, 1979; Xu & He, Sylloge of Phytopathogens on Woody Plants in China. p. 283, 2008.

症状：侵染植物嫩叶使之扭曲变形，上表面凹陷，下表面隆起，呈泡状，直径可达 38 mm，罹病部位上表面初期嫩绿色或浅红色，成熟后上下表面均覆盖白色子实层。

解剖结构：罹病叶细胞增大且细胞增生，无栅栏组织和海绵组织的分化；菌丝位于细胞间，担子从表皮细胞间生出，形成连续的子实层。

显微结构：担子无色，圆柱形或棍棒状，顶部宽 6～12 μm；小梗 2～4 个，圆锥形，长 4～7 μm，基部宽 1～2 μm；担孢子无色，光滑，椭圆形或棍棒状，末端尖，部分略有弯曲，大小为 15～22×3.5～4.8 μm，后期产生 1～3 (～5) 个横隔。

研究标本：

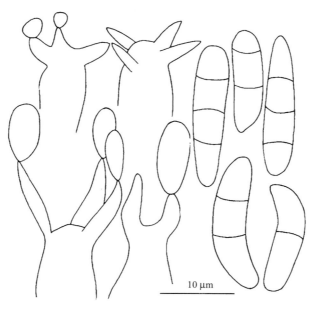

图　马醉木外担菌 *Exobasidium pieridis* Henn. 的担子、小梗和担孢子 (HMAS 138219)

杜鹃花科 Ericaceae：

珍珠花 *Lyonia ovalifolia* (Wall.) Drude，云南：景东，哀牢山，杜鹃湖，海拔 2400 m，2006.VI.26，李振英、郭林 299，HMAS 196995；腾冲，小地方，海拔 2180 m，2005.IX.19，李振英、郭林、刘娜 210，HMAS 138219；大理，苍山，海拔 2800 m，2005.IX.15，李振英、郭林、刘娜 135，HMAS 143957。

小果珍珠花 *Lyonia ovalifolia* (Wall.) Drude var. *elliptica* (Siebold et Zucc.) Hand.-Mazz.，云南：漾濞，上街，磨盘地，海拔 2350 m，2005.IX.14，李振英、郭林、刘娜 109，HMAS 132107。

狭叶珍珠花 *Lyonia ovalifolia* (Wall.) Drude var. *lanceolata* (Wall.) Hand.-Mazz.，云南：漾濞，上街，磨盘地，海拔 2350 m，2005.IX.14，李振英、郭林、刘娜 105，HMAS 99582。

珍珠花属几种植物 *Lyonia* spp.，四川：冕宁，海拔 2300 m，2009.VIII.21，何双辉、朱一凡、陆春霞、郭林 2749，HMAS 263195；云南：景东，哀牢山，杜鹃湖，海拔 2400 m，2006.VI.26，李振英、郭林 296，HMAS 196994；漾濞，海拔 2200 m，2008.IX.10，和顺军 2443，HMAS 242324。

世界分布：中国、日本、印度。

讨论：该种是我国一个常见种。

20. 卵叶马醉木外担菌　图版 XIII

Exobasidium pieridis-ovalifoliae Sawada, Rep. Dept. Agr. Gov't. Res. Inst. Formosa 51: 65, 1931; Xu & He, Sylloge of Phytopathogens on Woody Plants in China. p. 283, 2008.

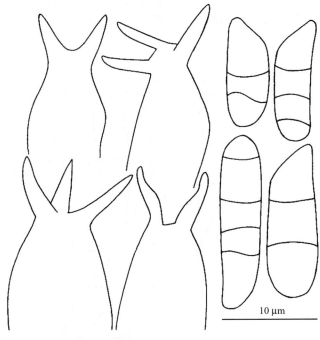

图　卵叶马醉木外担菌 *Exobasidium pieridis-ovalifoliae* Sawada 的担子、小梗和担孢子 (HMAS 132758)

症状：侵染植物嫩叶，形成病斑，每片叶上有多个，罹病叶上表面嫩绿色或浅红色，成熟后下表面覆盖白色子实层。

解剖结构：罹病叶细胞增大但无细胞增生，栅栏组织和海绵组织分化明显；菌丝位于细胞间，担子从表皮细胞间生出，形成连续的子实层。

显微特征：担子无色，圆柱形或棍棒状，顶部宽 4～9 (～10) μm；小梗 2～4 个，圆锥形，长 (2～) 4～8 (～9) μm，基部宽 1～2 μm；担孢子无色，光滑，椭圆形或长圆柱形，末端尖，大小为 (7～) 10～19 (～22) ×3～5.3 μm，后期产生 1～3 (～5) 个横隔。

研究标本：

杜鹃花科 Ericaceae：

狭叶珍珠花 *Lyonia ovalifolia* (Wall.) Drude var. *lanceolata* (Wall.) Hand.-Mazz.，云南：漾濞，上街，磨盘地，海拔 2350 m，2005.IX.14，李振英、郭林、刘娜 118，HMAS 132758。

珍珠花属一种植物 *Lyonia* sp.，云南：景东，哀牢山，杜鹃湖，海拔 2400 m，2006.VI.26，李振英、郭林 300，HMAS 183422。

世界分布：中国、日本。

21. 鹿蹄草叶白珠外担菌　图版 XIV 1～3

Exobasidium pyroloides Zhen Ying Li & L. Guo, Mycotaxon 105: 332, 2008.

症状：侵染植物嫩叶，形成病斑，每片叶上有 1～2 个，病斑上表面红色，成熟后下表面覆盖白色子实层。

解剖结构：罹病叶细胞增大但无细胞增生，栅栏组织和海绵组织分化明显；菌丝位于细胞间，担子从表皮细胞间生出，形成连续的子实层。

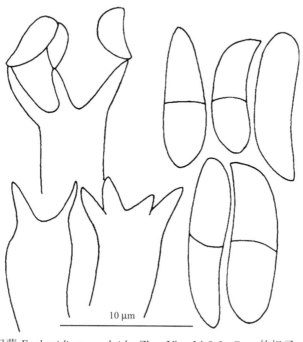

图　鹿蹄草叶白珠外担菌 *Exobasidium pyroloides* Zhen Ying Li & L. Guo 的担子、小梗和担孢子 (HMAS 183432)

显微特征：担子无色，圆柱形或棍棒状，顶部宽 3.5～6 μm；小梗 2～4 个，圆锥形，长 (2～) 3～5 (～6) μm，基部宽 1～1.5 (～2) μm；担孢子无色，光滑，圆柱形或倒卵形，末端尖，略有弯曲，大小为(7～) 9～13 × 3～4 (～5) μm，后期产生 1 (～2) 个横隔。

研究标本：

杜鹃花科 Ericaceae：

鹿蹄草叶白珠 *Gaultheria pyroloides* Hook.f. & Thomson ex Miq.，云南：腾冲，小地方，海拔 2180 m，2005.IX.19，李振英、郭林、刘娜 208，HMAS 183432 (主模式)。

世界分布：中国。

讨论：包括该种在内寄生在 *Gaultheria* 属上的外担菌共有 2 种，另外一种是 *Exobasidium gaultheriae* (Sawada, 1929)，它引起叶片和芽肿胀变形，具有 3～6 个小梗，与该种显著不同。

22. 腋花杜鹃外担菌　图版 XIV 4-6

Exobasidium racemosum Zhen Ying Li & L. Guo, Mycotaxon 96: 324, 2006.

症状：侵染植物嫩叶、幼茎，引起嫩茎及成簇的嫩叶整个肿胀，白色，偶见红色，子实层白色，上下表面着生。

解剖结构：罹病部位细胞增大且细胞增生，没有栅栏组织和海绵组织的分化；菌丝位于细胞间，担子从细胞间生出，在叶片的上下表面形成连续的子实层。

图　腋花杜鹃外担菌 *Exobasidium racemosum* Zhen Ying Li & L. Guo 担子、小梗、担孢子和分生孢子 (箭头示分生孢子) (HMAS 140194，主模式)

显微特征：担子无色，圆柱形或棍棒状，顶部宽 6～11 μm；小梗 (2～) 3～7 个，圆锥形，长 4～7 μm，基部宽 1～1.8 μm；担孢子无色，光滑，棍棒状或椭圆形，末端尖而略有弯曲，大小为 9～15×3～4 μm，后期产生 1 个横隔。

萌发特征：刮片中观察到担孢子萌发直接产生分生孢子。

研究标本：

杜鹃花科 Ericaceae：

马缨杜鹃 *Rhododendron delavayi* Franch.，云南：景东，海拔 2200 m，2006.VI.26，李振英、郭林 272，HMAS 196970。

亮毛杜鹃 *Rhododendron microphyton* Franch.，云南：景东，无量山，十八里道坡，海拔 2200 m，2006.VI.26，李振英、郭林 278，HMAS 183423。

腋花杜鹃 *Rhododendron racemosum* Franch.，云南：丽江，玉峰寺，海拔 2720 m，2005.IX.17，李振英、郭林、刘娜 173，HMAS 140194 (主模式)，李振英、郭林、刘娜 166，HMAS 183441。

杜鹃属几种植物 *Rhododendron* spp.，云南：景东，海拔 2200 m，2006.VI.26，李振英、郭林 279，HMAS 196969；丽江，高山植物园，海拔 3200 m，2007.IX.20，李振英、郭林、何双辉 686，HMAS 183430。

世界分布：中国。

讨论：此种与 *Exobasidium japonicum* Shirai (1896) 和 *Exobasidium japonicum* var. *hypophyllum* Ezuka (1990b)，在小梗及担孢子大小上相似，但是，在小梗数目及担孢子萌发方式上不同，*Exobasidium racemosum* 有 (2～) 3～7 个小梗，担孢子萌发产生分生孢子；后两者有 (2～) 3～4 (～6) 个小梗，担孢子萌发产生芽管。

23. 网状外担菌

Exobasidium reticulatum S. Ito & Sawada, Bot. Mag. Tokyo 26: 241, 1912; Tai, Sylloge Fungorum Sinicorum. p. 455, 1979; Xu & He, Sylloge of Phytopathogens on Woody Plants in China. p. 283, 2008.

症状：侵染幼叶引起枯萎病，被害部分叶表黄绿色，凹陷，开始叶片部分侵染，后来整个叶片都被侵染，子实层突出在外，如网状，孢子弹射之后，叶片变为褐色死亡，网状病斑印迹一直存留。

解剖结构：白色网状部分即是子实层，显微镜下观察，子实层半圆形隆起，担子密集排列。

显微特征：担子圆柱形，向基部渐细，高 65～135 μm，基部直径 3～4 μm，有隔膜，顶端生有 4 个小梗，小梗长 2～3 μm；担孢子无色，单胞，平滑，倒卵形、长椭圆形，或棍棒状，顶端圆，基部钝圆，稍弯曲，8～12×3～4 μm；担孢子萌发，一般在中部产生一个横隔膜，从两端产生芽管，芽管直径 1.5～2 μm。

研究标本：

山茶科 Theaceae：

茶 *Camellia sinensis* (L.) Kuntze，台湾：平镇，1929.IV.17，K. Sawada (TAI)。

世界分布：中国、日本。

讨论：以上的描述来自 Sawada (1919) 的记载。中国台湾大学标本馆保藏的标本因年代久远，已无法观察到担子和担孢子等，但干标本还存留有网状印迹，切片观察到子实层叶下着生，栅栏组织完整。

24. 杜鹃外担菌　图版 XV 1～3

Exobasidium rhododendri (Fuckel) C.E. Cramer, *in* Geyler, Bot. Ztg. 32: 324, 1874; Xu & He, Sylloge of Phytopathogens on Woody Plants in China. p. 283, 2008.

Exobasidium vaccinii var. *rhododendri* Fuckel, Jb. Nassau. Ver. Naturk. 27-28: 7, 1873.

Exobasidium rhododendri Quél., Ench. Fung. p. 241, 1886.

Exobasidium vaccinii f. *rhododendri* (C.E. Cramer) W. Voss, Mitteilungen des Museal-Vereins für Krain, Abt. 2 **3**: 238, 1890.

症状：侵害植物的嫩叶，在叶片下表面形成菌瘿，菌瘿以一短柄与叶片相连，相连处叶片上表面形成一浅黄色小点，略凹陷，菌瘿粉红色或白色，近球形或不规则球形，长 1～3 cm，宽 0.8～2.8 cm，肉质。子实层白色，布满整个菌瘿表面。

解剖结构：菌瘿实心，内部长满菌丝，被侵染叶片下表面细胞增大增生，栅栏组织细胞完好；菌丝位于细胞间，担子从表皮细胞间生出，在菌瘿表面形成连续的子实层。

显微特征：担子无色，棍棒状或圆柱状，10～25×6～9 μm；小梗 2～4 个，圆锥形，4.2～8 (～10) ×1.2～3 μm；担孢子无色，光滑，椭圆形或近棍棒形，略弯曲，10～15 (～17) ×3～5 μm，后期可产生 1 个隔膜。

研究标本：

杜鹃花科 Ericaceae：

图　杜鹃外担菌 *Exobasidium rhododendri* (Fuckel) C.E. Cramer 的担子、小梗和担孢子 (HMAS 173144)

马缨杜鹃 *Rhododendron delavayi* Franch.，云南：丽江，迪安乡，万亩杜鹃园，海拔 2730 m，2005.IX.17，李振英、郭林、刘娜 195，HMAS 173144；景东，哀牢山，杜鹃湖，海拔 2400 m，2006.VI.26，李振英、郭林 291，HMAS 196992。

山光杜鹃 *Rhododendron oreodoxa* Franch.，四川：盐源，平川，海拔 3000 m，2010.IX.10，朱一凡、郭林 275，HMAS 242318。

杜鹃属几种植物 *Rhododendron* spp.，四川：盐源，卫城，海拔 3100 m，2010.IX.11，朱一凡、郭林 297，HMAS 242330；普格，螺髻山，2009.VIII.20，海拔 2746 m，何双辉、陆春霞、朱一凡、郭林 2746，HMAS 251143。

世界分布：中国、丹麦、挪威、瑞典、芬兰、德国、瑞士、英国、法国、罗马尼亚。

讨论：根据 Nannfeldt (1981) 记载，*Exobasidium rhododendri* 的菌瘿在林奈之前被自然科学家当作动物的虫瘿。

25. 雪层杜鹃外担菌　图版 X 4～6

Exobasidium rhododendri-nivalis Zhen Ying Li & L. Guo, Mycotaxon 105: 331, 2008.

症状：侵染寄生植物的嫩叶、叶柄、幼茎，产生半球形菌瘿，直径 1～4 mm，厚 2.5 mm，菌瘿多数位于顶端嫩叶上及老枝下方新生小簇叶片上，少数位于叶柄或茎上，每片叶上有 1～5 个或更多，有些植株几乎整个被侵染，罹病部位初期红色，肉质，后期菌瘿变为土黄色甚至黑色，菌瘿实心干燥，内部白色，子实层白色，覆盖整个菌瘿表面。

显微特征：担子无色，圆柱形或棍棒状，长 7～18 μm，顶部宽 4～8 μm；小梗 2～4

图　雪层杜鹃外担菌 *Exobasidium rhododendri-nivalis* Zhen Ying Li & L. Guo 的担子、小梗和担孢子
(HMAS 183431)

个，圆锥形，长 4.5～7 μm，基部宽 1～1.5 μm；担孢子无色，光滑，长椭圆形，略弯曲，大小为 10.2～13×2.5～3 μm。

萌发特征：新鲜标本子实层刮片观察，担孢子产生 1 个隔膜，从其两端和隔膜处产生芽管萌发。

研究标本：

杜鹃花科 Ericaceae：

雪层杜鹃 *Rhododendron nivale* Hook.f.，云南：德钦，白马雪山附近，海拔 4300 m，2007.IX.21，李振英、郭林、何双辉 697，HMAS 183431 (主模式)；四川：乡城，海拔 4650 m，2007. IX. 24，李振英、郭林、何双辉 716，HMAS 183444 (副模式)。

杜鹃属一种植物 *Rhododendron* sp.，四川：木里，康坞牧场，2010.IX.13，朱一凡、徐彪、郭林 311，HMAS 263146。

世界分布：中国。

讨论：该菌标本由笔者及同事采集自海拔 4300 m 以上，此种与 *Exobasidium deqenense* 是目前为止我国发现的两个高海拔外担菌，它们的小梗大小、数目及担孢子大小都不相同。该种与 *Exobasidium sakishimaense* Otani (1976) 在寄主症状、担子数目和小梗大小上相近，但后者担孢子较大，15～24×5～6 μm。

26. 紫蓝杜鹃外担菌   图版 XVI
Exobasidium rhododendri-russati Zhen Ying Li & L. Guo, Mycotaxon 107: 217, 2009.

症状：侵染植物嫩叶和幼茎，产生较小的菌瘿，菌瘿半球形，厚 3.5 mm，最大直径 1 cm，位于叶片下表面、叶柄或茎上，以短柄与寄主组织相连，有的叶片整个表面几乎全部布满大大小小的菌瘿，叶片变大，菌瘿初期浅绿色，后期担子消失，担孢子弹射，菌瘿变为黄色甚至黑色，子实层白色，覆盖整个菌瘿表面。

解剖结构：罹病叶片下表面细胞增大增生，栅栏组织没有变化；担子从细胞间生出，形成连续的子实层。

显微特征：担子无色，圆柱形或棍棒状，长 13～30 μm，顶部宽 4～6 μm；小梗 2～3 (～4) 个，圆锥形，长 (2～) 4.5～5.5 μm，基部宽 1～2 μm；担孢子椭圆形或圆柱形，末端尖而略有弯曲，大小为 11～16×2～3 μm。

萌发特征：担孢子产生 1～3 (～5) 个横隔，24 h 内萌发，从其两端产生多个较长且有分支的芽管。

培养特征：该菌在 PDA 培养基上生长 21 天后菌落直径为 10 mm，表面花纹状皱褶，浅黄色，皮膜质，主要由分生孢子组成，分生孢子细线形，6～17 × 0.5 μm。

研究标本：

杜鹃花科 Ericaceae：

紫蓝杜鹃 *Rhododendron russatum* Balf. f. & Forrest，云南：香格里拉，义斯村，海拔 3300 m，2007.IX.26，李振英、郭林、何双辉 724，HMAS 183433 (主模式)；香格里拉，红坡村，海拔 3300 m，2007.IX.26，李振英、郭林、何双辉 725，HMAS 183443；香格里拉，霞给村，海拔 3300 m，2007.IX.26，李振英、郭林、何双辉 726，HMAS 183442。

杜鹃属几种植物 *Rhododendron* spp.，四川：乡城，海拔 3800 m，2007.IX.24，李振

英、郭林、何双辉 723，HMAS 240868；云南：景东，无量山，海拔 2200 m，2006.VI.26，李振英、郭林 283，HMAS 240864；香格里拉，小中甸，海拔 3300 m，2007.IX.27，李振英、郭林、何双辉 730，HMAS 240863；丽江：高山植物园，海拔 3200 m，2007.IX.20，李振英、郭林、何双辉 685，HMAS 240866。

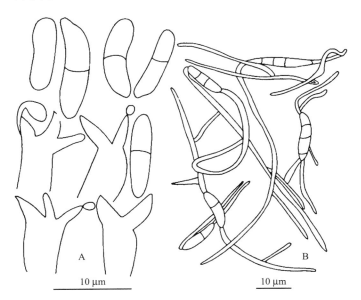

图　紫蓝杜鹃外担菌 *Exobasidium rhododendri-russati* Zhen Ying Li & L. Guo 担子、小梗、担孢子 (A) 和担孢子萌发 (B) (HMAS 183433，主模式)

讨论：此种与 *Exobasidium rhododendri-nivalis* 是近似种，其区别是前者担孢子大，11～16×2～3 μm，后者担孢子小，10.2～13×2.5～3 μm。

27. 锈叶杜鹃外担菌　图版 XVII
Exobasidium rhododendri-siderophylli Zhen Ying Li & L. Guo, Mycotaxon 114: 271, 2010.

症状：侵染寄主植物嫩叶，叶片几乎整个增大增厚，由正常叶片 2 cm 长增加至 3.3 cm 长，宽度由 0.5 cm 增至 1.8 cm，病变叶片厚 2.5 mm，浅黄色，子实层白色，叶下着生。侵染植物幼果，引起肿胀，受侵染的果实增大至 1.8 cm 高，1.3 cm 宽，成熟时白色子实层覆盖整个果实外表面。

解剖结构：罹病部位细胞增大且细胞增生，其中罹病叶片栅栏组织和海绵组织有分化但不明显；菌丝位于细胞间，担子从表皮细胞间生出，形成连续的子实层。

显微特征：担子无色，圆柱形或棍棒状，顶部宽 5～9 μm；小梗 3～7 个，圆锥形，长 5～6 (～7) μm，基部宽 1～1.5 (～1.8) μm；担孢子无色，光滑，椭圆形或棍棒状，末端尖而略有弯曲，大小为 (12～) 13～15 (～18.5) ×3～4 μm。

萌发特征：担孢子产生 1 个隔膜，24 h 内萌发，从其两端和隔膜处产生多个较短的芽管，芽管可有多个分支，分生孢子从芽管侧面或顶端产生。

培养特征：该菌在 PDA 培养基上生长 21 天后菌落直径为 8～9 mm，表面光滑，浅黄色，糊状。主要由分生孢子组成，分生孢子杆状，5～7.5×1～2 μm。

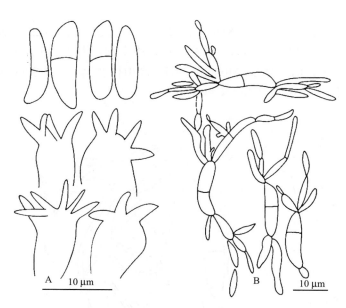

图 锈叶杜鹃外担菌 *Exobasidium rhododendri-siderophylli* Zhen Ying Li & L. Guo 担子、小梗、担孢子 (A) 和 担孢子萌发 (B) (HMAS 183424, 主模式)

研究标本:

杜鹃花科 Ericaceae:

锈叶杜鹃 *Rhododendron siderophyllum* Franch., 云南: 禄劝, 者老村, 海拔 2520 m, 2006.VII.1, 李振英、郭林 339, HMAS 183424 (主模式); 禄劝, 者老村, 海拔 2520 m, 2006.VII.1, 李振英、郭林 338, HMAS 183429 (副模式); 禄劝, 轿子雪山, 海拔 3250 m, 2006.VII.1, 李振英、郭林 308, HMAS 240850; 丽江, 高山植物园, 海拔 3300 m, 2007.IX.20, 李振英、郭林 683, HMAS 240838。

硬叶杜鹃 *Rhododendron tatsienense* Franch., 云南: 禄劝, 者老村, 海拔 2530 m, 2006.VII.1, 李振英、郭林 329, HMAS 183437 (副模式)。

世界分布: 中国。

讨论: 该种引起叶片增大增厚, 担子具有 3~7 个小梗, 担孢子萌发产生较短的芽管, 是它的区别性特征。

28. 泽田外担菌　图版 XVIII

Exobasidium sawadae G. Yamada ap. Sawada, Descript. Cat. Formosan Fungi. 1: 431, 1919; Teng, Fungi of China. p. 378, 1963; Guo *et al.*, Acta Mycol. Sin. 10: 32, 1991; Xu & He, Sylloge of Phytopathogens on Woody Plants in China. p. 284, 2008.

Glomerularia cinnamomi Sawada, Spec. Bull. Agric. Exp. Station Formosa 19: 431, 1919.

Elaeodema cinnamomi auct. non Sydow: Tai, Sylloge Fungorum Sinicorum. p. 455, 1979.

症状: 侵染果实, 引起肿胀。直径 1~1.8 cm, 褐色、灰褐色或肉桂褐色。子实层局部或全部覆盖于果实上, 粉状。

显微特征: 担子棒状, 顶端稍圆, 基部变细, 10~18×4~7 μm; 小梗 2~6 个, 长约 2 μm；担孢子倒卵圆形、长椭圆形、长卵圆形、肾形或不规则形，顶端稍圆，8～19 (～22)×5～8 μm，近无色或淡黄色，细疣，扫描电镜下可见疣状联结。

研究标本：

樟科 Lauraceae：

樟树 *Cinnamomum camphora* (L.) T. Nees & C.H. Eberm.，台湾：新竹县，2009.III.9，傅春旭，HMAS 188052；广东：广州植物园，1988.XII.19，林乔生、郭林 986，HMAS 58341。

世界分布：中国。

讨论：泽田外担菌引起樟粉实病，最早在中国台湾发现，还分布在广西壮族自治区。关于此种小梗的数目和担孢子的纹饰，曾有不同的报道。Sawada (1919) 记载小梗有 4～10 个（普通 8 个），难以辨认准确数目，担孢子表面有细疣。邓叔群 (1963) 记录有 4～6 个小梗，担孢子光滑。郭林等 (1991) 描述该种小梗 4～8 个，扫描电镜下担孢子表面纹饰呈疣状联结。但是，近期通过扫描电镜观察，小梗数目应为 2～6 个。

油盘孢属 *Elaeodema* 是中国特有属，属于无性型真菌，迄今为止仅报道有 2 种 1 变型，侵染阴香、肉桂等经济植物的果实，造成重大损失。戴芳澜 (1936～1937) 怀疑樟油盘孢 *Elaeodema cinnamomi* Syd. 和泽田外担菌属于同种。他研究了 H. Sydow 赠送的樟油盘孢模式标本及 1923 年他在广州采集的樟树病果后，错误地将樟油盘孢作为泽田外担菌的异名，并把 Keissler (1924) 的花生油盘孢 *Elaeodema floricola* Keissl. 和樟油盘孢褐色变型 *Elaeodema cinnamomi* Syd. f. *brunnea* Keissl. 转移到外担菌属。戴芳澜 (1979) 否认泽田外担菌的存在，把此菌归入油盘孢属。泽田外担菌和油盘孢属真菌，几十年来分类上存在许多不同看法，或全部归泽田外担菌，或全部归油盘孢属真菌，把此两类不同真菌混淆起来，造成名称混乱。郭林等 (1991) 通过研究国内外许多标本，包括某些模式标本，认为泽田外担菌具有担子层，担孢子生在担子上，寄主是樟树；而油盘孢属真菌的孢子生在菌丝上，寄主是阴香和肉桂等植物。

为了区别泽田外担菌与樟油盘孢，简述一下樟油盘孢的特征：寄生在果实上，初期表面红褐色，是坚硬的寄主组织外壳，粗糙，直径 1～2.5 cm，成熟后表皮破裂，露出粉状孢子，孢子椭圆形、长椭圆形或矩圆形，少近球形，8～15×5～7.5 (～10) μm，初期白色，成熟后橄榄褐色。

29. 乌饭果外担菌　图版 XV 4～6

Exobasidium splendidum Nannf., Symb. Bot. Upsal. 23 (2): 58, 1981; Li & Guo, Mycotaxon 114 : 274, 2010.

症状：侵染寄主植物的嫩叶，引起叶片上表面略凹陷，病斑直径 3.5～5.5 mm，每片叶上有 1 个，少数 2 个，叶片上表面鲜红色（胭脂红），下表面浅红色，子实层白色，叶下着生。

解剖结构：罹病部位细胞无增大增生，栅栏组织和海绵组织分化明显；菌丝位于细胞间，担子从表皮细胞间生出，形成连续的子实层。

显微特征：担子无色，圆柱状，宽 4～8 μm；小梗 2～4 个，圆锥形，3～5×1～2 μm；担孢子无色，光滑，圆柱形、近棍棒状或倒卵形，部分细长，部分粗短，末端渐细，(7～) 9～14 (～16)×3～4.2 (～5) μm，后期可产生 1～3 个隔膜。

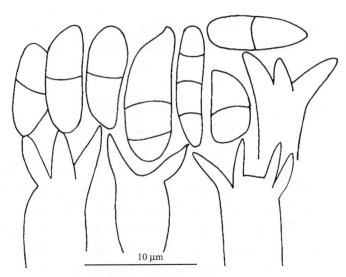

图 乌饭果外担菌 *Exobasidium splendidum* Nannf.的担子、小梗和担孢子 (HMAS 183436)

研究标本：

乌鸦果 *Vaccinium fragile* Franch.，云南：漾濞，上街，磨盘地，2005.IX.14，海拔 2350 m，李振英、郭林、刘娜 117，HMAS 183436；丽江，玉峰寺，海拔 2720 m，2005.IX.17，李振英、郭林、刘娜 177，HMAS 183417；丽江，玉峰寺，海拔 2720 m，2005.IX.17，李振英、郭林、刘娜 183，HMAS 183435。

乌饭树属一种植物 *Vaccinium* sp.，云南：丽江，高山植物园，海拔 3300 m，2007.IX.20，李振英、郭林、何双辉 684，HMAS 196985。

世界分布：瑞典、德国、芬兰、丹麦、中国。

讨论：该种是中国新记录种，是目前为止我国发现的唯一一个寄生于越橘属植物的外担菌。

30. 少孢外担菌

Exobasidium taihokuense Sawada, Descriptive catalogue of Taiwan (Formosan) fungi XI. 8: 99, 1959; Tai, Sylloge Fungorum Sinicorum. p. 456, 1979; Xu & He, Sylloge of Phytopathogens on Woody Plants in China. p. 284, 2008.

症状：叶上病斑圆形，直径 1~2.5 mm，散生，不膨大，叶面上黄褐色，叶背上更为灰白色；子实层叶背生。

显微特征：担子圆柱状棍棒形，无色，30×5~7 μm；小梗 2~3 个，叉开状，长 4~6 μm；担孢子多少弯曲，矩圆状倒卵形，14~17×3.5~5 μm；小孢子圆柱形，6~8×2~2.5 μm。

杜鹃花科 Ericaceae：

中原杜鹃 *Rhododendron nakaharai* Hayata，台湾。

世界分布：中国。

讨论：该种最初是由 Sawada (1959) 在中国台湾描述，特征描述都非常详细，但发表时缺乏拉丁描述，属不合格发表的名称，作者未能借阅到此种的模式标本，以上描述根据 Sawada (1959) 原文。

31. 腾冲外担菌　图版 III 4~6

Exobasidium tengchongense Zhen Ying Li & L. Guo, Mycotaxon 104: 334, 2008.

症状：侵害寄主的叶片，形成病斑，病斑上表面红色，直径可达 5 mm 大小，每片叶上有多个，成熟后下表面覆盖厚厚的白色子实层。

解剖结构：罹病部位细胞略增大但不增生，栅栏组织和海绵组织的分化明显；菌丝位于细胞间，担子从表皮细胞间生出，形成连续的子实层。

显微特征：担子无色，圆柱形，长 40~70 μm，顶部宽 3~5 μm；小梗 2~4 个，圆锥形，长 2~4 μm，基部宽 1~2 μm；担孢子无色，光滑，圆柱形或棍棒状，末端尖而略有弯曲，大小为 (6.5~) 10~15×2.5~4 μm，初期无隔，后期产生 1~3 个横隔。

研究标本：

杜鹃花科 Ericaceae：

美丽马醉木 *Pieris formosa* D. Don，云南：腾冲，小地方，海拔 2180 m，2005.IX.19，李振英、郭林、刘娜 201，HMAS 173149 (主模式)。

世界分布：中国。

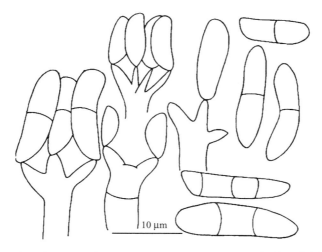

图　腾冲外担菌 *Exobasidium tengchongense* Zhen Ying Li & L. Guo 担子、小梗和担孢子 (HMAS 173149)

讨论：寄生在马醉木属 *Pieris* 植物上的 *Exobasidium* 属已报道了 4 种：① *Exobasidium asebiae* Hara & Ezuka (Ezuka, 1991a)，② *Exobasidium pieridis* Henn. (1903)，③ *Exobasidium pieridis-taiwanense* Sawada (1959) 和④ *Exobasidium tengchongense* (Li and Guo, 2008a)，其中，*Exobasidium pieridis-taiwanense* 因为缺乏拉丁文描述，而成为不合格名称。*Exobasidium tengchongense* 与 *Exobasidium asebiae* 引起相似的症状。但是，前者小梗较短，长 2~4 μm，担孢子较小，(6.5~) 10~15×2.5~4 μm；后者小梗较长，为 4~6 μm，担孢子较大，16~23×3~5.5 μm，两者区别较大。

32. 坏损外担菌　图版 XIX

Exobasidium vexans Massee, Bull. Misc. Inf., Kew 111, 1898; Tai, Sylloge Fungorum Sinicorum. p. 456, 1979; Xu & He, Sylloge of Phytopathogens on Woody Plants in China. p. 284, 2008.

症状：侵害寄主的嫩叶、刚发育成熟的幼叶，叶片上表面略凹陷，罹病部位直径可达 20 mm，每片叶上有 1 个至多个，叶片上表面淡黄绿色，成熟时下表面覆盖白色子实层。

解剖结构：罹病部位叶肉细胞略伸长，细胞增大，但无增生，栅栏组织细胞排列整齐；菌丝位于叶肉细胞间，担子从表皮细胞间生出，形成连续的子实层。

显微特征：担子无色，圆柱形，长 20～60 μm，顶部宽 3～5 μm；小梗 2 个，圆锥形，长 2～3.6 μm，基部宽 1～1.8 μm；担孢子无色，光滑，长椭圆形至倒卵形，顶端钝圆，基部略弯曲或不弯曲，大小为 7～14 (～16) ×3～4.5 (～5) μm。

萌发特征：担孢子产生 1～2 (～3) 个横隔，弹射到培养基上后吸水膨胀，24 h 内萌发，从其两端和隔膜处产生较长的芽管，未见产生分生孢子。

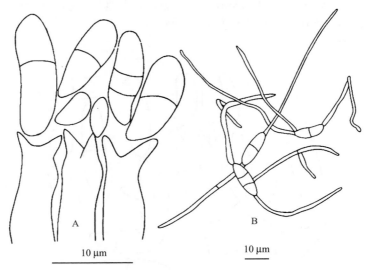

图　坏损外担菌 *Exobasidium vexans* Massee 的担子、小梗、担孢子 (A) 和担孢子萌发 (B) (HMAS 143615)

研究标本：

山茶科：Theaceae

茶 *Camellia sinensis* (L.) Kuntze，江西：庐山植物园，海拔 1100 m，2006.IX.19，李振英、郭林、陆春霞 344，HMAS 97938；四川：雷波，黄琅，海拔 1100 m，2009.VIII.17，何双辉、徐彪 2706，HMAS 263147；云南：潞西，遮放，2004.XI.22，庄剑云 7919，HMAS 133234；腾冲，小地方，海拔 2180 m，2005.IX.21，李振英、郭林、刘娜 223，HMAS 99760；腾冲，浦川，2005.IX.21，李振英、郭林、刘娜 220，HMAS 143615；龙陵，绕廊，2005.IX.22，李振英、郭林、刘娜 226，HMAS 143617；凤庆，洛党，海拔 1500 m，2008.IX.9，何双辉、朱一凡、郭林 2422，HMAS 196474；贡山，独龙江，海拔 1500 m，2008.VIII.30，

何双辉、朱一凡、郭林 2262，HMAS 194281；保山，白花林，海拔 1400 m，2008.IX.4，何双辉、朱一凡、郭林 2341，HMAS 196473；永德，乌木龙，海拔 2600 m，2008.XI.3，欧阳德才，HMAS 193101；永德，麻栎树，海拔 1700 m，2008.IX.7，何双辉、朱一凡、郭林 2395，HMAS 185740。

世界分布：中国、日本、印度、斯里兰卡。

讨论：此种在我国南方各地茶园广泛分布，通风不良、管理粗放的茶园尤其严重。关于该种的培养物讨论较多，Sundström (1964) 所研究的由 Graafland (1953) 分离的坏损外担菌菌株与其他外担菌属菌株理化性质上不相似，与 *Tilletiopsis* 很相似，Sundström 认为可能是污染菌株，而 Boekhout (1991) 认为 *Tilletiopsis* 是 *Exobasidium vexans* 的无性型。笔者在分离培养外担菌过程中也获得了几株 *Tilletiopsis*，但培养过程中 48 h 内培养基上没有发现外担菌的担孢子，也没有观察到担孢子萌发的特征，因此笔者认为 *Tilletiopsis* 不是 *Exobasidium vexans* 的无性型，而是污染菌株。根据 Loos (1951) 报道，*Exobasidium vexans* 是一种严格寄生菌，很难在培养基上获得它的培养物。

33. 云南外担菌　图版 XX

Exobasidium yunnanense Zhen Ying Li & L. Guo, Mycotaxon 108: 479, 2009.

症状：侵害寄主的幼叶，上表面略凹陷，每片叶上有 1 至多处，罹病部位直径可达 5 mm；叶片上表面淡绿色，叶背白色；子实层白色，叶下着生。

解剖结构：罹病部位细胞略增大，但无增生，栅栏组织细胞排列整体，菌丝位于叶肉细胞间，担子簇生，从表皮细胞间生出，形成连续的子实层。

显微特征：担子无色，圆柱形或棍棒状，顶部宽 5～9 μm；小梗 2 (～3) 个，圆锥形，长 3～5.5 μm，基部宽 1～2 μm；担孢子无色，光滑，椭圆形或圆柱形，顶端钝圆，有的末端略弯曲，大小为 10～23 (～25) ×4～6 μm，初期无隔膜，后期产生 1～4 (～5) 个横隔。

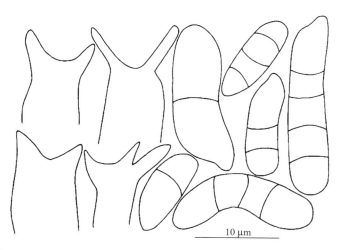

图　云南外担菌 *Exobasidium yunnanense* Zhen Ying Li & L. Guo 的担子、小梗和担孢子 (HMAS 167369，主模式)

研究标本：

茶 *Camellia sinensis* (L.) Kuntze，云南：腾冲，小地方，海拔 2180 m，2005.IX.19，李振英、郭林、刘娜 218，HMAS 167369 (主模式)；保山，白花林，海拔 1400 m，2008.IX.4，何双辉、朱一凡、郭林 2353，HMAS 194272。

世界分布：中国。

讨论：此种的主要特征是小梗 2 (~3) 个，担孢子大，10~23 (~25) ×4~6 μm。寄生在山茶科 *Theaceae* 上引起病斑的 *Exobasidium* 全球有 6 种：*Exobasidium assamense* Syd. & P. Syd. (1912)、*Exobasidium monosporum*、*Exobasidium nudum* (Shirai) S. Ito & Y. Otani (1958)、*Exobasidium reticulatum*、*Exobasidium sasanquae* Hara & Ezuka (1990) 和 *Exobasidium vexans*，其中，*Exobasidium nudum* 与 *Exobasidium reticulatum* 以 4 个小梗为主，*Exobasidium monosporum* 仅有 1 个小梗，*Exobasidium sasanquae* 有 4~6 个小梗，*Exobasidium assamense* 与 *Exobasidium vexans* 各有 2 个小梗，但 *Exobasidium assamense* 担孢子较大，20~25×5~8.5 μm，*Exobasidium vexans* 担孢子较小，7~14 (~16) ×3~4.5 (~5) μm，已报道的这 6 种均与 *Exobasidium yunnanense* 不同。

果黑粉菌科
GRAPHIOLACEAE

在植物叶子上形成子座，子座着生于叶片的正反两面，较硬，黑色；内包膜有或无；产孢菌丝成束，黄色，丝状，由子座基部生出，有或者无不育菌丝夹杂其间，顶端侧面轮生孢子母细胞，孢子母细胞生横隔形成孢子；孢子形状多样；孢子萌发产生丝状菌丝或直接产生次生孢子；固体培养菌落酵母状。主要分布于热带和亚热带地区，也常见于温室中。寄生在棕榈植物叶上。

模式属：果黑粉菌属 *Graphiola* Poit.。

讨论：果黑粉菌科 Graphiolaceae 曾经被提升为果黑粉菌目 Graphiolales (Oberwinkler et al., 1982)，但是，没有被《菌物辞典》 (Kirk et al., 2008) 所接收，而被放在了外担菌目 Exobasidiales。

果黑粉菌科 Graphiolaceae 分属检索表

1. 孢子堆中有不育菌丝，孢子近球形或者椭圆形 ························· 果黑粉菌属 *Graphiola*
1. 孢子堆无不育菌丝，孢子呈三角形片状 ······························· 蒲葵果黑粉菌属 *Stylina*

果黑粉菌属 **Graphiola** Poit.
Ann. Sci. Nat. (Paris) 3: 473, 1824.

Dacryodochium P. Karst., Hedwigia 35: 47, 1896.
Elpidophora Ehrenb. ex Link, Abh. K. Akad. Wiss. Berlin, 172, 180, 1824.
Trichodesmium Chevall., Fl. gén. env. Paris (Paris) 1: 382, 1826.

Nigrocupula Sawada, Report of the Department of Indutry, Government Research Institute, Formosa 87: 91, 1944.

子座杯状，多数单生，少聚生。孢子堆有不育菌丝束，外有包被包围。孢子球形、矩形、圆柱形、椭圆形、杆状或卵形，有的略弯曲。

模式种：刺葵果黑粉菌 *Graphiola phoenicis* (Moug.) Poit.。

讨论：此属全球有 5 种，中国仅有 1 种。

34. 刺葵果黑粉菌　图版 XXI 1~3

Graphiola phoenicis (Moug.) Poit., Annls Sci. Nat., Bot., sér. 13: 473, 1824; Teng, Fungi of China. p. 312, 1963; Tai, Sylloge Fungorum Sinicorum. p. 477, 1979; Xu & He, Sylloge of Phytopathogens on Woody Plants in China. p. 604, 2008.

Phacidium phoenicis Moug. ex Fr., Syst. Mycol. (Lundae) 2 (2): 572, 1823.

子座杯状、黑色，直径 0.5~1 mm，高 0.3~0.4 mm。孢子堆生在叶两面，多在叶下，多散生，少聚生，圆柱形，高 3~4 mm，宽 0.5~1 mm，顶端渐尖，外有黄色包被包围，易破裂、消失。不育菌丝成束。孢子近球形、椭圆形、卵圆形或稍不规则形，有的一端渐尖，3~5×2.5~4 μm，近无色或浅黄色；壁厚 0.5~1 μm，扫描电镜下可见表面有瘤，部分光滑。

研究标本：

棕榈科 Palmae：

海枣 *Phoenix dactylifera* L.，四川：米易，海拔 1100 m，2010.IX.16，朱一凡、郭林 361，HMAS 242088。

刺葵属几种植物 *Phoenix* spp.，广东：广州，1919.V.13，O.A. Reinking，HMAS 2588。云南：勐腊，勐仑，海拔 800 m，1995.VIII.10，臧穆 12561，HKAS 29538。

世界分布：中国、日本、德国、法国、西班牙、希腊、澳大利亚、美国。

讨论：刺葵果黑粉菌 *Graphiola phoenicis* (Moug.) Poit.曾经被 Fries (1823)、Kunze (1826)、Duby (1830) 和 Montagne (1859) 认为是子囊菌中的核菌。Poiteau (1824) 首先介绍了 *Graphiola* 属，却放在了黏菌中，Leveille (1848) 也有相同的观点。很多学者提出这个菌应该被列入锈菌 (Chevalier, 1826；Bonorden, 1851)。Fischer (1883) 首先提出此菌是黑粉菌。Killian (1924) 认为 *Graphiola phoenicis* 是黑粉菌，而不是黏菌，他认为细胞链的基部细胞是单核，通过质配和核配，顶部的细胞变成双倍体，在孢子萌发中进行减数分裂，产生酵母状单倍体细胞。由此，Tubaki 和 Yokoyama (1971) 将此菌列入黑粉菌目 Ustilaginales。Hughes (1953) 认为果黑粉菌属 *Graphiola* 的产孢菌丝是分生孢子梗，应放在半知菌。大量的研究表明，刺葵果黑粉菌是担子菌 (Cole, 1983)。Oberwinkler 等 (1982) 通过超微结构研究表明，减数分裂不是在孢子萌发时进行，而是在可育细胞链的顶端细胞中发生。 Cole (1983) 通过荧光显微镜观察发现，酵母状细胞是单核。孢子成熟后以芽殖萌发，形成酵母状菌丝，侵染寄主组织 (Cole, 1983)，或者，孢子萌发形成菌丝 (Oberwinkler et al., 1982)。

蒲葵果黑粉菌属

Stylina Syd.

in Fischer, Ann. Mycol. 18: 192, 1921.

子座棱台状，多聚生；产孢菌丝无不育菌丝夹杂其间，无内包膜包被；孢子多呈三角形片状，具有 1 个隔膜。

模式种：蒲葵果黑粉菌 *Stylina disticha* (Ehrenb.) Syd. & P. Syd.。

35. 蒲葵果黑粉菌 图版 XXI 4～6

Stylina disticha (Ehrenb.) Syd. & P. Syd., *in* Fischer, Ann. Mycol. 18 (4/6): 192, 1921 (1920); Teng, Fungi of China. p. 312, 1963; Tai, Sylloge Fungorum Sinicorum. p. 735, 1979; Xu & He, Sylloge of Phytopathogens on Woody Plants in China. p. 446, 2008.

Sphaeria disticha Ehrenb. ex Fr., Syst. Mycol. (Lundae) 2 (2): 434, 1823.

*Graphiola disticha (*Ehrenb. ex Fr.) Lév., Ann. Sci. Nat. Bot. sér. 3, 9: 139, 1848.

子座棱台形，宽 1.5 mm，高 0.2 mm，少数单个着生在叶片上下表面，多数多个 (7 个) 聚生，子座破寄主表皮而出，极易剥离。成熟时子座顶端产生多个小孔，单行或双行排列，产孢菌丝从小孔生出，菌丝在小孔顶端生出高度可达 3 mm。

孢子三角形或椭圆形，大小为 (4.2～) 5～7 × 4～5.5 μm，有 1 个横隔。

研究标本：

棕榈科 Palmae：

蒲葵 *Livistona chinensis* R. Br.，广东：广州，鼎湖山七星岩，1962.I.21，王云章，HMAS 14297；广州， 1919.V.9，O.A. Reinking，HMAS 2595；广州，旺沙，1919.V.27，O.A. Reinking，HMAS 2596；广州，石牌，1954.VI.1，HMAS 18005。

世界分布：中国、印度。

讨论：以上 4 号标本曾经被定名为 *Graphiola cylindrospora* Syd. & P. Syd.。经观察，它们的孢子堆多个集生于子座，孢子多为三角形，这与 *Graphiola* 的特征不吻合，该种不属于 *Graphiola*，而属于 *Stylina*，将其改名为 *Stylina disticha*。

第二部分 隔担菌目

绪 论

　　隔担菌又称膏药病菌,生长在活树上,与蚧虫中的盾蚧共生。此种真菌通常以盾蚧的分泌物为养料。盾蚧由于隔担菌覆盖而得到保护。隔担菌的菌丝体通常在树枝、树干或者叶表面,稀少在果实或者根部生长发育,逐渐扩大形成相互交错的薄膜,也能侵入寄主皮层吸取营养。隔担菌的寄主植物相当广泛,主要有山茶属 *Camellia*、柑橘属 *Citrus*、枫香树属 *Liquidambar*、桑属 *Morus*、栎属 *Quercus* 和李属 *Prunus* 等植物。

经济重要性

　　隔担菌对树木的危害,不仅是由隔担菌自身造成,更重要的是隔担菌与盾蚧的结合造成。据田鹤等 (2003) 调查,在湖南江永县香柚园白色柑橘膏药病暴发,面积达2000 hm^{2}以上,一般病枝率为0.5%～3.7%,严重的达20%以上,不仅造成柚园减产,而且降低了柚果品质。王伦 (2006)、束庆龙等 (2007) 报道,自20世纪90年代以来,板栗膏药病已发展成为安徽省板栗主要病害之一,植株受害后轻者枝干生长不良,影响产量和品质,重者导致枝干枯死。舒城县病株率已达20%～40%,局部地方甚至达90%以上,栗实减产30%以上,给当地的栗农带来较大的经济损失。

生物学特性

　　隔担菌真菌与盾蚧的关系,被称为互利共生和寄生共生。虽然,隔担菌对盾蚧的寄生,使盾蚧个体不育,但是,却保护了未被侵染的盾蚧,使盾蚧居群受益 (Couch, 1931)。Couch (1938) 在解释隔担菌与盾蚧的关系时,认为隔担菌为盾蚧提供了"家"和保护,抵御不利条件;而盾蚧为隔担菌提供了食物并充当传布媒介。这种真菌与盾蚧共生关系之所以重要是由于其独特的利他和寄生特性。

生 活 史

　　在秋天、冬天和早春,隔担菌处于休眠状态。Couch (1938) 以 *Septobasidium burtii* 为例,说明此种4～11月为生长期,5～6月为生长旺期,冬季数月,有大量原担子在子实层上表面形成。当温暖、潮湿的春季来临时,成熟的原担子萌发,形成圆柱形通常 4个细胞的担子。担子的每个细胞产生一个担孢子。在自然界,只有在雨后潮湿的环境才能产生担孢子,干燥的天气不能形成担孢子。通常,在4～8月的任何时间,将隔担菌标本浸在水中，在潮湿的环境中，24~48 h，可以诱发担孢子的形成。

Couch (1938) 阐述了隔担菌和盾蚧共生关系的生活史，首先，幼龄期盾蚧若虫对于雌性来说，是唯一可以蠕动的阶段，根据气候和条件，可以出现在一年中的任何时期，幼龄期盾蚧被隔担菌侵染后，在寄主植物上"居住"下来，雌性盾蚧再也不能移动。雄性盾蚧通过变态进入不同阶段，能动的成虫有腿，有的有翅，这些短命雄性盾蚧与雌性进行交配，雌性盾蚧产生许多卵，一些卵便形成了能爬行的若虫，如果若虫被隔担菌的担孢子或者担孢子芽殖细胞侵染，这些真菌的繁殖体萌发后就能通过盾蚧气孔形成侵染细胞，侵染细胞在盾蚧内繁殖，充满盾蚧腔室，这些特殊的菌丝被称为吸器。充满盾蚧体内的真菌菌丝，可以从肛门或者气孔伸出体外，覆盖在植物和被侵染盾蚧表面，也覆盖在未被侵染的盾蚧表面。真菌菌落产生具有担孢子的担子。担孢子通常可以强烈弹射，值得注意的是，隔担菌的担孢子仅能侵染短期爬行阶段的幼龄盾蚧。

细胞学特征

对假柄隔担菌 *Septobasidium pseudopedicellatum* 进行染色后发现，菌丝垫、菌丝柱、菌丝层和幼期的原担子都是双核的。成熟的原担子经核配后，变成一个大的单核，减数分裂后，担子的 4 个细胞中，每个细胞均为单核，产生的担孢子也是单核 (Couch, 1938)。

症状和分类特征

隔担菌通常多年生，毡状或者垫状，褐色，围绕树枝、树干或者在叶上形成圆形担子果，长度为 1 mm 至 80 cm，切片厚度为小于 1 mm 至几厘米。隔担菌属种的鉴别特征，主要有以下几个方面。

1）担子果

担子果的大小、结构和颜色被认为是至关重要的。不同种担子果的大小变化很大，有的担子果很大，很明显，如 *Septobasidium burtii* Lloyd 和 *Septobasidium castaneum* Burt。有的担子果很小，不明显，如 *Septobasidium minutulum* Syd. & P. Syd.和 *Septobasidium pilosum* Boedijn & B.A. Steinm.。担子果表面有的光滑，有的有小瘤或者裂缝等。颜色有金黄色、红紫色、灰蓝色、白色，多数为褐色。

2）担子果的边缘

担子果边缘有无界限是隔担菌属分类的特征。有的种边缘有明显的界限，光滑，有毛或者纤丝状；有的种边缘界限不明显，不规则地生长而导致边缘不能被确定。

3）担子果切片

不同种担子果切片的厚度差异很大，有的切片很厚，如 *Septobasidium jamaicensis* Burt 新鲜时切片厚度可以达到 1 cm，干燥后 2~4 mm；有的切片很薄，如 *Septobasidium tenue* Couch ex L.D. Gómez & Henk。

4）担子果结构

Couch (1938) 指出，隔担菌属已知的 170 种中，约有 85 种的担子果有 3 个明显的结构层：菌丝垫、菌丝柱和子实层。菌丝垫在仅靠树皮或者叶表面形成，在其上产生纵向菌丝束，称为菌丝柱。菌丝柱向上扩展，形成菌丝柱的上层，在其上形成子实层。由多少菌丝层组成，菌丝柱的有无，菌丝柱的高低、粗细、有无子实层，都是物种鉴定的重要特征。典型的子实层包括纠缠在一起的菌丝、原担子和不同时期的担子，如茂物隔担菌 *Septobasidium bogoriense* Pat.具有子实层，有的种缺乏子实层。担子直或者弯曲，由于不同的横隔数目，使担子形成1~4个细胞。原担子形状有卵圆形、球形或者梨形，原担子存留与否、吸器形状等特征对于种的鉴定是有用的。*Septobasidium apiculatum* Couch ex L.D. Gómez & Henk 产生的"盾蚧通道"或者"盾蚧住屋"也被作为分类依据。根据 Couch (1938) 的总结，吸器生长在被侵染的盾蚧内，有小球状类型、规则卷曲状类型、不规则卷曲状类型和纺锤状类型。

Couch (1938) 提出9种担子和原担子的类型，当时在170个已知种中所占百分比：
(1) 担子1个细胞，有存留原担子···1%
(2) 担子2个细胞，无存留原担子···4%
(3) 担子2个细胞，有存留原担子···8%
(4) 担子3个细胞，无存留原担子···0.5%
(5) 担子3个细胞，有存留原担子···0.5%
(6) 担子4个细胞，无存留原担子，担子弯曲···9%
(7) 担子4个细胞，有存留原担子，担子直或者稍微弯曲·························29%
(8) 担子4个细胞，有存留原担子，担子弯曲···24%
(9) 担子4个细胞，无存留原担子，担子直或者稍微弯曲·························6%
未发现担子的物种···18%

分 类 地 位

Patouillard (1900) 认为隔担菌科 Septobasidiaceae 是腐生真菌，放在木耳目 Auriculariales。Coker (1920) 怀疑 *Septobasidium* 放在木耳科 Auriculariaceae 的地位，因为隔担菌寄生在盾蚧上，具有纤维状、革质的质地。Gäumann (1926) 将有隔担子菌纲 Heterobasidiomycetes 中担子有横隔的划分成3目：Ustilaginales、Uredinales 和 Auriculariales。Auriculariales 包括4科：Septobasidiaceae、Cystobasidiaceae、Auriculariaceae 和 Phleogenaceae。Septobasidiaceae 仅有 *Septobasidium* 1属。Couch (1938) 认为隔担菌由于与盾蚧共生的独特性，应该成立隔担菌目 Septobasidiales。与 Ustilaginales、Uredinales 和 Auriculariales 并列。

目前，根据超微结构和分子生物学的数据（Bauer et al., 2006），隔担菌目 Septobasidiales 被放在锈菌纲 Pucciniomycetes (Kirk et al., 2008)，包括1科，隔担菌科 Septobasidiaceae, 7属，全球有179种，全部隔担菌科真菌与蚧总科 Coccoidea 盾蚧共生。隔担菌属 *Septobasidium* 真菌全球有170种。日本学者 Masuya 和 Yamada (2007) 估计此属有200多种。

世界研究简史

Patouillard (1892) 建立了隔担菌属 *Septobasidium*。Höhnel 和 Litschauer (1907) 首先发现在隔担菌属真菌基质下面有盾蚧的存在。Boedijn 和 Steinmann (1931) 对此进行了全面的论述。Couch (1938) 对于 *Septobasidium* 属在世界范围内已知种进行了修订研究，描述了此类真菌和盾蚧的共生关系。他的 *Septobasidium* 属专著工作始于 1926 年，当时仅有 75 种，当 1938 年完成时记载了 173 个分类单元，并发表了大量新种，但是，这些新种由于缺乏拉丁描述而成为不合格发表，Gómez 和 Henk (2004) 补充了拉丁描述，将其合格化。Couch (1938) 预测许多未描述的种将毫无疑问地被发现，特别是在热带地区。迄今为止，对于 *Septobasidium* 属生物学、形态学和分类学的大部分知识都来源于 Couch (1938) 权威专著《隔担菌属》。Henk 和 Vilgalys (2007) 指出，迄今为止，隔担菌的采集是非常不够的，许多种的描述仅仅根据少数的标本，大量的物种都被忽略了。Couch (1938) 的工作之后仅发表了 *Septobasidium* 属少量的新种。

在日本，对于 *Septobasidium* 属的分类研究，Ito (1955) 首先进行了总结，记录有 6 种：①*Septobasidium bogoriense* Pat.，②*Septobasidium tanakae* (Miyabe) Boedijn & B.A. Steinm.，③*Septobasidium prunophilum* Couch，④*Septobasidium indigophorum* Couch，⑤ *Septobasidium mariani* Bres. var. *japonicum* Couch，⑥*Septobasidium pilosum* Boedijn & B.A. Steinm.。Yamamoto (1956) 对前人的工作进行了订正研究，增加了 4 个新种：①*Septobasidium nigrum* Yamamoto，②*Septobasidium tambaensis* Yamamoto，③ *Septobasidium miyakei* Yamamoto，④*Septobasidium clavulatum* Yamamoto，将两个种作为异名，即 *Septobasidium indigophorum* Couch (1938) 作为 *Septobasidium bogoriense* Pat.的异名，将 *Septobasidium prunophilum* Couch (1938) 合并为 *Septobasidium tanakae* (Miyabe) Boedijn & B.A. Steinm.，承认日本有 9 个种和 1 个变种。Itô 和 Hayashi (1961) 增加了 1 个新种：*Septobasidium kameii* Kaz. Ito。Masuya 和 Yamada (2007) 增加了 1 个新种：*Septobasidium parviflorae* Masuya & T. Yamada。迄今为止，*Septobasidium* 属在日本共有 11 个种和 1 个变种。根据 Masuya 和 Yamada (2007) 的报告，期盼日本发现更多的未被描述的种类。令人遗憾的是，目前日本已知种类的许多模式被丢失，需要进行新模式的标定。

中国研究简史

关于中国隔担菌的分类研究，Sawada 于 1911 年首先发表了采自中国台湾的金合欢隔担菌 *Septobasidium acaciae* Sawada 新种，其后发表了糠蚧隔担菌 *Septobasidium parlatoriae* Sawada (Sawada, 1931) 和柑橘隔担菌 *Septobasidium citricola* Sawada (Sawada, 1933) 新种。这两个新种也都来自中国台湾。本文作者 (Lu and Guo, 2010a) 研究了保藏在中国台湾大学标本馆 (TAI) 的 *Septobasidium parlatoriae* Sawada (1931) 模式标本，在真菌组织下面，未发现有盾蚧共生，因此，将糠蚧隔担菌从隔担菌属中排除。Patouillard (1920) 记录了采自广东的煤状隔担菌 *Septobasidium carbonaceum* Pat. 新种。Couch (1938) 描述了两个新种，一个是 Beattie 采自中国台湾南投县的台湾隔担菌 *Septobasidium formosense* Couch ex L.D. Gómez & Henk，另一个是 Reinking 采自广西的中国隔担菌

Septobasidium sinense Couch ex L.D. Gómez & Henk，但是，由于缺乏拉丁文描述而成为不合格发表。Gómez 和 Henk（2004）补充了拉丁描述，使其合格化。Couch（1938）还记载了周蓄源采自贵州的白隔担菌 *Septobasidium albidum* Pat.和 Reinking 采自广西的白丝隔担菌 *Septobasidium leucostemum* Pat.。1914~1936 年，传教士 Licent 从我国华北和东北地区以及西藏采集了大量担子菌标本，经 Pilát（1940）鉴定，在其发表的名录中，包括了采自山西的卡雷隔担菌 *Septobasidium carestianum* Bres.一个种。邓叔群（1963）描述了茂物隔担菌 *Septobasidium bogoriense* Pat.和赖因金隔担菌 *Septobasidium reinkingii* Pat.两个种，这两个种被放在了属于银耳目 Tremellales 的木耳科 Auriculariaceae。戴芳澜（1979）记载中国有 9 种隔担菌，包括田中隔担菌 *Septobasidium tanakae* (Miyabe) Boedijn & B.A. Steinm.。Kirschner 和 Chen（2007）报告了采自中国台湾的 2 个新记录种：叶隔担菌 *Septobasidium humile* Racib.和佩奇隔担菌 *Septobasidium petchii* Couch. ex L. D. Gómez & Henk。通过对我国云南高黎贡山等地的科学考察，陆春霞和郭林（2009a, 2009b, 2009c, 2010a, 2010b, 2010c, 2011）发现了大量新种和中国新记录种，如环状隔担菌 *Septobasidium annulatum* C.X. Lu & L. Guo、紫金牛隔担菌 *Septobasidium ardisiae* C.X. Lu & L. Guo、白轮盾蚧隔担菌 *Septobasidium aulacaspidis* C.X. Lu & L. Guo、岗柃隔担菌 *Septobasidium euryae-groffii* C.X. Lu & L Guo，高黎贡山隔担菌 *Septobasidium gaoligongense* C.X. Lu & L Guo、海南隔担菌 *Septobasidium hainanense* C.X. Lu & L. Guo、女贞隔担菌 *Septobasidium ligustri* C.X. Lu & L. Guo、珍珠花隔担菌 *Septobasidium lyoniae* C.X. Lu & L. Guo、杜茎山隔担菌 *Septobasidium maesae* C.X. Lu & L. Guo、南方隔担菌 *Septobasidium meridionale* C.X. Lu & L. Guo、海桐花隔担菌 *Septobasidium pittospori* C.X. Lu & L. Guo、蓼隔担菌 *Septobasidium polygoni* C.X. Lu & L Guo、李隔担菌 *Septobasidium pruni* C.X. Lu & L. Guo，以及龟井隔担菌 *Septobasidium kameii* Kaz. Itô 和浅色隔担菌 *Septobasidium pallidum* Couch ex. L. D. Gómeze & Henk 中国新记录种。陆春霞等（2010）发表了 2 个新种：构树隔担菌 *Septobasidium broussonetiae* C.X. Lu, L. Guo & J.G. Wei 和梅州隔担菌 *Septobasidium meizhouense* C.X. Lu, L. Guo & J.B. Li。2007~2011 年，通过对我国热带地区海南等地 5 年的科学考察，大量新种被发现，进一步证实 Couch（1938）的预测，仍然存在大量未描述的隔担菌物种，特别是在热带地区。陈素真和郭林（2011a, 2011b, 2011c, 2011d）发现了大量新种和中国新记录种，如合欢隔担菌 *Septobasidium albiziae* S.Z. Chen & L. Guo、酒饼簕隔担菌 *Septobasidium atalantiae* S.C. Chen & L. Guo、山柑隔担菌 *Septobasidium capparis* S.Z. Chen & L. Guo、陆均松隔担菌 *Septobasidium dacrydii* S.Z. Chen & L. Guo、山小橘隔担菌 *Septobasidium glycosmidis* S.Z. Chen & L. Guo、梭罗树隔担菌 *Septobasidium reevesiae* S.Z. Chen & L. Guo、水东哥隔担菌 *Septobasidium saurauiae* S.Z. Chen & L. Guo、四川隔担菌 *Septobasidium sichuanense* S.Z. Chen & L. Guo 和山矾隔担菌 *Septobasidium symploci* S.Z. Chen & L. Guo，以及菌丝状隔担菌 *Septobasidium conidiophorum* Couch ex L.D. Gómez & Henk、亨宁斯隔担菌 *Septobasidium henningsii* Pat.、假柄隔担菌 *Septobasidium pseudopedicellatum* Burt、拟隔担菌 *Septobasidium septobasidioides* (Henn.) Höhn. & Litsch.中国新记录种。其后，还有新种和中国新记录种被发现（Li and Guo, 2013a, 2013b, 2014; Li et al., 2013）。

在我国的文献中，隔担菌属 *Septobasidium* 真菌还曾经被放在木耳科 Auriculariaceae

(Pilát, 1940)，木耳目 Auriculariales (Sawada, 1959)。

专 论

隔 担 菌 目
SEPTOBASIDIALES

Septobasidiales Couch, The Genus *Septobasidium* p. 65, 1938 (nom. inval., no Latin description).

担子通常有 1~3 个横隔膜。担子果非胶质，表面通常光滑，有小瘤或者裂缝。担子果通常由菌丝垫、菌丝层和子实层组成，与盾蚧共生。

模式科：隔担菌科 Septobasidiaceae Racib.。

讨论：根据 Kirk 等 (2008) 的记载，隔担菌目全球有 1 科 7 属 179 种。

隔 担 菌 科
SEPTOBASIDIACEAE

担子有横隔膜。担子果非胶质，与盾蚧共生。

模式属：隔担菌属 *Septobasidium*。

讨论：隔担菌科全球有 7 个属，分布广泛，从热带到温带，包括非洲、亚洲、大洋洲、欧洲、美洲。

隔担菌属 Septobasidium Pat.

J. de Bot. 6: 61, 1892; Couch, The Genus *Septobasidium* (Chapel Hill) p. 67, 1938; Teng, Fungi of China. p. 367, 1963 (nom. conserv.).

Gausapia Fr., Syst. Orb. Veg. (Lundae) 1: 302, 1825.
Glenospora Berk. & Desm., J. Royal Hort. Soc. 4: 243, 1849.
Campylobasidium Lagerh. ex F. Ludw., Lehrb. Niederen Kryptog. (Stuttgart): 474, 1892.
Ordonia Racib., Bull. Int. Acad. Sci. Lett. Cracovie, Cl. Sci. Math. Nat. Sér. B, Sci. Nat. 3: 360, 1909.
Mohortia Racib., Bull. Int. Acad. Sci. Lett. Cracovie, Cl. Sci. Math. Nat. Sér. B, Sci. Nat. 3: 361, 1909.
Rudetum Lloyd, Mycol. Writ. 6 (Letter 61): 888, 1919.

担子果通常平伏，由 3 层组成，菌丝垫产生在树皮或者叶表，中层由或短或高的菌丝柱或者隆起的菌丝组成，在其上形成子实层。原担子通常无色或者稀少有色，在萌发之前进行长期休眠或者立即萌发产生担子，有的缺乏原担子。担子通常有横隔，2 胞、3

胞或者 4 胞，稀少 1 个细胞，弯曲或者直立。担孢子椭圆形或者弯曲的椭圆形，产生横隔形成 2 个至多个细胞，芽殖产生小孢子。有的种具有分生孢子。

模式种：*Septobasidium velutinum* Pat.。

讨论：隔担菌属产生的担子与木耳属类似。迄今为止，隔担菌属全球有 170 种 (Kirk et al., 2008)，中国有 57 种 (Sawada, 1931, 1933; Couch, 1938; Teng, 1963; Tai, 1979; Kirschner and Chen, 2007; Lu and Guo, 2009a, 2009b, 2009c, 2010a, 2010b; Lu et al., 2010; Chen and Guo, 2011a, 2010b, 2010c, 2010d, 2012a, 2012b, 2012c; Li and Guo, 2013a, 2013b, 2014; Li et al., 2013)。

中国隔担菌属 *Septobasidium* 分种检索表

1. 未见担子 ·· 2
1. 见到担子 ·· 3
2. 产生两种类型的菌丝 ·· 菌丝状隔担菌 *S. conidiophorum*
2. 不产生两种类型菌丝 ·· 煤状隔担菌 *S. carbonaceum*
3. 担子 2 个或者 3 个细胞 ·· 4
3. 担子 4 个细胞 ·· 7
4. 担子 3 个细胞 ·· 陆均松隔担菌 *S. dacrydii*
4. 担子 2 个细胞 ·· 5
5. 切片薄，厚 180 ~ 320 μm；担子壁厚，约 1 μm ···································· 卫矛隔担菌 *S. euonymi*
5. 切片厚，担子壁薄 ·· 6
6. 切片厚 240 ~ 1300 μm；担子壁厚 0.5 μm ·································· 四川隔担菌 *S. sichuanense*
6. 切片厚 600 ~ 1750 (~ 5000) μm；担子壁厚 0.5 μm ·································· 枸子隔担菌 *S. cotoneastri*
7. 担子弯曲 ·· 8
7. 担子直或者稍弯曲 ·· 28
8. 无原担子 ·· 9
8. 具有存留原担子 ·· 14
9. 无菌丝柱 ·· 10
9. 有菌丝柱 ·· 11
10. 切片通常小于 500 μm ·· 佩奇隔担菌 *S. petchii*
10. 切片通常大于 500 μm ·· 黄色隔担菌 *S. rhabarbarinum*
11. 菌丝柱和菌丝分层 ·· 赖因金隔担菌 *S. reinkingii*
11. 菌丝柱、菌丝和子实层分层 ·· 12
12. 子实层不分层 ·· 云南隔担菌 *S. yunnanense*
12. 子实层分层 ·· 13
13. 担子果小，担子大，43 ~ 53 × 7.5 ~ 8.5 μm ·································· 酒饼簕隔担菌 *S. atalantiae*
13. 担子果大，担子小，29 ~ 40 × 6.5 ~ 9 μm ·································· 胡颓子隔担菌 *S. elaeagni*
14. 无菌丝柱 ·· 台湾隔担菌 *S. formosense*
14. 有菌丝柱 ·· 15
15. 担子果表面通常白色 ·· 白丝隔担菌 *S. leucostemum*

15.	担子果表面通常深色	16
16.	菌丝垫和子实层之间有菌丝柱或者菌丝	17
16.	菌丝垫和子实层之间仅有菌丝柱	20
17.	菌丝层或者菌丝柱层 2~3 层，子实层单层 ……构树隔担菌 *S. broussonetiae*	
17.	菌丝层或者菌丝柱层单层，子实层单层或者两层	18
18.	担子果表面易脱落 ……蓼隔担菌 *S. polygoni*	
18.	担子果表面不易脱落	19
19.	担子果表面有环状突起 ……环状隔担菌 *S. annulatum*	
19.	担子果表面无环状突起 ……柑橘隔担菌 *S. citricola*	
20.	菌丝柱 2~3 层 ……龟井隔担菌 *S. kameii*	
20.	菌丝柱单层	21
21.	菌丝柱高	22
21.	菌丝柱矮	24
22.	切片薄，高 180~350 μm ……山小橘隔担菌 *S. glycosmidis*	
22.	切片厚	23
23.	切片厚 440~1160 μm，后期担子果表面不卷曲，不脱落 ……茂物隔担菌 *S. bogoriense*	
23.	切片厚 460~1720 μm，后期担子果表面卷曲，反转，脱落，露出褐色菌丝柱层 ……杜茎山隔担菌 *S. maesae*	
24.	切片薄，厚度不超过 330 μm	25
24.	切片厚，厚度超过 330 μm	26
25.	担子果生在叶上，切片厚 128~200 μm ……叶隔担菌 *S. humile*	
25.	担子果生在树干上，切片厚 180~330 μm ……合欢隔担菌 *S. albiziae*	
26.	菌丝层有明显横层 ……中国隔担菌 *S. sinense*	
26.	菌丝层无明显横层	27
27.	子实层单层 ……山矾隔担菌 *S. symploci*	
27.	子实层 1~3 层 ……褐色隔担菌 *S. brunneum*	
28.	有存留原担子	29
28.	无存留原担子	32
29.	切片厚度不超过 500 μm	30
29.	切片厚度超过 500 μm	31
30.	切片稍薄，厚 70~160 μm ……金合欢隔担菌 *S. acaciae*	
30.	切片稍厚，厚 100~270 μm ……黑点隔担菌 *S. atropunctum*	
31.	切片稍薄，厚 530~1170 μm ……卡雷隔担菌 *S. carestianum*	
31.	切片稍厚，厚 850~1700 μm ……假柄隔担菌 *S. pseudopedicellatum*	
32.	自菌丝垫产生菌丝柱或者菌丝	33
32.	自菌丝垫只产生菌丝柱	37
33.	切片厚度不超过 500 μm ……李隔担菌 *S. pruni*	
33.	切片厚度超过 500 μm	34
34.	担子果小 ……海南隔担菌 *S. hainanense*	

34. 担子果大		35
35. 担子果表面破裂	梅州隔担菌 *S. meizhouense*	
35. 担子果表面不破裂		36
36. 担子果生长连续	珍珠花隔担菌 *S. lyoniae*	
36. 担子果生长不连续	水东哥隔担菌 *S. saurauiae*	
37. 切片厚度通常不超过 630 μm		38
37. 切片厚度通常超过 630 μm		44
38. 子实层中的菌丝平行向上排列		39
38. 子实层中的菌丝不规则排列		40
39. 菌丝柱高，70 ~ 150 μm	绣球隔担菌 *S. hydrangeae*	
39. 菌丝柱矮，40 ~ 80 (~ 120) μm	白隔担菌 *S. albidum*	
40. 担子果边缘无界限，切片厚 360 ~ 550 μm	白轮盾蚧隔担菌 *S. aulacaspidis*	
40. 担子果边缘有界限		41
41. 担子稍小，15 ~ 29 × 5 ~ 7.5 μm。切片厚 480 ~ 630 μm	女贞隔担菌 *S. ligustri*	
41. 担子稍大		42
42. 切片中有横层，担子 27 ~ 38 × 5 ~ 10 μm	广西隔担菌 *S. guangxiense*	
42. 切片中无横层		43
43. 担子果淡绿黄色、黄褐色、褐色或者灰褐色，表面通常光滑，担子 17 ~ 38 (~ 42) × 6 ~ 12 μm 浅色隔担菌 *S. pallidum*		
43. 担子果暗褐色，表面被茸毛，担子 27 ~ 53 × 8 ~ 11 μm	田中隔担菌 *S. tanakae*	
44. 菌丝柱相互纠缠	亨宁斯隔担菌 *S. henningsii*	
44. 菌丝柱相互不纠缠		45
45. 菌丝柱基部有横层	横层隔担菌 *S. transversum*	
45. 菌丝柱基部无横层		46
46. 菌丝柱弯曲	枳椇隔担菌 *S. hoveniae*	
46. 菌丝柱直立		47
47. 切片厚度达到 5000 μm	高黎贡山隔担菌 *S. gaoligongense*	
47. 切片厚度未达到 5000 μm		48
48. 切片层数多		49
48. 切片层数少		50
49. 切片由 3 ~ 8 层组成，厚 1500 ~ 2000 μm，子实层厚，高 100 ~ 170 mm，担子大，45 ~ 56 × 8 ~ 12 μm 山柑隔担菌 *S. capparis*		
49. 切片由 3 ~ 12 层组成，厚 1260 ~ 2620 μm，子实层薄，高 50 ~ 60 mm，担子小，20 ~ 45 × 5 ~ 8 μm 岗柃隔担菌 *S. euryae-groffii*		
50. 子实层通常 2 ~ 3 层		51
40. 子实层通常 1 层		52
51. 切片高 630 ~ 1150 μm。子实层薄，高 215 ~ 390 μm	紫金牛隔担菌 *S. ardisiae*	
51. 切片高 1650 ~ 2200 μm，子实层厚，高 730 ~ 1000 μm	梭罗树隔担菌 *S. reevesiae*	
52. 菌丝柱矮		53

52. 菌丝柱高 ··· 54
53. 切片中横层不明显，担子小，27～36×7～9.5 μm ···································· 南方隔担菌 S. meridionale
53. 切片中横层明显，担子大，32～45×6～9 μm ······································· 裂缝隔担菌 S. fissuratum
54. 担子果后期脱落 ··· 海桐花隔担菌 S. pittospori
54. 担子果后期不脱落 ··· 55
55. 切片不分层 ··· 拟隔担菌 S. septobasidioides
55. 切片分层 ··· 56
56. 担子大，30～45×5～6.5 μm ··· 山龙眼隔担菌 S. heliciae
56. 担子小，25～30×5～8 μm ··· 双圆蚧隔担菌 S. diaspidioti

36. 金合欢隔担菌　图版 XXII

Septobasidium acaciae Sawada, Spec. Rept. Agr. Exp. Stat. Formosa p. 103, 1911; Couch, The Genus *Septobasidium* (Chapel Hill) p. 189, 1938; Xu & He, Sylloge of Phytopathogens on Woody Plants in China. p. 438, 2008.

担子果生在叶上，椭圆形，直径 4×3 cm，平伏，浅褐色。表面点状，或多或少光滑。边缘有界限或者无界限，发白。切片薄，70～160 μm。子实层高 15～44 μm。原担子近球形或者宽椭圆形，12.5～15×10～12 μm，壁厚（1.5～）2 μm，浅黄色。吸器为不规则卷曲菌丝。

研究标本：

芸香科 Rutaceae：

柑橘 *Citrus reticulata* Blanco, 台湾：宜兰，1928. XII. 17, Sawada, HMAS 5455。

世界分布：中国。

讨论：此种原始描述担子果生在树枝上，担子果切片中无菌丝柱。但是，中国科学院微生物研究所菌物标本馆 Sawada 采自台湾的 HMAS 5455 标本，担子果生在叶上，切片中无菌丝柱或者有短的菌丝柱。作者未见担子和担孢子，将 Sawada 于 1911 年描述的担子、小梗和担孢子记录如下："担子产自原担子，担子圆柱形，直立或者稍弯曲，52～81×4～6 μm，1～5 个横隔，先形成小的梨形细胞，然后伸长，直接形成成熟的担子。小梗长 4～12 μm，从每个担子的细胞产生。担孢子无色，长椭圆形或者长倒卵圆形，弯曲，18～22×3～6 μm"。

37. 白隔担菌　图版 XXIII

Septobasidium albidum Pat., Bull. Soc. Mycol. Fr. 9: 136, 1893; Sawada, Rep. Dep. Agric. Gov't. Res. Ins. Formosa 1: 414, 1919; Couch, The Genus *Septobasidium* (Chapel Hill) p. 245, 1938; Tai, Sylloge Fungorum Sinicorum. p. 715, 1979; Xu & He, Sylloge of Phytopathogens on Woody Plants in China. p. 438, 2008.

担子果生在枝条上，圆形或者形状不规则，长 3～10 cm，宽 0.5～3 cm，平伏状，污白色、肉桂褐色或者褐色。表面光滑或者裂缝很深，通常有霜状的覆盖物。边缘有界限。切片初期 360～520 μm，后期达到 1100 μm。菌丝垫高 15～50 μm，菌丝致密，分隔，褐色。菌丝柱高 40～80 μm，后期达到 120 μm，粗 29～250 μm。菌丝层高 194～395

(~900) μm，褐色。子实层高 50～150 μm。担子生于菌丝上，先形成小的梨形细胞，然后伸长，形成成熟的担子，4 个细胞，圆柱形，直或者稍弯曲，28～51×8～12 μm。发育过程中无原担子阶段。吸器为不规则卷曲菌丝。

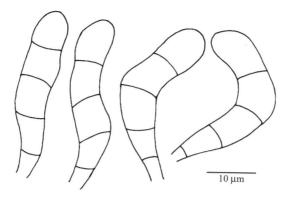

图　白隔担菌 *Septobasidium albidum* Pat. 的担子 (HMAS 19016)

研究标本：

樟科 Lauraceae：

团香果 *Lindera latifolia* Hook. f.，云南：保山，白花林，海拔 1400 m，2008. IX.4，何双辉、朱一凡、郭林 2355，HMAS 250914；白花林，海拔 1400 m，2008. IX.4，何双辉、朱一凡、郭林 2331，HMAS 250899。

芸香科 Rutaceae：

黎檬　*Citrus limonia* Osbeck，广东，1919. V，O.A. Reinking 4767，BPI 268363；1919. V，O.A. Reinking 4988，BPI 268362。

橙　*Citrus sinensis* Osbeck，贵州：晴隆，大新，1955. XI，周本寿，HMAS 19016。

未鉴定植物，贵州：Liangfengyah，1931. VIII. 5，周蓄源 244，FH 275490；云南：保山，白花林，海拔 1400 m，2008. IX.4，何双辉、朱一凡、郭林 2357，HMAS 250903。

世界分布：中国、厄瓜多尔。

38. 合欢隔担菌　图版 XXIV

Septobasidium albiziae S.Z. Chen & L. Guo, Mycosystema 30: 862, 2011.

担子果生在树干上，不规则椭圆形，长 3.5～7 cm，宽 2～4 cm，平伏状，灰褐色或者肉桂褐色。表面光滑，后期有裂缝。边缘有界限。切片较薄，180～330 μm。菌丝垫高 20～50 μm，浅褐色。菌丝柱高 30～60 μm，粗 20～300 μm，褐色。菌丝柱向上形成菌丝层。菌丝层高 90～130 μm，褐色。子实层高 40～80 μm，褐色。担子圆柱形或者棒状，经常在隔膜处收缩，4 个细胞，直立或者稍弯曲，20～32×6～10 μm，褐色；壁厚 (0.5～)1～2 μm。无原担子。小梗圆锥形，8×3 μm。吸器为不规则卷曲菌丝。

研究标本：

豆科 Leguminosae：

南洋楹 *Albizia falcata* Backer ex Merr.，海南：昌江，保梅岭，海拔 250 m，2011. IV. 12，郭林 11598，HMAS 242744 (主模式)。

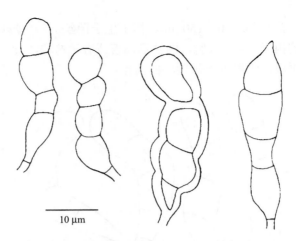

图　合欢隔担菌 *Septobasidium albiziae* S.Z. Chen & L. Guo 的担子（HMAS 242744，主模式）

世界分布：中国。

讨论：此种与白轮盾蚧隔担菌 *Septobasidium aulacaspidis* C.X. Lu & L. Guo 近似，主要区别是后者担子果小，切片厚（高 360~550 μm），担子大，28~50×5~10 μm。

39. 环状隔担菌　图版 XXV

Septobasidium annulatum C.X. Lu & L. Guo, Mycotaxon 110: 239, 2009.

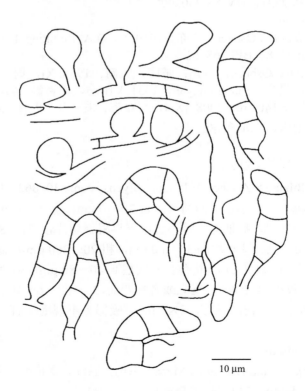

图　环状隔担菌 *Septobasidium annulatum* C.X. Lu & L. Guo 的原担子和担子（HMAS 59854，主模式）

担子果生在树枝上，平伏，同心环状，长 2.5～4.7 cm，宽 2.2～4 cm，灰白色、灰褐色或者褐色，边缘有明显的界限，表面光滑。切片厚 530～700 (～970) μm。菌丝垫薄，10～16 μm，褐色。有菌丝柱或者充满稀疏菌丝，菌丝柱高 40～50 μm，基部粗 50～180 μm；菌丝粗 2.5～3 μm，褐色。菌丝柱在顶层分支，形成菌丝层，厚 (150～) 390～520 μm。子实层无色，厚 105～320 (～580) μm，单层或者两层；原担子近球形或者卵圆形，无色，10～17×7～10.5 μm。担子无色，4 个细胞，圆柱形，弯曲，32～39×6～7 μm，具有存留的原担子。吸器为不规则卷曲菌丝。未见担孢子。

研究标本：

漆树科 Anacardiaceae：

青麸杨 *Rhus potaninii* Maxim.，与盾蚧的若虫共生，陕西：汉中，1990. VII. 15，陈嘉孚，HMAS 59854 (主模式)。

讨论：环状隔担菌 *Septobasidium annulatum* 与柑橘隔担菌 *Septobasidium citricola* Sawada (1933) 比较接近，主要区别在于前者担子果表面灰白色、灰褐色或者褐色，形成同心圆，菌丝柱较矮 (长 40～50 μm)，担子较小 (32～39×6～7 μm)；后者担子果表面奶油色或者浅粉黄色，不形成同心圆，菌丝柱较高 (长 84～126 μm)，担子较大 (50～60×8.2～9.7 μm)。

40. 紫金牛隔担菌　图版 XXVI

Septobasidium ardisiae C.X. Lu & L. Guo, Mycotaxon 109: 477, 2009.

担子果生在树枝上，平伏状，多年生，长 5～10 cm，宽 2.5～5 cm，肉桂褐色或者褐色。表面光滑，后期裂开。边缘有界限。切片厚 630～1150 μm。菌丝垫与子实层之间有菌丝柱。菌丝垫高 50～75 μm，褐色。菌丝柱高 100～245 μm，粗 50～150 μm，菌丝柱上部扩展；菌丝有隔，分支，粗 3～5 μm，浅褐色。子实层高 215～390 μm，单层或者 2～3 层，新的子实层在老的子实层上面形成，子实层中具有紧密排列平行直立的菌丝。担子初期梨形或者近球形，4 个细胞，后期圆柱形，直或者稍弯曲，42～60×10～12.5 μm，无色或者浅黄褐色，担子直接从菌丝上形成，缺乏原担子。未见担孢子。吸器由球形细胞和不规则卷曲菌丝组成。

研究标本：

紫金牛科 Myrsinaceae：

滇紫金牛 *Ardisia yunnanensis* Mez，云南：保山，白花林，海拔 1400 m，2008. IX. 3，何双辉、朱一凡、郭林 2304，HMAS 240136。

紫金牛属一种植物 *Ardisia* sp.，与盾蚧科 Diaspididae 的白盾蚧属一种 *Pseudaulacaspis* sp. 共生，云南：龙陵，海拔 1100 m，2008. IX. 6，何双辉、朱一凡、郭林 2381，HMAS 196432 (主模式)。

针齿铁仔 *Myrsine semiserrata* Wall.，与白轮盾蚧属一种 *Aulacaspis* sp. 共生，云南：保山，腾冲，海拔 2050 m，2008. IX. 5，何双辉、朱一凡、郭林 2372，HMAS 250696。

世界分布：中国。

讨论：此种与 *Septobasidium henningsii* Pat. 接近，其区别是前者担子果切片薄，630～1150 μm，菌丝柱短，100～245 μm，表面后期裂缝宽 5～10 mm，吸器有 2 种类型，由不规则卷曲菌丝和球形细胞组成。*Septobasidium henningsii* 担子果切片厚，1～2 mm；菌丝柱高，300～1100 μm；表面裂缝多，宽 0.1～0.8 mm，吸器仅有 1 种类型，为不规则卷曲菌丝 (Couch, 1938)。

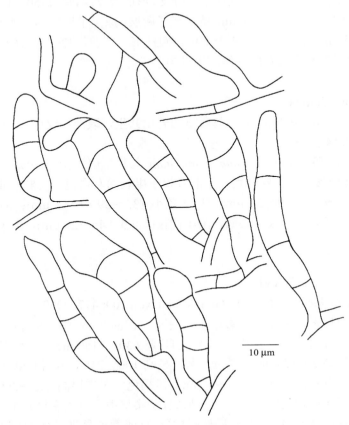

图　紫金牛隔担菌 *Septobasidium ardisiae* C.X. Lu & L. Guo 的担子 (HMAS 196432，主模式)

41. 酒饼簕隔担菌　图版 XXVII
Septobasidium atalantiae S.Z. Chen & L. Guo, Mycotaxon 117: 291, 2011.

担子果生在小枝上，蔓延至叶两面，平伏状，多年生，或小或大，近圆形或者长形，常汇合，长 0.2～7 cm，宽 0.15～1.4 cm，白色或者肉桂褐色。表面光滑或者绒状，常有圆形突起，有的后期裂开。边缘界限不明显。切片厚 480～1200 μm。菌丝垫与子实层之间有菌丝柱。菌丝垫高 25～100 μm，褐色。菌丝柱矮，高 20～50 μm，粗 20～70 μm，褐色，向上扩展形成菌丝层。菌丝层褐色，高 420～830 μm，有的在菌丝层中形成空洞，在空洞内有菌丝束发育。后期在子实层上形成菌丝层，再产生第二层子实层。子实层高 60～70 μm，单层或者 2 层，子实层中具有不规则排列的菌丝。担子直接从菌丝形成，初期纺锤形或者棒状，后期圆柱形，4 个细胞，弯曲，43～53×7.5～8.5 μm，无色，小梗圆柱形或者圆锥形，6～7×3～5 μm，缺乏原担子。吸器主要由不规则卷曲菌丝组成，偶见平行排列的直的菌丝。

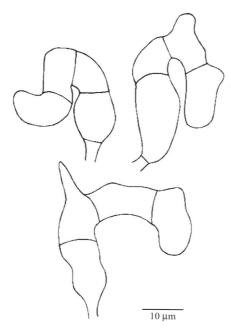

图 酒饼簕隔担菌 *Septobasidium atalantiae* S.Z. Chen & L. Guo 的担子 (HMAS 251151, 主模式)

研究标本:

芸香科 Rutaceae:

酒饼簕 *Atalantia buxifolia* (Poir.) Oliv.,与盾蚧的若虫共生,海南:海口,海拔 420 m,2010. XII. 1, 郭林 11536, HMAS 251151 (主模式)。

世界分布:中国。

讨论:此种稍微接近产于南非的 *Septobasidium natalense* Couch ex L.D. Gómez & Henk,但是前者切片厚,900～1200 μm,菌丝柱细,20～70 μm,子实层分层;后者切片薄,250～500 μm,菌丝柱粗,100～200 μm,子实层不分层。

42. 黑点隔担菌   图版 XXVIII

Septobasidium atropunctum Couch, J. Elisha Mitchell Scient. Soc. 44: 251, 1929; Chen & Guo, Mycosystema 31: 653, 2012.

担子果生在枝条上,平伏状,多年生,近圆形或者长圆形,长 2～8.5 cm,宽 1.5～3 cm,暗褐色。表面光滑或者粉状,有点状突起,后期有裂缝。边缘有界限。切片厚 100～270。菌丝垫高 20～40 μm,褐色。菌丝垫之上形成菌丝层或者菌丝柱。菌丝层高 90～180 μm,褐色。菌丝柱高 60～90 μm,粗 25～130 μm,褐色。子实层褐色,高 30～50 μm。原担子椭圆形或者倒卵形,10～13.5×7～8 μm。担子 4 个细胞,圆柱形,稍弯曲,36～40×5～6 μm,浅褐色。吸器由不规则卷曲菌丝组成。

研究标本:

蔷薇科 Rosaceae:

李 *Prunus salicina* Lindl.,广西:兴安,猫儿山,海拔 700 m,2011. VIII. 20, 李伟

1565，HMAS 251269。

世界分布：中国、牙买加。

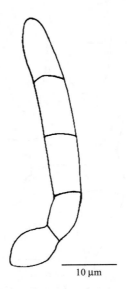

图　黑点隔担菌 *Septobasidium atropunctum* Couch 的担子 (HMAS 251269)

43. 白轮盾蚧隔担菌　图版 XXIX

Septobasidium aulacaspidis C.X. Lu & L. Guo, Mycotaxon 113: 88, 2010.

担子果生在树干上，平伏状，多年生，小，近圆形或者不规则形，常汇合，长 0.2～7 cm，宽 0.1～5 cm，白色或者肉桂褐色。表面光滑或者绒状。边缘无界限。切片厚 360～550 μm。菌丝垫与子实层之间有菌丝柱。菌丝垫高 30～50 μm，褐色。菌丝柱高 200～260 μm，粗 20～120 μm，无色或者浅褐色。子实层高 50～80 μm，子实层中具有不规则

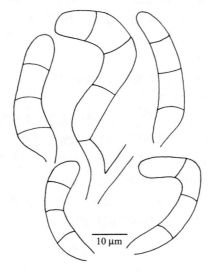

图　白轮盾蚧隔担菌 *Septobasidium aulacaspidis* C.X. Lu & L. Guo 的担子 (HMAS 240074，主模式)

排列直立向上的菌丝。担子直接从菌丝形成，4 个细胞，圆柱形，直或者弯曲，28～50×5～10 μm，无色或者褐色，缺乏原担子。小梗圆锥形，5～13×2 μm，担孢子卵圆形或者肾形，10～16×4～5.5 μm，浅黄褐色。吸器由不规则卷曲菌丝组成。

研究标本：

樟科 Lauraceae：

新木姜子属一种植物 *Neolitsea* sp.，与白轮盾蚧属一种 *Aulacaspis* sp. (Diaspididae) 共生，海南：尖峰岭，海拔 900 m，2009. XII. 11，何双辉 2803，HMAS 240074 (主模式)。

世界分布：中国。

讨论：此种与浅色隔担菌 *Septobasidium pallidum* Couch ex. L.D. Gómez & Henk 是近似种，其主要区别是前者担子果表面光滑或者绒状，边缘无界限，菌丝柱高 (200~260 μm)；后者担子果表面未见绒状，边缘有界限，菌丝柱矮 (84 μm)。

44. 茂物隔担菌　图版 XXX

Septobasidium bogoriense Pat., in Hennings in Warburg, Monsunia 1: 138, 1899 (1900); Couch, The Genus *Septobasidium* (Chapel Hill) p. 213, 1938; Teng, Fungi of China. p. 368, 1963; Tai, Sylloge Fungorum Sinicorum. p. 715, 1979; Xu & He, Sylloge of Phytopathogens on Woody Plants in China. p. 438, 2008.

Septobasidium mompa (Tanaka) Racib., Bull. Acad. Sci. Cracovie 3: 355, 1909. Not *Helicobasidium mompa* Tanaka.

Septobasidium indigophorum Couch, The Genus *Septobasidium* (Chapel Hill) p. 282, 1938; Yamamoto, Ann. Phytopath. Soc. Japan 21: 12, 1956.

Septobasidium pedicellatum auct non Pat.; Sawada, Rep. Dep. Agric. Gov't Res. Ins. Formosa 1: 416, 1919

担子果生在小枝和树干上，形成椭圆形或者长圆形病斑，长 1.9～15 cm，宽 1.7～12 cm，平伏状，近白色、浅褐色、浅烟褐色、褐灰色或者褐色，革质。表面光滑，后期有的有裂缝。边缘有界限，初期近白色，质地疏松、海绵状。切片厚 440～1160 μm。菌丝垫与子实层之间有菌丝柱。菌丝垫薄，高 12.5～25 μm，褐色。菌丝柱高 40～440 μm，粗 29.5～117 μm，菌丝柱之间的距离不等，34～340 μm，菌丝柱上部扩展形成菌丝层，厚 294～777 μm；菌丝有隔，分支，粗 2～3.5 μm，浅褐色。子实层高 30～75 μm，菌丝粗 2.5～3.5 μm，顶部近无色，基层浅褐色。原担子近无色或者浅褐色，球形、近球形或者卵圆形，7～15×6～10 μm。担子 4 个细胞，无色或者浅黄褐色，圆柱形，弯曲，25～40×4.5～9 μm，原担子存留。小梗圆锥形，高 3 μm。担孢子月牙形，弯曲，5～6×2～2.5 μm，褐色。吸器为不规则卷曲菌丝。

研究标本：

猕猴桃科 Actinidiaceae：

中华猕猴桃 *Actinidia chinensis* Planch.，安徽：舒城，万佛山，海拔 660 m，2008. X. 14，何双辉、朱一凡、郭林 2464，HMAS 260754。

杜鹃花科 Ericaceae：

米饭花 *Vaccinium sprengelii* (G. Don) Sleumer ex Rehder，云南：永德，乌木龙，蕨坝，

海拔 2600 m，2008. IX. 8，何双辉、朱一凡、郭林 2406，HMAS 250386。

壳斗科 Fagaceae：

板栗 *Castanea mollissima* Blume，与双圆蚧属一种 *Diaspidiotus* sp.共生，安徽：舒城，汪冲，海拔 300 m，2008. X. 14，何双辉、朱一凡、郭林 2456a，HMAS 197477；广西：隆安，乔建镇，庭罗村，2009.V.12，韦继光 1，HMAS 197062；云南：保山，白花林，海拔 1400 m，2008. IX. 4，何双辉、朱一凡、郭林 2336，HMAS 196877。

胡桃科 Juglandaceae：

黄杞 *Engelhardtia roxburghiana* Wall.，云南：保山，坝湾，海拔 1800 m，2008. IX. 5，何双辉、朱一凡、郭林 2365，HMAS 196881。

樟科 Lauraceae：

山鸡椒 *Litsea cubeba* Pers.，安徽：舒城，万佛山，海拔 660 m，2008. X. 15，何双辉、朱一凡、郭林 2473，HMAS 260755。

木姜子属一种植物 *Litsea* sp.，云南：腾冲，海拔 1800 m，2008. IX. 6，何双辉、朱一凡、郭林 2377，HMAS 196878。

豆科 Leguminosae：

山合欢 *Albizia kalkora* Prain，云南：保山，白花林，海拔 1400 m，2008. IX. 3，何双辉、朱一凡、郭林 2299，HMAS 196876。

桑科 Moraceae：

构树 *Broussonetia papyrifera* Vent.，海南：吊罗山，海拔 250 m，2008. XI. 21，何双辉、朱一凡、郭林 2550，HMAS 184986，与白盾蚧属一种 *Pseudaulacaspis* sp.共生；贵州：黄果树风景区，海拔 1000 m，2013.IX.14，李伟、郭林 2577，HMAS 245039。

桑 *Morus alba* L.，浙江：杭州，1954. V，HMAS 17567。

鸡桑 *Morus australis* Poir.，云南：勐海，海拔 900 m，2013.X.19，李伟 3088，HMAS 245038。

木犀科 Oleaceae：

迎春花 *Jasminum nudiflorum* Lindl.，贵州：黄果树风景区，海拔 1000 m，2013.IX.14，李伟、郭林 2575，HMAS 245069。

小蜡 *Ligustrum sinense* Lour.，贵州：黄果树风景区，海拔 1000 m，2013.IX.14，李伟、郭林 2579，HMAS 245037。

桂花 *Osmanthus fragrans* (Thunb.) Lour.，云南：保山，白花林，海拔 1400 m，2008. IX. 4，何双辉、朱一凡、郭林 2329，HMAS 197042。

山茶科 Theaceae：

岗柃 *Eurya groffii* Merr.，云南：保山，白花林，海拔 1400 m，2008. IX. 4，何双辉、朱一凡、郭林 2334，HMAS 197021。

未知植物，广西：隆林，九圩，海拔 1200 m，1957. XI. 5，徐连旺 830，HMAS 24011。

世界分布：中国、日本、印度尼西亚、印度、斯里兰卡、澳大利亚、巴拿马。

讨论：Couch (1938) 认为此种变异很大。菌丝柱有的标本非常明显，有的很矮，有的交错形成。作者研究了采自中国的标本，担子果初期切片可见菌丝柱矮，后期变高。

45. 构树隔担菌　图版XXXI

Septobasidium broussonetiae C.X. Lu, L. Guo & J.G. Wei, Mycotaxon 111: 269, 2010.

担子果生在枝条上，形成椭圆形或者长圆形病斑，有的汇合，长 1.5～7 cm，宽 1～3 cm，平伏状，灰褐色或者暗褐色。表面光滑，后期有的有裂缝，在近边缘处，有的有小刺状突起。边缘有界限，质地疏松、海绵状。切片厚 770～1150 μm。菌丝垫高 35～70 μm，褐色。菌丝垫与子实层之间有 2～3 层褐色菌丝层或者菌丝柱。3 层共高 540～1030 μm，第一层为菌丝层或者菌丝柱，高 360～640 μm，第二层多为菌丝层，高 180～300 μm，第三层为菌丝层或者菌丝柱，高 35～360 μm。子实层高 30～110 μm，顶部近无色，基层浅褐色。原担子梨形，近球形或者卵圆形，9～16×7～12.5 μm，近无色或者浅褐色。担子圆柱形，弯曲，4 个细胞，20～30×4.5～7 μm，无色。原担子存留。小梗圆锥形，高 2～3 μm。吸器为不规则卷曲菌丝。

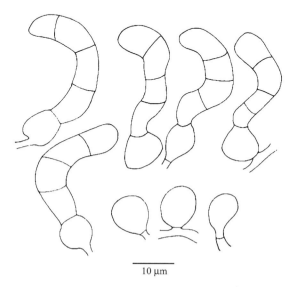

图　构树隔担菌 Septobasidium broussonetiae C.X. Lu, L. Guo & J.G. Wei 的原担子和担子 (HMAS 263144)

研究标本：

楝科 Meliaceae：

山楝 *Aphanamixis polystachya* (Wall.) R. Parker，海南：霸王岭，海拔 1100 m，郭林 11606，HMAS 263426。

桑科 Moraceae：

构树 *Broussonetia papyrifera* Vent.，与白盾蚧属一种 *Pseudaulacaspis* sp.共生，广西：南宁，界牌，2009. V. 18，韦继光 2，HMAS 197043 (主模式)。

鹊肾树 *Streblus asper* Lour.，与白盾蚧属一种 *Pseudaulacaspis* sp.共生，海南：万宁，兴隆植物园，海拔 36 m，2011. IV. 9，郭林 11595，HMAS 263231。

未知植物，湖南：张家界，海拔 420 m，2010. VIII. 19，何双辉 3093，HMAS 263144。

世界分布：中国。

讨论：此种与赖因金隔担菌 *Septobasidium reinkingii* Couch ex L.D. Gómez & Henk 近似，其主要区别是前者有原担子，且存留；后者缺乏原担子阶段。

46. 褐色隔担菌　图版 XXXII

Septobasidium brunneum Wei Li bis & L. Guo, Mycotaxon 127: 25, 2014.

担子果生在枝条上，长 7～9 cm，宽 2～3 cm，平伏状，暗褐色或者紫褐色。表面有很多裂缝，后期两侧翘起，呈翅状。边缘界限不明显。切片较薄，350～700 μm。菌丝垫高 30～50 μm，褐色。菌丝柱较矮，高 50～80 μm，粗 80～150 μm。菌丝层高 150～220 μm，褐色。子实层高 70～100 μm。子实层上可以连续产生菌丝，再形成子实层。原担子梨形或者近球形，10～15×7～9 μm，存留。担子 4 个细胞，圆柱形，弯曲，20～30×4～6 μm。吸器为不规则卷曲菌丝。

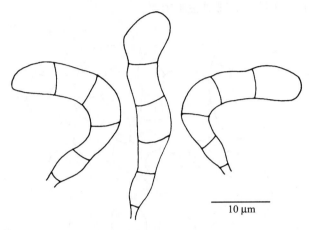

图　褐色隔担菌 *Septobasidium brunneum* Wei Li bis & L. Guo (HMAS 243152，主模式)

研究标本：

山茶科 Theaceae：

柃木属 *Eurya* sp.，与雪盾蚧属一种 *Chionaspis* sp.共生，云南：大理，苍山，2011.VIII.13，何帆 YN 45，HMAS 243152。

世界分布：中国。

讨论：此种与 *Septobasidium thwaitesii* (Berk. & Broome) Pat.接近，其区别是后者担子果切片厚，270～1500 μm；切片中可见 2 个明显的横层；担子稍大稍宽，37～46×12～13.5 μm (Couch, 1938)。

47. 山柑隔担菌　图版 XXXIII

Septobasidium capparis S.Z. Chen & L. Guo, Mycotaxon 120: 269, 2012.

担子果生在枝条上，长 10～24 cm，宽 1.5～4 cm，平伏状，浅肉桂褐色或者褐色。表面光滑，成熟后有裂缝。边缘有界限。切片厚 1500～2000 μm，有 3～8 层。菌丝垫高 40～70 μm，褐色。菌丝柱褐色，高 80～100 μm，粗 70～130 μm。菌丝柱向上分支形成菌丝层，高 500～550 μm。从子实层可以再形成菌丝层和子实层，连续形成 5 层。子实层褐色，高 100～170 μm，具有紧密排列向上的菌丝。担子直接从菌丝形成，圆柱形，直或者稍弯曲，4 个细胞，45～56×8～12 μm，无色或者褐色。小梗圆锥形，6～8×3～5 μm。担孢子肾形，16～20×4.5～8 μm。无原担子。吸器为不规则卷曲菌丝。

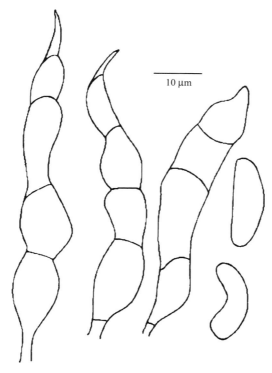

图 山柑隔担菌 *Septobasidium capparis* S.Z. Chen & L. Guo 的担子和担孢子（HMAS 263233，主模式）

研究标本：

山柑科 Capparaceae：

雷公橘 *Capparis membranifolia* Kurz，与安盾蚧属一种 *Andaspis* sp.共生，海南：昌江，保梅岭，海拔 250 m，2011.IV.12，郭林 11599，HMAS 263233 (主模式)。

世界分布：中国。

讨论：此种与岗柃隔担菌 *Septobasidium euryae-groffii* C.X. Lu & L Guo 是近似种，其区别是后者子实层薄，高 50～60 mm，担子小，20～45×5～8 μm (Lu and Guo, 2010a)。

48. 煤状隔担菌

Septobasidium carbonaceum Pat., Bull. Soc. Mycol. Fr. 36: 175, 1920; Couch, The Genus *Septobasidium* (Chapel Hill) p. 289, 1938; Tai, Sylloge Fungorum Sinicorum. p. 716, 1979; Xu & He, Sylloge of Phytopathogens on Woody Plants in China. p. 439, 2008.

担子果生在树枝上，直径几厘米，平伏，暗褐色。表面粉状，不规则破裂或者小洞，边缘无界限。切片厚 400～750 μm，菌丝垫为致密的菌丝层，暗色。中层为菌丝层。顶层 80～130 μm。未见原担子、担子和担孢子。吸器为卷曲的腊肠形。

芸香科 Rutaceae：

柑橘属 *Citrus* sp.，广东，1919.V.19，O.A. Reinking。

世界分布：中国。

讨论：上述描述根据 Couch (1938) 研究的我国标本而记载。

49. 卡雷隔担菌

Septobasidium carestianum Bres., Malpighia 11: 254, 1897; Couch, The Genus *Septobasidium* (Chapel Hill) p. 155, 1938; Tai, Sylloge Fungorum Sinicorum. p. 717, 1979.

Mohortia carestiana (Bres.) Höhn., Sber. Akad. Wiss. Wien, Math.-naturw. Kl., Abt. 1 118: 1462-1464, 1911.

担子果生在树枝上，多年生，长达 13.5 cm 或者更长，平伏，肉桂褐色至暗褐色。表面光滑，由于顶层不完全形成，通常有像大头针一样的小洞或者不规则破裂，边缘有界限或者无界限，通常不规则地形成孤立的斑点。切片厚 530～1170 μm，未见明显的菌丝垫、菌丝柱和子实层。担子 4 个细胞，长圆形，直，18×4～5 μm，近无色，原担子存留。

研究标本：

未鉴定植物，与胡颓子白轮盾蚧 *Aulacaspis difficillis* (Cockerell) 共生，山西：沁水县，历山，舜王坪，海拔 2178 m，1935. VIII. 21，E. Licent 4432，HMAS 16422。

世界分布：中国、法国、意大利、加拿大、巴西。

讨论：Pilát (1940) 记录在山西"Yao chan"采集的卡雷隔担菌标本，经中国科学院植物研究所覃海宁考证为沁水县，历山，舜王坪。

50. 柑橘隔担菌　图版 XXXIV

Septobasidium citricola Sawada, Rep. Dep. Agric. Gov't Res. Ins. Formosa 61: 54, 1933; Couch, The Genus *Septobasidium* (Chapel Hill) p. 220, 1938 [as '*citricolum*'].

担子果生在树干、枝条或者叶两面，长椭圆形或者不规则形，长 2.5～9 cm，宽 0.8～4.5 cm，平伏状，奶油色。表面光滑，边缘有界限，海绵状。切片厚 630～780 μm，菌丝垫高 17～20 μm，褐色。菌丝柱高 60～150 μm，粗 58～117 μm，向上扩散形成菌丝层。菌丝层高 240～340 μm，致密，褐色。子实层高 57～243 μm，具有无色的菌丝。原担子梨形，10～20×8～15 μm，无色，原担子存留。担子 4 个细胞，圆柱形，弯曲，30～44×8～9 μm，无色。担孢子肾形，17～25×8～9 μm，吸器为不规则卷曲菌丝。

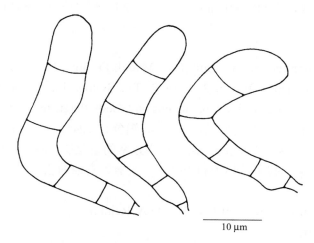

图　柑橘隔担菌 *Septobasidium citricola* Sawada 的担子 (HMAS 5454)

研究标本：

芸香科 Rutaceae：

柑橘 *Citrus reticulata* Blanco，台湾：台东，1944. III. 19，Sawada，HMAS 5454。

世界分布：中国。

51. 菌丝状隔担菌　图版 XXXV

Septobasidium conidiophorum Couch ex L.D. Gómez & Henk, Lankesteriana 4 (1): 80, 2004; Chen & Guo, Mycosystema 31: 654, 2012.

Septobasidium conidiophorum Couch, The Genus *Septobasidium* (Chapel Hill) p. 262, 1938 (nom. inval., no Latin description).

担子果生在树干上，长 80 cm，宽 4～5 cm，平伏，暗褐色。表面粉状，边缘有界限。切片厚 720～950 μm，不产生明显菌丝垫、菌丝柱和子实层，具有两种类型的菌丝：一种菌丝由长圆柱形细胞组成，暗褐色，粗 3.5～5 μm，壁稍厚，约 1 μm；另一种菌丝由短圆柱形细胞组成，壁稍薄，约 0.5 μm。吸器为规则卷曲菌丝。

研究标本：

冬青科 Aquifoliaceae：

冬青属一种植物 *Ilex* sp.，海南：霸王岭，海拔 900 m，2011. IV. 13，郭林 11601，HMAS 242796。

世界分布：中国、美国。

讨论：此种很特殊，未见担子，只产生两种类型的菌丝。Couch (1938) 记载此种产生大量分生孢子，海南的标本未见分生孢子，其他特征与原始描述相同。

52. 栒子隔担菌　图版 XXXVI

Septobasidium cotoneastri S.Z. Chen & L. Guo, Mycotaxon 121: 376, 2012.

担子果生在树枝上，平伏状，多年生，不规则生长，形成小的孤立或者大的病斑，长 0.2～10 cm，宽 0.1～4.5 cm，褐色或者栗褐色，表面光滑，后期有裂缝，边缘有界限，有的在一侧菌丝贴着菌丝垫生长，长达 5000 μm，露出栗褐色菌丝组织。切片厚 600～1750 (～5000) μm。菌丝垫褐色，高 30～50 μm。菌丝柱褐色，高 150～200 μm，粗 30～70 μm。在其上形成褐色菌丝层，高 200～1100 (～4500) μm。子实层厚 80～120 μm，具有大量纵向无色侧丝；壁厚约 0.5 μm。担子直接从菌丝发育而成，2 个细胞，棒状，直，有的在分隔处收缩，无色或者浅褐色，15～21 (～25) ×4～6.5 μm；壁厚 0.5 μm。无原担子。未见担孢子。吸器为规则卷曲菌丝。

研究标本：

壳斗科 Fagaceae：

青冈 *Cyclobalanopsis glauca* Oerst.，西藏：林芝，嘎定沟，海拔 2980 m，2010. IX. 25，何双辉 XZ20，HMAS 251327。

蔷薇科 Rosaceae：

暗红栒子 *Cotoneaster obscurus* Rehder & E.H. Wilson，西藏：林芝，嘎定沟，海拔 2980 m，2010. IX. 25，何双辉 XZ14，HMAS 251320 (副模式)；林芝，嘎定沟，海拔 2980 m，2010.

IX. 25，何双辉 XZ17，HMAS 251326。

红花栒子 *Cotoneaster rubens* W.W. Sm.，与白轮盾蚧属一种 *Aulacaspis* sp.共生，西藏：林芝，嘎定沟，海拔 2980 m，2010. IX. 25，何双辉 XZ11，HMAS 251318 (主模式)。

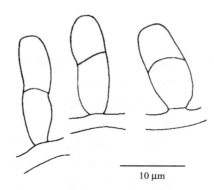

图　栒子隔担菌 *Septobasidium cotoneastri* S.Z. Chen & L. Guo 的担子 (HMAS 251318，主模式)

蔷薇属一种植物 *Rosa* sp.，西藏：林芝，巴松措湖，海拔 3700 m，2010. IX. 26，何双辉 XZ18，HMAS 252452。

红毛花楸 *Sorbus rufopilosa* C.K. Schneid.，西藏：林芝，嘎定沟，海拔 2980 m，2010. IX. 25，何双辉 XZ13，HMAS 251319 (副模式)；林芝，嘎定沟，海拔 2980 m，2010. IX. 25，何双辉 XZ19，HMAS 251328 (副模式)。

未知植物，西藏：林芝，嘎定沟，海拔 2980 m，2010. IX. 25，何双辉 XZ16，HMAS 251321。

世界分布：中国。

讨论：此种与 *Septobasidium patouillardii* Burt 是近似种，担子是双胞，其区别是前者切片厚 [高 600～1750 (～5000) μm]，子实层中的侧丝壁薄 (厚约 0.5 μm)。而 *Septobasidium patouillardii* 切片薄 (高 300～460 μm)，子实层中有厚壁侧丝 (壁厚 3.2 μm) (Couch, 1938)。栒子隔担菌与卫矛隔担菌 *Septobasidium euonymi* S.Z. Chen & L. Guo 的区别是后者切片薄 (厚 180～320 μm)，担子壁厚 (约 1 μm)。在研究自西藏采集的大量标本中，何双辉 XZ18 的担子大，达到 25 μm，切片中有菌丝柱，也有自菌丝垫直接产生菌丝，但是其他特征相同。

53. 陆均松隔担菌　图版 XXXVII

Septobasidium dacrydii S.Z. Chen & L. Guo, Mycotaxon 120: 274, 2012.

担子果生在树枝上，平伏状，多年生，长 35 cm，宽 1～6 cm，肉桂褐色或者暗褐色，表面光滑，后期表面脱落，露出暗褐色菌丝柱和菌丝层，边缘肉桂褐色，有界限。切片厚 1450～2000 μm。菌丝垫褐色，高 45～70 μm。自菌丝垫形成菌丝柱或者菌丝层，菌丝柱褐色，有高的和矮的 2 种类型：一种高 850～1200 μm，粗 35～110 μm，在其上形成菌丝层；另一种高 100～200 μm，粗 40～80 μm，在其上形成菌丝层，再连续形成 2 个矮的菌丝柱和菌丝层。菌丝层高 700～800 μm。子实层厚 85～140 μm。无原担子，担子直接由菌丝发育而成，3 个细胞，圆柱形或者棒状，直或者略弯曲，无色，30～40×9～

10 μm。小梗圆锥形，无色，10～15×4～5 μm。担孢子圆柱形或者纺锤形，无色，有横隔，21～26×5～6.5 μm。吸器为不规则卷曲菌丝。

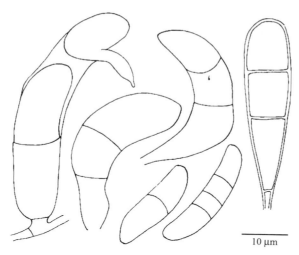

图　陆均松隔担菌 *Septobasidium dacrydii* S.Z. Chen & L. Guo 的担子和担孢子（HMAS 263232，主模式）

研究标本：

罗汉松科 Podocarpaceae：

陆均松 *Dacrydium pierrei* Hickel，与并盾蚧属一种 *Pinnaspis* sp. (Diaspididae) 共生，海南：霸王岭，海拔 1050 m，2010.XI.24，朱一凡、何帆 529，HMAS 263232 (主模式)。

世界分布：中国。

讨论：此种与 *Septobasidium apiculatum* Couch ex L.D. Gómez & Henk 是近似种，其区别是后者切片薄，厚 250～550 μm，缺乏菌丝柱 (Couch, 1938)。

54. 双圆蚧隔担菌　图版 XXXVIII

Septobasidium diaspidioti Wei Li bis & L. Guo, Journal of Fungal Research 11: 239, 2013.

担子果生在树枝上，平伏状，多年生，长 1～3.2 cm，宽 0.5～2 cm，白色或者灰白色，表面光滑，无裂缝，边缘有界限。切片厚 500～1600 μm。菌丝垫褐色，高 50～80 μm。菌丝柱无色或者褐色，高 150～500 μm，粗 30～120 μm，菌丝层高 150～200 μm，在菌丝层上形成子实层，通常在子实层上再产生菌丝柱或者菌丝层。子实层厚 60～100 μm。无原担子，担子直接由菌丝发育而成，4 个细胞，圆柱形，直或者略弯曲，无色，25～30×5～8 μm。吸器为无色球形细胞或者菌丝。

研究标本：

壳斗科 Fagaceae：

板栗 *Castanea mollissima* Blume，与双圆蚧属一种 *Diaspidiotus* sp. (Diaspididae) 共生，安徽：舒城，河棚，岚冲，2008.X.14，何双辉、朱一凡、郭林 2448b，HMAS 263214；舒城，河棚，海拔 70 m，2008.X.14，何双辉、朱一凡、郭林 2450，HMAS 263215；舒城，河棚，占冲，2009.V.14，刘德庆 2a，HMAS 250647 (主模式)。

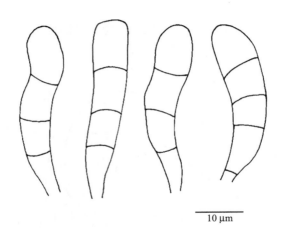

图 双圆蚧隔担菌 *Septobasidium diaspidioti* Wei Li bis & L. Guo 的担子 (HMAS 250647，主模式)

讨论：此种与拟隔担菌 *Septobasidium septobasidioides* (Henn.) Höhn. & Litsch.是近似种，其区别是后者担子果表面边缘呈翅状，切片稍薄 (约 1000 μm)，子实层上不能再连续形成菌丝层或者菌丝柱并再形成子实层。

55. 胡颓子隔担菌　图版 XXXIX

Septobasidium elaeagni S.Z. Chen & L. Guo, Mycosystema 31: 652, 2012.

担子果生在树枝上，平伏状，多年生，长 1～11 cm，宽 1～6 cm，肉桂褐色或者褐色，表面光滑，有瘤状突起，后期有裂缝，边缘白色，有界限。切片厚 500～1350 μm。菌丝垫褐色，高 20～60 μm，菌丝柱褐色，高 50～80 μm，粗 40～130 μm。在其上形成菌丝层，高 300～530 μm，然后形成子实层，再连续形成 3～4 个菌丝层和子实层。子实层厚 40～75 μm。无原担子，担子直接由菌丝发育而成，4 个细胞，圆柱形，弯曲，无色，29～40×6.5～9 μm。吸器为不规则卷曲菌丝。

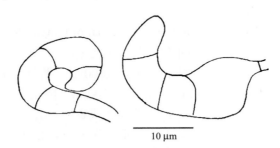

图 胡颓子隔担菌 *Septobasidium elaeagni* S.Z. Chen & L. Guo 的担子 (HMAS 251261，主模式)

研究标本：

胡颓子科 Elaeagnaceae：

披针叶胡颓子 *Elaeagnus lanceolata* Warb.，云南：丽江，玉水寨，海拔 2200 m，2011. IX. 25，何双辉 YN02，HMAS 251261 (主模式)。

世界分布：中国。

讨论：此种与岗柃隔担菌 *Septobasidium euryae-groffii* C.X. Lu & L Guo 是近似种，其区别是后者担子直或者稍微弯曲。

56. 卫矛隔担菌　　图版 XXXX

Septobasidium euonymi S.Z. Chen & L. Guo, Mycotaxon 121: 380, 2012.

担子果生在树枝上，平伏状，多年生，长 2～8 cm，宽 1.5～4 cm，肉桂褐色、褐色或者栗褐色，表面光滑，后期有裂缝，边缘白色，有界限。切片厚 180～320 μm。菌丝垫褐色，高 20～40 μm。菌丝柱褐色，高 60～110 μm，粗 20～130（～300）μm。在其上形成褐色菌丝层，高 20～80 μm。子实层厚 50～60 μm，具有横向薄壁褐色菌丝。担子直接由菌丝发育而成，2 个细胞，棒状，直，有的在分隔处收缩，无色或者浅褐色，17～25×6.5～8 μm；壁厚约 1 μm。无原担子。未见担孢子。吸器为不规则卷曲菌丝和球形细胞。

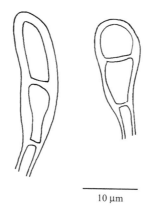

图　卫矛隔担菌 *Septobasidium euonymi* S.Z. Chen & L. Guo 的担子 (HMAS 251324)

研究标本：

卫矛科 Celastraceae：

冬青卫矛 *Euonymus japonicus* Thunb.，与肾圆盾蚧属一种 *Aonidiella* sp. 共生，云南：丽江，玉水寨，海拔 2200 m，2011. IX. 25，何双辉 YN01，HMAS 251324 (主模式)。

世界分布：中国。

讨论：此种与 *Septobasidium patouillardii* Burt 是近似种，担子是双胞，其区别是前者担子果形成规则的病斑，表面光滑，切片薄 (高 180～320 μm)，子实层中无纵向、厚壁侧丝。而 *Septobasidium patouillardii* 担子果形成不规则病斑，表面绒状，切片厚 (高 300～460 μm)，子实层中有纵向、厚壁 (约 3.2 μm 厚) 侧丝。

57. 岗柃隔担菌　　图版 XLI

Septobasidium euryae-groffii C.X. Lu & L Guo, Mycotaxon 112: 148, 2010.

担子果生在树枝上，平伏状，多年生，长 5～16 cm，宽 4～11 cm，肉桂褐色、褐色或者栗褐色，表面光滑，有瘤状突起，有裂缝，边缘有界限。切片厚 1260～2620 μm，由 3～12 层组成。菌丝垫褐色，高 40～50 μm。菌丝柱高 40～100 μm，粗 50～165 μm。

在其上形成新的菌丝层，高 360～560 μm，再连续形成 2 个菌丝层，130～180 μm。子实层厚 50～60 μm，具有向上平行排列的侧丝。有的在子实层上重新形成菌丝柱，高 60～110 μm，形成 4 个连续菌丝层，高 810～1050 μm。再形成子实层，高 70～110 μm。无原担子，担子直接由菌丝发育而成，4 个细胞，圆柱形，直或者略弯曲，无色或者浅黄色，20～45×5～8 μm。小梗圆锥形，长 2～3 μm。未见担孢子。吸器为不规则卷曲菌丝。

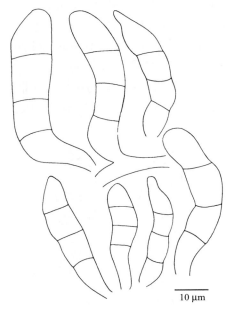

图　岗柃隔担菌 *Septobasidium euryae-groffii* C.X. Lu & L. Guo 的担子(HMAS 199579，主模式)

研究标本：

漆树科 Anacardiaceae：

盐肤木 *Rhus chinensis* Mill.，四川：雷波，马湖，海拔 1100 m，2009. VIII. 17，何双辉、朱一凡、陆春霞、郭林 2690，HMAS 250004。

杜仲科 Eucommiaceae：

杜仲 *Eucommia ulmoides* Oliv.，安徽：舒城，万佛山，海拔 660 m，2008. X. 15，何双辉、朱一凡、郭林 2478，HMAS 185770。

山茶科 Theaceae：

岗柃 *Eurya groffii* Merr.，与并盾蚧属一种 *Pinnaspis* sp. (Diaspididae) 共生，云南：高黎贡山，保山，白花林，海拔 1400 m，2009. VII. 8，侯体国 21，HMAS 199579 (主模式)；白花林，海拔 1400 m，2009. VII. 8，侯体国 20，HMAS 199626；白花林，海拔 1400 m，2009. VII. 8，侯体国 23，HMAS 196495；白花林，海拔 1400 m，2008. IX. 4，何双辉、朱一凡、郭林 2332，HMAS 199627；白花林，海拔 1400 m，2008. IX. 3，何双辉、朱一凡、郭林 2308，HMAS 240071。

世界分布：中国。

讨论：此种与 *Septobasidium henningsii* Pat. 是近似种，其区别是前者菌丝柱短（高 40～110 μm），小梗短（长 3～5 μm），担子果表面有瘤状突起；而后者菌丝柱高（高 300～

1100 μm), 小梗长（长 14~34 μm), 担子果表面无瘤状突起。*Septobasidium euryae-groffii* 还与 *Septobasidium thwaitesii* (Berk. & Broome) Pat.相似，其区别是后者具有原担子和弯曲的担子。

58. 裂缝隔担菌 图版 XLII

Septobasidium fissuratum Wei Li bis & L. Guo, Mycotaxon 125: 91, 2013.

担子果生在枝条上，椭圆形，长 10~14 cm，宽 2.5~6 cm，平伏状，浅肉桂褐色或者肉桂褐色，初期表面光滑，后期裂缝多，边缘有界限。切片厚 600~1100 μm，由 3~4 层组成。菌丝垫褐色，高 30~50 μm。菌丝柱高 100~180 μm，粗 30~100 μm，在其上形成菌丝层，高 350~700 μm，其上连续形成横层和菌丝层，横层厚 20~40 μm，菌丝层高 180~250 μm。子实层厚 60~100 μm，菌丝少数，不规则排列，或直或弯。无原担子。担子直接由菌丝发育而成，4 个细胞，圆柱形，直或者略弯曲，无色或者浅褐色，32~45×6~9 μm。小梗圆锥形，长 2~3 μm，未见担孢子。吸器为不规则卷曲菌丝。

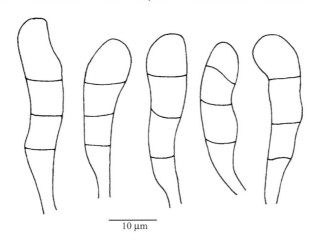

图 裂缝隔担菌 *Septobasidium fissuratum* Wei Li bis & L. Guo 的担子 (HMAS 244419，主模式)

研究标本：

壳斗科 Fagaceae：

栗属一种植物 *Castanea* sp.，与白盾蚧属一种 *Pseudaulacaspis* sp.共生，云南：陇川，陇把镇，海拔 1000 m，2012. X. 31，何双辉 YN08，HMAS 244419。

世界分布：中国。

讨论：此种与南方隔担菌 *Septobasidium meridionale* C.X. Lu & L. Guo 是近似种，其区别是后者担子果表面裂缝少，切片中横层不明显，担子小，27~36×7~9.5 μm。

59. 台湾隔担菌 图版 XLIII

Septobasidium formosense Couch ex L.D. Gómez & Henk, Lankesteriana 4 (1): 82, 2004.

Septobasidium formosense Couch, The Genus *Septobasidium* (Chapel Hill) p. 239, 1938; Tai, Sylloge Fungorum Sinicorum. p. 716, 1979; Xu & He, Sylloge of Phytopathogens on

Woody Plants in China. p. 439, 2008 (nom. inval., no Latin description).

担子果生在小枝和叶两面，小，薄，近圆形或者不规则形，直径 0.1～0.7 cm，平伏状，褐色。切片厚 440～660 μm，菌丝垫高 10～25 μm，由不规则的、交织在一起的菌丝组成；菌丝粗 3～5 μm，无色或者浅褐色。无菌丝柱。原担子和担子仅从菌丝垫产生，不在抬升的顶层出现。原担子球形或者梨形，10～11.5×8～10 μm，无色，通常有明显的柄。担子弯曲，通常形成一个完整而有规则的盘绕，有时不规则的弯曲或者扭曲，4 个细胞，22～42×4～6 μm。在担子形成后，原担子细胞变空，细胞壁一边加厚，另一边凹陷。担孢子未见。从菌丝垫上产生成组、小的菌丝束，菌丝末端分支，交织在一起形成顶层。顶层高 420～632 μm，由稀疏挤压、互相缠绕在一起的菌丝组成；菌丝粗 3～5.4 μm，褐色，分支不多，有的分支与主枝成直角。吸器为不规则卷曲菌丝。

研究标本：

芸香科 Rutaceae：

柚 *Citrus maxima* (Burm. f.) Merr.，广西：宁明，塘口，1958. X. 9，梁子超 943，HMAS 25229；云南：勐腊，勐仑，海拔 570m，2013. X. 15，李伟、郭林 2871，HMAS 245046。

柑橘属几种植物 *Citrus* spp.，与黄糠蚧 *Parlatoria proteus* (Curtis) 共生，台湾：南投县，鱼池乡，从五城至莲华池小路上，1928. III. 13，R.K. Beattie M33，BPI 268667 (模式)；南投县，鱼池乡，从五城至莲华池小路上，1928. III. 13，R.K. Beattie M28，BPI 268668；云南，1958，姜广正，HMAS 196880。

世界分布：中国。

讨论：从菌丝垫或者顶层形成独特的长形、褐色菌丝体，99～486×27～52 μm，由 8～12 行圆柱形菌丝组成，菌丝 7～15×6.5～9.5 μm，像是分生孢子束。

60. 高黎贡山隔担菌　图版 XLIV

Septobasidium gaoligongense C.X. Lu & L. Guo, Mycotaxon 112: 143, 2010.

担子果生树枝上，多年生，长椭圆形，长 15～20 cm，宽 7.5～8 cm，平伏状，肉桂褐色、褐色或者黑褐色。边缘有明显的界限。表面光滑，纸质，后期子实层有宽的裂缝，露出近白色或者浅褐色的菌丝柱。切片初期厚 (260～) 525～580 μm，后期 1361～5000 μm，菌丝垫褐色，高 30～50 μm。菌丝柱初期矮，长 190～430 μm，后期高，长 3000～4900 μm，粗 290～340 μm，菌丝柱中有 2～3 个横层；菌丝粗 3～5 μm，近无色或者浅褐色。子实层厚 30～50 μm。无原担子。担子直接生在菌丝上，4 个细胞，纺锤形、圆柱形或者稍不规则形，直或者稍弯曲，17～26×4～7 μm，无色或者褐色。吸器为不规则卷曲菌丝。

研究标本：

海桐花科 Pittosporaceae：

羊脆木海桐 *Pittosporum kerrii* Craib，云南：保山，白花林，海拔 1400 m，2008. IX. 3，何双辉、朱一凡、郭林 2294，HMAS 250668。

山茶科 Theaceae：

岗柃 *Eurya groffii* Merr.，与并盾蚧属一种 *Pinnaspis* sp. 共生，云南：保山，白花林，海拔 1400 m，2008. VII. 8，侯体国 17，HMAS 199577 (主模式)。

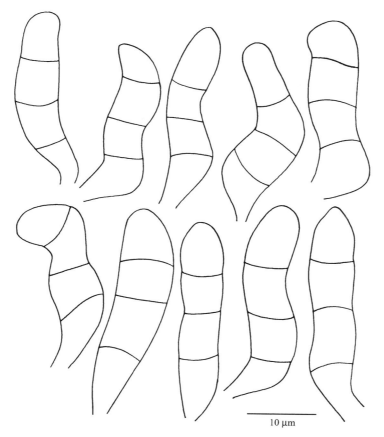

图　高黎贡山隔担菌 *Septobasidium gaoligongense* C.X. Lu & L. Guo 的担子 (HMAS 199577，主模式)

世界分布：中国。

讨论：此种与 *Septobasidium crinitum* (Fr.) Pat. 接近，其区别是前者在菌丝垫之上形成 2～3 个横层，担子小 (17～26×4～7 μm)，缺乏厚的顶层；后者具有厚的顶层 (高 100～200 μm)，担子大 (40～55×8.4～10 μm)，在菌丝垫之上缺乏横层。

61. 山小橘隔担菌　　图版 XLV

Septobasidium glycosmidis S.Z. Chen & L. Guo, Mycosystema 30: 862, 2011.

担子果生在叶两面，圆形或者形状不规则，长 (0.2～) 1.5～5 cm，宽 (0.2～) 1～3 cm，平伏状，肉桂褐色。表面光滑或者绒毛状。边缘白色，有界限。切片较薄，厚 180～350 μm，菌丝垫高 20～50 μm，无色或者褐色。菌丝柱高 50～150 μm，粗 20～100 μm。菌丝层高 40～100 μm，褐色。子实层仅在菌丝层上局部形成，松散，高 50～70 μm。原担子近球形或者倒卵形，13～18 × 12～14 μm，褐色，存留。担子圆柱形，弯曲或者强烈弯曲，4 个细胞，27～35 × 6.5～10 μm。小梗圆锥形或者圆柱形，5～7 × 2～2.5 μm，褐色。未见担孢子。吸器为菌丝。

研究标本：

芸香科 Rutaceae：

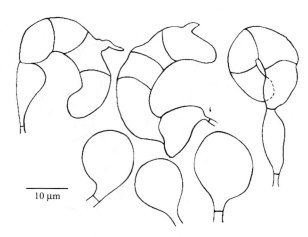

图　山小橘隔担菌 *Septobasidium glycosmidis* S.Z. Chen & L. Guo 的原担子和担子（HMAS 242746，主模式）

海南山小橘 *Glycosmis montana* Pierre，海南：霸王岭，海拔 950 m，2011.IV.13，郭林 11600，HMAS 242746（主模式）。

世界分布：中国。

讨论：此种与叶隔担菌 *Septobasidium humile* Racib.是近似种，主要区别是后者担子果切片薄，高 135～200 μm，菌丝垫薄，厚 5～10 μm（Couch, 1938）。

62. 广西隔担菌　图版 XLVI

Septobasidium guangxiense Wei Li bis & L. Guo, Mycotaxon 127: 27, 2014.

担子果生树枝上，多年生，长椭圆形，长 40～50 cm，宽 6～7 cm，平伏状，黄褐色或者褐色。边缘有界限。表面有很多的裂缝。切片厚 200～500 μm，菌丝垫褐色，高 30～70 μm。菌丝柱高 70～100 μm，粗 50～80 μm，菌丝柱上产生褐色、厚 20～40 μm 的横层；横层上形成褐色菌丝层。菌丝层厚 150～250 μm。子实层厚 50～100 μm。无原担子。具有向上不规则排列、顶端弯曲的菌丝，担子直接在菌丝上形成，4 个细胞，圆柱形，直或者弯曲，27～38×5～10 μm，无色或者浅褐色。

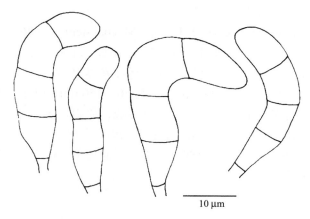

图　广西隔担菌 *Septobasidium guangxiense* Wei Li bis & L. Guo 的担子（HMAS 244542，主模式）

研究标本：

未知植物，与白盾蚧属一种 *Pseudaulacaspis* sp.共生，广西：武鸣，大明山，海拔 700 m，2011.VIII. 29，李伟、何双辉 1519，HMAS 244542 (主模式)。

世界分布：中国。

讨论：此种与女贞隔担菌 *Septobasidium ligustri* C.X. Lu & L. Guo 是近似种，其区别是后者担子果表面裂缝少，切片中无横层，担子稍小 (15～29×5～7.5 μm)。

63. 海南隔担菌　图版 XLVII

Septobasidium hainanense C.X. Lu & L. Guo, Mycotaxon 114: 217, 2010.

担子果生在树干上，平伏，小点状，伸长形或者不规则形，常汇合，长 0.2～2.5 cm，宽 0.15～1 cm，紫色或者肉桂色，边缘有界限，表面光滑，通常具有圆形突起。切片厚 220～830 μm。菌丝垫褐色，高 25～60 μm。自菌丝垫产生稀疏菌丝或者菌丝柱，菌丝柱高 50～110 μm，粗 60～155 μm。菌丝层高 70～505 μm，有的菌丝可以连续生长，形成半圆形。子实层下端有褐色横层，厚 10～60 μm。子实层高 50～200 μm，具有紧密排列向上的菌丝。担子直接从菌丝上形成，圆柱形，直或者弯曲，4 个细胞，25～36×7～13 μm，无色或者浅褐色。无原担子。担孢子未见。吸器为不规则卷曲菌丝。

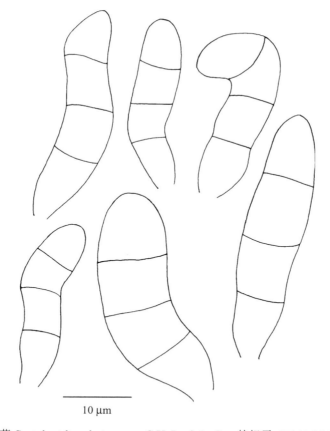

图　海南隔担菌 *Septobasidium hainanense* C.X. Lu & L. Guo 的担子 (HMAS 240078，主模式)

研究标本：

胡桃科 Juglandaceae：

黄杞 *Engelhardtia roxburghiana* Wall.，与牡蛎蚧属一种 *Lepidosaphes* sp. (Diaspididae) 共生，海南：霸王岭，海拔 1000 m，2010. XI. 24，朱一凡、何帆 519，HMAS 251224。

无患子科 Sapindaceae：

假山萝属一种植物 *Harpullia* sp.，与白盾蚧属一种 *Pseudaulacaspis* sp. (Diaspididae) 共生，海南：霸王岭，雅加，海拔 740 m，2009. XII. 12，朱一凡、郭林 141，HMAS 240078 (主模式)。

世界分布：中国。

讨论：海南隔担菌 *Septobasidium hainanense* 和 *Septobasidium lichenicola* (Berk. & Broome) Petch 是近似种，其区别是前者担子果小，自菌丝垫产生稀疏菌丝或者菌丝柱，有的菌丝可以连续生长，使担子果切片上部呈半圆形；后者担子果大，自菌丝垫不产生稀疏菌丝，仅有菌丝柱，未见连续生长的菌丝。

64. 山龙眼隔担菌　图版 XLVIII

Septobasidium heliciae Wei Li bis & L. Guo, Mycotaxon 125: 92, 2013.

担子果生在枝条上，平伏，长圆形，长 4～13 cm，宽 4～5 cm，白色或者浅肉桂褐色。表面光滑，后期不破裂。边缘有界限。切片厚 750～1100 μm。菌丝垫薄，10～20 μm。自菌丝垫产生菌丝柱，或高或矮，高的可以穿过第一层子实层，高 120～600 μm，粗 30～120 μm，浅黄色。通常在菌丝柱上形成子实层，再从子实层上连续形成菌丝层或者菌丝柱，再形成子实层，子实层高 80～110 μm，具有不规则排列、顶端渐尖的菌丝。担子直接由菌丝产生，圆柱形，直或者弯曲，4 个细胞，近无色或者褐色，30～45×5～6.5 μm。无原担子。吸器无色，由卷曲菌丝组成。

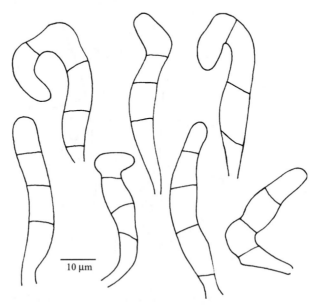

图　山龙眼隔担菌 *Septobasidium heliciae* Wei Li bis & L. Guo 的担子 (HMAS 244418，主模式)

研究标本：

山龙眼科 Proteaceae：

深绿山龙眼 *Helicia nilagirica* Bedd.，与牡蛎蚧属 *Lepidosaphes* sp.一种共生，云南：盈江，铜壁关，海拔 1250 m，2012. X. 29，何双辉 YN07，HMAS 244418 (主模式)。

世界分布：中国。

讨论：此种与拟隔担菌 *Septobasidium septobasidioides* (Henn.) Höhn. & Litsch.是近似种，其区别是后者子实层上不能再连续形成菌丝层或者菌丝柱并再形成子实层。

65. 亨宁斯隔担菌　图版 XLIX

Septobasidium henningsii Pat., Monsunia 1: 138, 1899; Couch, The Genus *Septobasidium* (Chapel Hill) p. 243, 1938; Chen & Guo, Mycotaxon 117: 294, 2011.

Septobasidium tjibodense Boedijn & B.A. Steinm., Bull. Jard. bot. Buitenz, 3 Sér. 11(2): 195, 1931.

担子果生在枝条上，平伏状，长 (0.5～) 5～12 cm，宽 0.3～3 cm，褐色或者灰褐色，边缘有界限，纤丝状，表面光滑，通常具有圆形突起，后期具有小的裂缝，表面脱落，露出褐色菌丝柱层。切片厚 1460～2200 (～2500) μm。菌丝垫褐色，高 25～50 μm。自菌丝垫产生相互纠缠常常倾斜的菌丝柱，菌丝柱高 530～1100 μm，粗 30～40 μm，菌丝柱的基层通常有横层。子实层分层，多达 4 层，高 650～850 μm，具有紧密排列向上的菌丝。担子初期梨形或者近球形，壁稍厚，成熟后圆柱形，略弯曲，4 个细胞，23～38×5～6 μm，无色或者浅黄色。无原担子阶段。担孢子未见。吸器为近纺锤形细胞或者菌丝。

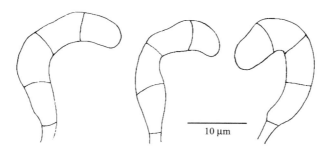

图　亨宁斯隔担菌 *Septobasidium henningsii* Pat.的担子　(HMAS 251152)

研究标本：

野牡丹科 Melastomataceae：

多花谷木 *Memecylon floribundum* Blume，海南：霸王岭，海拔 370 m，2010. XI. 26，朱一凡、何帆 522，HMAS 251152。

世界分布：中国、印度尼西亚。

讨论：在中国多花谷木植物上发现的亨宁斯隔担菌基本符合原始描述特征 (Couch, 1938)，具有相互纠缠常常倾斜的菌丝柱，子实层分层，担子果边缘纤丝状。但是，与原描述也不尽相同，中国的标本担子小，23～38×5～6 μm，菌丝柱的基层通常有横层，吸器为近纺锤形细胞或者较规则卷曲菌丝；印度尼西亚的标本担子大，36～54×7～9.8 μm，菌丝柱的基层无横层，吸器为不规则卷曲菌丝。

66. 枳椇隔担菌　图版 L

Septobasidium hoveniae Wei Li bis, S.Z. Chen, L. Guo & Y.Q. Ye, Mycotaxon 125: 97, 2013.

担子果生在枝条上，平伏状，长 10 cm，宽 5 cm，肉桂褐色，表面光滑，有裂缝，表面部分脱落，露出褐色菌丝柱，边缘有界限。切片厚 600～1800 μm。菌丝垫褐色，高 50～70 μm。菌丝柱初期直，向上扩散形成菌丝层，菌丝柱后期弯曲，时而汇合时而分开，高 200～1500 μm，粗 20～120 μm，褐色；菌丝层褐色，高 80～150 μm。子实层无色或者浅褐色，高 100～110 μm，子实层顶层有无色保护层。担子圆柱形，直或者稍微弯曲，4 个细胞，35～45×7.5～9 μm，无色。无原担子。吸器由菌丝组成。

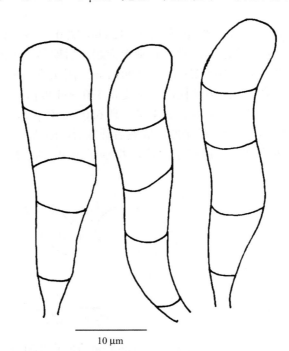

图　枳椇隔担菌 Septobasidium hoveniae Wei Li bis, S.Z. Chen, L. Guo & Y.Q. Ye 的担子 (HMAS 252321，主模式)

研究标本：

鼠李科 Rhamnaceae：

枳椇 Hovenia acerba Lindl.，与白盾蚧属一种 Pseudaulacaspis sp. 共生，安徽：黄山风景区，温泉，海拔 640 m，2012.V.31，叶要清 5，HMAS 252321 (主模式)。

世界分布：中国。

讨论：此种与亨宁斯隔担菌 Septobasidium henningsii Pat. 接近，其主要区别是后者担子果表面裂缝多，子实层厚，高 60～400 μm，单层或者多层。

67. 叶隔担菌　图版 LI

Septobasidium humile Racib., Bull. Intern. Acad. Sci. de Cracovie 3: 363, 1909; Couch, The Genus *Septobasidium* (Chapel Hill) p. 228, 1938; Kirschner & Chen, Fung. Sci. 22(1,2): 40, 2007.

担子果生在叶下，几乎可以布满整个叶片，直径达到 7×3 cm，叶上边缘也会有零星菌斑出现，平伏状，土褐色，表面光滑，边缘可见点状突起。切片较薄，128～200 μm。菌丝垫薄，高 5～10 μm，无色或者褐色。菌丝柱散生，高 61～90 μm。子实层高 29.5～37 μm，无色。原担子球形、近球形，8～10×7～9.5 μm，壁薄，无色。担子 4 个细胞，圆柱形，弯曲，17～27×5～6 μm，无色，有原担子存留。吸器由卷曲菌丝组成。

研究标本：

樟科 Lauraceae，与芒果白轮蚧 *Aulacaspis tubercularis* Newstead (盾蚧科 Diaspididae) 共生，台湾：台北，福山植物园，海拔约 600 m，2006.III.17，R. Kirschner 2655，F21295 (TNM)。

世界分布：中国、印度尼西亚。

讨论：Kirschner 和 Chen (2007) 首先在中国台湾发现了叶隔担菌中国新记录种，并提出中国台湾标本的担子果大，几乎可以布满整个叶片，直径达到 70×30 mm。原担子小，8～9 μm。Couch (1938) 描述印度尼西亚爪哇模式标本的担子果小，直径通常小于 1 cm。原担子大，13.5～15.4 μm。中国台湾的标本与模式略有区别。

Couch (1938) 和 Kirschner 和 Chen (2007) 记载担子果成熟后，在外观上可见星状或者伞状菌丝柱，小梗长达 12 μm。Couch (1938) 描述菌丝柱高 40～90 μm，粗 50～100 μm。作者自中国台湾借阅的标本可能不太成熟，未见这些特征。

68. 绣球隔担菌　图版 LII

Septobasidium hydrangeae S.Z. Chen & L. Guo, Mycosystema 31: 652, 2012.

担子果生在枝条上，平伏状，长 2.5～6 cm，宽 1.5～2 cm，肉桂褐色，表面光滑，无裂缝，边缘有界限。切片厚 250～350 μm，后期可达 800 μm。菌丝垫高 20～35 μm。菌丝柱高 70～150 μm，粗 50～200 μm，褐色。菌丝层褐色，高 50～120 μm。子实层多数具有双层担子层，偶见单层，高 100～280 μm，具有平行向上排列、顶端略弯曲、无色的菌丝。后期，在子实层上菌丝可以继续生长，形成第二层菌丝层和子实层。担子圆柱形或者棒状，直，4 个细胞，26～56×6～9 μm，无色或者褐色。小梗圆锥形，5～6×2～3 μm，褐色。担孢子椭圆形，略弯曲，11～19×4～5 μm，褐色。无原担子。吸器为不规则卷曲菌丝。

研究标本：

忍冬科 Caprifoliaceae：

忍冬属一种植物 *Lonicera* sp.，西藏：林芝，鲁朗，海拔 3700 m，2010.IX.24，何双辉 XZ07，HMAS 251273 (副模式)。

绣球科 Hydrangeaceae：

马桑绣球 *Hydrangea aspera* Buch.-Ham. ex D. Don，西藏：林芝，鲁朗，海拔 3700 m，2010.IX.25，何双辉 XZ06，HMAS 251272 (副模式)；林芝，鲁朗，海拔 3700 m，2010.IX.24，

何双辉 XZ09，HMAS 251268 (副模式)；林芝，鲁朗，海拔 3700 m, 2010. IX.24, 何双辉 XZ08，HMAS 251323。

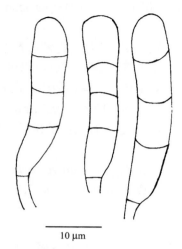

图　绣球隔担菌 *Septobasidium hydrangeae* S.Z. Chen & L. Guo 的担子 (HMAS 251270，主模式)

长柄绣球 *Hydrangea longipes* Franch.，西藏：林芝，鲁朗，海拔 3700 m, 2010. IX.24，何双辉 XZ01，HMAS 251270 (主模式)。

绣球属一种植物 *Hydrangea* sp.，西藏：林芝，鲁朗，海拔 3700 m, 2010. IX.25，何双辉 XZ05，HMAS 251271 (副模式)。

蔷薇科 Rosaceae：

红毛花楸 *Sorbus rufopilosa* C.K. Schneid.，西藏：林芝，鲁朗，海拔 3700 m, 2010. IX.25，何双辉 XZ15，HMAS 251322。

世界分布：中国。

讨论：此种与白隔担菌 *Septobasidium albidum* Pat. 接近，其区别是后者担子果表面后期有深的裂缝；菌丝柱不明显，矮 (60～80 μm) (Couch, 1938)。

69. 龟井隔担菌　图版 LIII

Septobasidium kameii Kaz. Itô, *in* Itô & Hayashi, Bull. Govt. For. Exp. Sta. Meguro, Tokyo, 134: 56, 1961; Lu & Guo, Mycotaxon 110: 242, 2009.

担子果生在树干和枝条上，通常缠绕枝干，平伏状，长 5～19 cm，宽 2～8 cm，有的形成长刺，刺的顶端通常分支，刺长 0.3～1 cm，宽 0.5～1.5 mm，烟褐色或者肉桂褐色，边缘有界限，表面初期光滑，后期不规则裂开。切片厚 900～2000 μm。菌丝垫高 70～110 μm。菌丝柱 2～3 层，每层高 100～300 μm；菌丝粗 3～5 μm。子实层单层或者分层，高 70～120 μm。原担子近球形或者梨形，9～12×8～10 μm，无色。担子圆柱形，4 个细胞，弯曲，22～36×5～10 μm，无色。在担子形成后，原担子存留。担孢子未见。吸器为不规则卷曲菌丝。

研究标本：

壳斗科 Fagaceae：

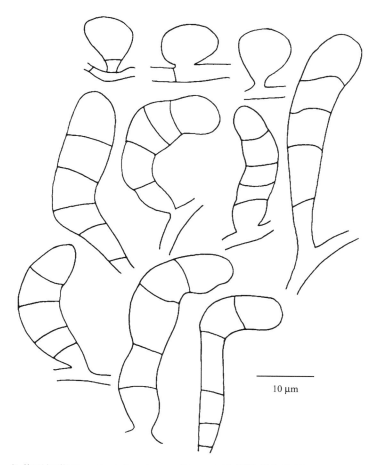

图 龟井隔担菌 Septobasidium kameii Kaz. Itô 的原担子和担子 (HMAS 197040)

板栗 Castanea mollissima Blume，与双圆蚧属一种 Diaspidiotus sp. (Diaspididae)共生，安徽：舒城，干汉河，2008. X. 15，何双辉、朱一凡、郭林 2482，HMAS 196463；舒城，河棚，2008. X. 14，何双辉、朱一凡、郭林 2451，HMAS 250690；舒城，河棚，2009. IV. 27，詹文勇 1，HMAS 197040；舒城，庐镇，黄柏村，2009. V. 16，刘德庆 3，HMAS 196462；舒城，晓天，汪冲，2009. VI. 24，翟田俊，HMAS 197089，舒城，晓天，汪冲，2008. X. 14，何双辉、朱一凡、郭林 2456c，HMAS 197476。

蔷薇科 Rosaceae：

石楠 Photinia serrulata Lindl.，安徽：舒城，万佛山，2008. X. 14，何双辉、朱一凡、郭林 2463，HMAS 185769。

世界分布：中国、日本。

讨论：中国标本的菌丝柱有 2～3 层，与原始模式相同 (Itô and Hayashi 1961)，其差异是中国标本的担子果表面有的有长刺，刺长 0.3～1 cm。

70. 白丝隔担菌   图版 LIV

Septobasidium leucostemum Pat. Bull. Soc. Mycol. Fr. 36: 175, 1920; Couch, The Genus

Septobasidium (Chapel Hill) p. 203, 1938; Tai, Sylloge Fungorum Sinicorum. p. 717, 1979; Xu & He, Sylloge of Phytopathogens on Woody Plants in China. p. 439, 2008.

担子果生在枝条上，平伏，长 2~20 cm，宽 1.5~3 cm，白色，有的后期浅褐色。表面光滑、致密。边缘无界限。切片厚 450~550 μm，无色。菌丝垫 50~80 μm。菌丝柱高 170~350 μm，粗 20~80 μm，无色。菌丝柱向上扩散形成菌丝层。菌丝层高 100~170 μm，无色。子实层高 60~80 μm，无色。原担子卵圆形，12~15×9~12 μm，近无色。担子圆柱形，4 个细胞，弯曲，36~44×9~11 μm，无色，原担子存留。吸器为不规则卷曲菌丝。

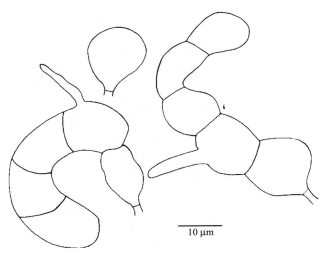

图　白丝隔担菌 *Septobasidium leucostemum* Pat.的原担子和担子 (HMAS 242794)

研究标本：

芸香科 Rutaceae:

山油柑 *Acronychia pedunculata* Miq.，海南：霸王岭，海拔 1000 m，2011. IV. 13，郭林 11604，HMAS 242794。

世界分布：中国、斯里兰卡。

讨论：Couch (1938) 描述该种担孢子椭圆形，弯曲，21.8×6.3 μm。他还记载了此种分布在广西寄生在柑橘属 *Citrus* 的枝条上，与蚧虫 *Parlatoria proteus* 共生。

71. 女贞隔担菌　图版 LV

Septobasidium ligustri C.X. Lu & L. Guo, Mycotaxon 114: 220, 2010.

担子果生在树枝上，平伏，长 9~20 cm，宽 1~3 cm，灰褐色。表面光滑，后期有裂缝。边缘有界限。切片厚 480~630 μm。菌丝垫厚 20~60 μm，褐色。菌丝柱褐色，高 210~390 μm，粗 30~150 μm，向上扩散形成高 100~170 μm 的菌丝层。子实层高 50~80 μm，具有向上不规则排列的菌丝。担子 4 个细胞，无色，圆柱形，直或者弯曲，15~29×5~7.5 μm。无原担子。小梗长 3~8 μm。担孢子无色，卵圆形，9×4 μm。吸器为不规则卷曲菌丝。

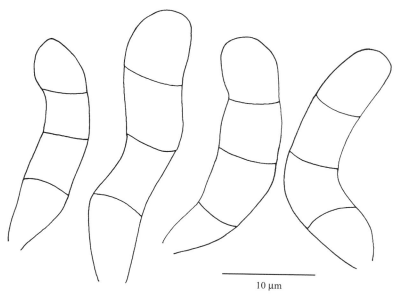

图 女贞隔担菌 *Septobasidium ligustri* C.X. Lu & L. Guo 的担子 (HMAS 240079，主模式)

研究标本：

木犀科 Oleaceae：

小蜡 *Ligustrum sinense* Lour.，与牡蛎蚧属一种 *Lepidosaphes* sp. (Diaspididae)共生，海南：万宁，兴隆，海拔 38 m，2009. XII. 6，朱一凡、郭林 41，HMAS 240079 (主模式)。

荨麻科 Urticaceae：

长梗紫苎麻 *Villebrunea pedunculata* Shirai，台湾：新北市，乌来，海拔 350 m，2012. IX. 10，郭林 11621，HMAS 252353。

世界分布：中国。

讨论：此种与 *Septobasidium septobasidioides* (Henn.) Höhn. & Litsch.是近似种，其主要区别是前者担子果灰褐色，切片薄，480～630 μm，担子小，15～29×5～7.5 μm；后者担子果淡绿黄色，切片厚，1 mm，担子大，40～55×8.4～10 μm。

72. 珍珠花隔担菌　图版 LVI

Septobasidium lyoniae C.X. Lu & L. Guo, Mycotaxon 116: 395, 2011.

担子果生在枝条上，平伏状，多年生，长 2～11 cm，宽 1～5 cm。肉桂褐色、烟褐色或者褐色。边缘有界限。表面光滑，后期有的呈覆瓦状。切片厚 510～1200 μm。菌丝垫褐色，25～50 μm。自菌丝垫上形成菌丝层或者菌丝柱。菌丝层厚 275～580 μm。菌丝柱高 200～250 μm，粗 110～130 μm。通常在子实层上面可以再形成菌丝层和子实层。有的在第一层子实层和菌丝之间可以再见到蚧虫。子实层厚 100～220 μm。在顶层的子实层有的产生 2 层担子。担子直接从菌丝上形成，4 个细胞，圆柱形，直或者略弯曲，45～57×8.5～10.5 μm，无色或者浅褐色。小梗圆锥形，长 5～6 μm。无原担子。吸器为不规则卷曲菌丝。

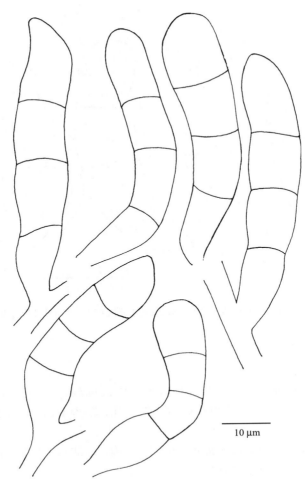

图　珍珠花隔担菌 *Septobasidium lyoniae* C.X. Lu & L. Guo 的担子（HMAS 250384，主模式）

研究标本：

杜鹃花科 Ericaceae：

珍珠花 *Lyonia ovalifolia* (Wall.) Drude，云南：龙陵，海拔 1100 m，2008. IX. 6，何双辉、朱一凡、郭林 2382，HMAS 250384（主模式）。

世界分布：中国。

讨论：此种与卷须隔担菌 *Septobasidium cirratum* Burt. 是近似种，其主要区别是前者子实层有 2 层，子实层中的菌丝粗（3.5～5 μm），不卷曲；后者子实层单层，子实层中的菌丝细（1.5～2 μm），卷曲。

73. 杜茎山隔担菌　图版 LVII

Septobasidium maesae C.X. Lu & L. Guo, Mycotaxon 109: 103, 2009.

担子果生在树干和枝条上，平伏状，形成椭圆形或者长圆形病斑，长 1.5～26 cm，宽 0.8～6 cm，多年生，灰褐色。边缘白色，宽 1～4 mm，有明显的界限。表面光滑，后期子实层卷曲，反转，露出褐色菌丝柱层。切片幼期厚 460～530 μm，后期厚 1100～1720

μm。由 3 层组成：菌丝垫、菌丝柱和子实层。①菌丝垫褐色，由菌丝紧密地交织在一起形成，厚 15～27 μm。②菌丝柱褐色，初期矮，高 392～441 μm，上部扩展散开；菌丝有隔，粗 2.5～3 μm；后期变高，高 1030～1460 μm；菌丝粗 5～6 μm。③子实层高 60～233 μm。原担子无色或者浅褐色，10～15×6～9 μm，倒卵圆形。担子 4 胞，褐色，圆柱形，弯曲，28～55×7.5～11.5 μm，原担子存留。小梗褐色，圆锥形，长达 12 μm。担孢子褐色、纺锤形，18～19.5×4～5 μm。吸器由不规则卷曲菌丝组成。

研究标本：

紫金牛科 Myrsinaceae：

鲫鱼胆 *Maesa perlarius* (Lour.) Merr.，与盾蚧科 Diaspididae 的双圆蚧属一种 *Diaspidiotus* sp.和并盾蚧属一种 *Pinnaspis* sp. 共生，海南：五指山，海拔 700 m，2008. XI. 20，何双辉、朱一凡、郭林 2515，HMAS 184981 (主模式)。

世界分布：中国。

讨论：此种与 *Septobasidium filiforme* Couch ex L.D. Gómez & Henk (Gómez and Henk, 2004)接近，子实层都卷曲，反转。其区别在于此种的担子果切片较厚，成熟期可达 1105～1720 μm；仅有 1 层；仅有 4 胞担子，未见 3 胞和 2 胞的担子；而 *Septobasidium filiforme* 担子果切片较薄，幼期 350～500 μm，后期 800～1000 μm；具有 4 胞、3 胞和 2 胞的担子；子实层具有多层，每层包括菌丝柱和子实层。

74. 梅州隔担菌 图版 LVIII

Septobasidium meizhouense C.X. Lu, L. Guo & J.B. Li, Mycotaxon, 111: 272, 2010.

担子果生在枝条上，平伏状，长椭圆形，长 4.5～16 cm，宽 1.5～3 cm，褐灰色或者灰色，表面光滑，多裂缝；边缘有明显的界限。切片厚 400～650 μm。菌丝垫薄，高 10～30 μm，浅褐色。自菌丝垫产生菌丝或者菌丝柱，菌丝柱短，高 70～85 μm，粗 80～190 μm。菌丝层褐色，高 220～440 μm。子实层厚 100～150 μm，菌丝不规则排列。无原担子。担子 4 个细胞，圆柱形，直或者略弯曲，27～37×6～8 μm，无色。小梗圆锥形，长 2～3 μm。未见担孢子。吸器为不规则卷曲菌丝。

研究标本：

蔷薇科 Rosaceae：

梅 *Prunus mume* Siebold & Zucc.，与盾蚧科 Diaspididae 的桑白盾蚧 *Pseudaulacaspis pentagona* (Targioni-Tozzetti) 共生，广东：梅州，警官职业学院，海拔 71 m，2009. V. 23，李嘉斌 1，HMAS 197041 (主模式)；梅州，警官职业学院，海拔 71 m，2011. VIII. 10，何帆 GD01，HMAS 251236。

世界分布：中国。

讨论：此种与李隔担菌 *Septobasidium pruni* C.X. Lu & L. Guo 近似，其区别是前者担子果灰色或者褐灰色，表面破裂，切片厚，400～650 μm；后者担子果烟褐色或者肉桂褐色，表面不破裂，切片薄，170～330 μm。

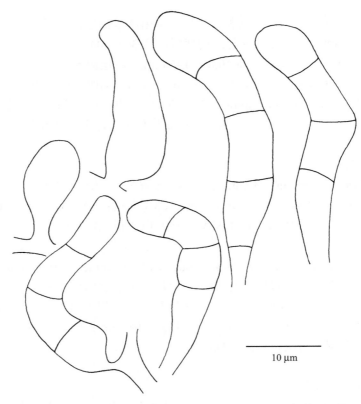

图　梅州隔担菌 *Septobasidium meizhouense* C.X. Lu, L. Guo & J.B. Li 的担子 (HMAS 197041，主模式)

75. 南方隔担菌　图版 LIX

Septobasidium meridionale C.X. Lu & L. Guo, Mycotaxon 113: 87, 2010.

担子果生在树干和枝条上，平伏状，长 4～8.5 cm，宽 1～6 cm，白色或者褐色，表面光滑或者绒毛状，后期有裂缝，边缘有界限。切片厚(350～)840～1000 μm。菌丝垫褐色或者白色，高 20～50 μm。菌丝柱褐色或者白色，高 40～130 μm，粗 40～340 μm；菌丝粗 3～4 μm。菌丝柱向上扩散形成菌丝层，菌丝层高 580～780 μm，在菌丝层中有横层或者无。子实层厚 40～90 μm，子实层中菌丝不规则排列。无原担子。担子直接从菌丝上产生，4 个细胞，圆柱形，直或者弯曲，27～36×7～9.5 μm，无色或者浅褐色。吸器为不规则卷曲菌丝。

研究标本：

猕猴桃科 Actinidiaceae：

中华猕猴桃 *Actinidia chinensis* Planch.，四川：泸定，海螺沟，海拔 1600 m，2013. VIII. 13，李伟、黄谷 2310b，HMAS 252999。

大戟科 Euphorbiaceae：

野桐 *Mallotus japonicus* Müll. Arg.，安徽：黄山风景区，海拔 650 m，2012. V. 31，叶要清 2，HMAS 244358；黄山风景区，海拔 650 m，2010. X. 21，何双辉、戴玉成 AH01，HMAS 244425。

胡桃科 Juglandaceae：

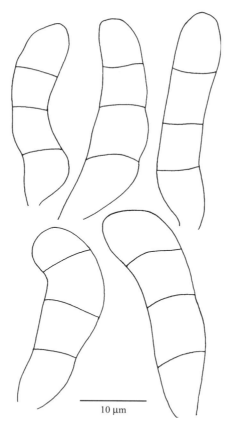

图 南方隔担菌 *Septobasidium meridionale* C.X. Lu & L. Guo 的担子 (HMAS 240076，主模式)

华东野核桃 *Juglans cathayensis* Dode var. *formosana* (Hayata) A.M.Lu et R.H.Chang，安徽：黄山风景区，海拔 610 m，2012. V. 31，叶要清 4，HMAS 244421。

樟科 Lauraceae：

山鸡椒 *Litsea cubeba* Pers.，与盾蚧科 Diaspididae 的白轮盾蚧属一种 *Aulacaspis* sp. 共生，海南：霸王岭，南叉河，海拔 600 m，2009. XII. 11，朱一凡、郭林 128，HMAS 240076 (主模式)。

团香果 *Lindera latifolia* Hook.f.，云南：保山，白花林，海拔 1400 m，2008. IX. 4，何双辉、朱一凡、郭林，2330，HMAS 250693。

豆科 Leguminosae：

喙果崖豆藤 *Millettia tsui* F.P. Metcalf，海南：霸王岭，南叉河，海拔 600 m，2011. IV. 14，郭林 11609，HMAS 263234。

楝科 Meliaceae：

灰毛浆果楝 *Cipadessa cinerascens* (Pellegr.) Hand.-Mazz.，云南：保山，坝湾，海拔 1800 m，2008. IX. 5，何双辉、朱一凡、郭林 2364，HMAS 250689。

苦楝 *Melia azedarach* L.，海南：霸王岭，海拔 630 m，2009. XII. 10，朱一凡、郭林 108，HMAS 240077。

桑科 Moraceae：

小构树 *Broussonetia kazinoki* Siebold，安徽：黄山风景区，温泉，海拔 610 m，2012. V. 31，叶要清 7，HMAS 244422。

华桑 *Morus cathayana* Hemsl.，安徽：黄山风景区，温泉，海拔 620 m，2012. V. 31，叶要清 6，HMAS 244359；黄山风景区，海拔 650 m，2010. X. 21，何双辉、戴玉成 AH02，HMAS 244430。

山龙眼科 Proteaceae：

深绿山龙眼 *Helicia nilagirica* Bedd.，云南：保山，白花林，海拔 1400 m，2008. IX. 4，何双辉、朱一凡、郭林 2333，HMAS 250685。

蔷薇科 Rosaceae：

梅 *Prunus mume* Siebold & Zucc.，安徽：黄山风景区，海拔 620 m，2012. V. 31，叶要清 1，HMAS 244420；黄山风景区，南大门，海拔 480 m，2012. VI. 12，叶要清 13，HMAS 244428。

芸香科 Rutaceae：

臭辣吴茱萸 *Evodia fargesii* Dode，安徽：黄山风景区，百丈泉，海拔 700 m，2012. VI. 12，叶要清 12，HMAS 244440。

山矾科 Symplocaceae：

柔毛山矾 *Symplocos pilosa* Rehder，云南：保山，白花林，海拔 1400 m，2008. IX. 4，何双辉、朱一凡、郭林 2335，HMAS 250686。

省沽油科 Staphyleaceae：

银鹊树 *Tapiscia sinensis* Oliv.，安徽：黄山风景区，海拔 630 m，2012. V. 31，叶要清 3，HMAS 244360。

榆科 Ulmaceae：

糙叶树 *Aphananthe aspera* Planch.，安徽：黄山风景区，2010. X. 21，何双辉、戴玉成 3108，HMAS 251221。

世界分布：中国。

讨论：此种与 *Septobasidium septobasidioides* (Henn.) Höhn. & Litsch. 是近似种，其区别是前者菌丝柱短，40～126 μm，担子小，27～36×7～9.5 μm，有的在菌丝层中形成横层；后者菌丝柱高 350～450 μm，担子大，40～55×8.4～10 μm，在菌丝层中无横层。

76. 浅色隔担菌　图版 LX

Septobasidium pallidum Couch ex. L. D. Gómez & Henk, Lankesteriana 4(1): 88, 2004; Lu & Guo, Mycotaxon 113: 92, 2010.

Septobasidium pallidum Couch, The Genus *Septobasidium* (Chapel Hill) p. 253, 1938 (nom. inval., no Latin description).

担子果生在树干和枝条上，长 0.2～14 cm，宽 0.2～10 cm。平伏状，近圆形，有的病斑汇合，淡绿黄色、黄褐色、褐色或者灰褐色。表面通常光滑，有皱褶或者突起，多数不破裂，后期少数破裂。边缘有界限，白色或者暗色。切片包括菌丝垫、菌丝柱、菌丝层和子实层，厚 220～600(～740) μm。菌丝垫褐色，高 20～60 μm。菌丝柱高 40～150 μm，粗 20～140(～380) μm；菌丝有隔，褐色，分支。菌丝柱向上扩散形成菌丝层，菌丝层高

100~400(~600) μm。子实层厚 50~100 μm。无原担子。担子直接从菌丝上产生，4 个细胞，圆柱形，直或者略弯曲，17~38(~42)×6~12 μm，近无色或者浅褐色；小梗长 12~27 μm，宽 2~3 μm。子实层中的菌丝不规则排列。吸器为不规则卷曲菌丝，浅褐色。

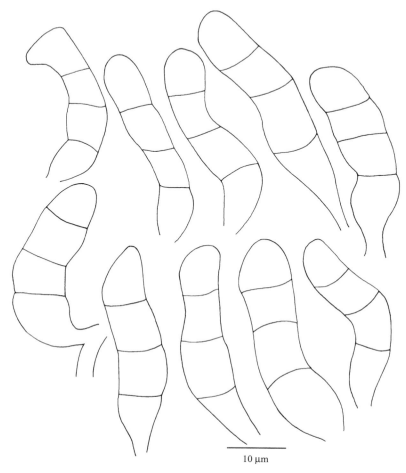

图　浅色隔担菌 Septobasidium pallidum Couch ex. L. D. Gómez & Henk 的担子 (HMAS 199578)

研究标本：

漆树科 Anacardiaceae：

盐肤木 Rhus chinensis Mill.，四川：雷波，黄琅，海拔 1100 m，2009. VIII. 17，何双辉、陆春霞、朱一凡、郭林 2689a，HMAS 240124；越西，白果，漫滩，海拔 1630 m，2009. VIII. 22，何双辉、陆春霞、朱一凡、郭林 2775，HMAS 240125。

桦木科 Betulaceae：

川滇桤木 Alnus ferdinandi-coburgii C.K. Schneid.，四川：冕宁，回坪，海拔 1800 m，2009. VIII. 21，何双辉、陆春霞、朱一凡、郭林 2755，HMAS 250697。

杜鹃花科 Ericaceae：

珍珠花 Lyonia ovalifolia (Wall.) Drude，四川：喜德，冕山，海拔 2160 m，2009. VIII. 22，何双辉、陆春霞、朱一凡、郭林 2767，HMAS 250385。

杜仲科 Eucommiaceae：

杜仲 *Eucommia ulmoides* Oliv.，四川：雷波，马湖，海拔1100 m，2009. VIII. 17，何双辉、陆春霞、朱一凡、郭林2703，HMAS 250664。

大戟科 Euphorbiaceae：

油桐 *Vernicia fordii* (Hemsl.) Airy Shaw，四川：金阳，务科，海拔1100 m，2009. VIII. 15，何双辉、陆春霞、朱一凡、郭林2682，HMAS 250657；昭觉，拉一木，海拔1480 m，2009. VIII. 18，何双辉、陆春霞、朱一凡、郭林2712，HMAS 240132。

壳斗科 Fagaceae：

板栗 *Castanea mollissima* Blume，四川：雅安，碧峰峡风景区，海拔850 m，2012. IX. 22，何双辉 SC05，HMAS 252354；泸定，海螺沟，海拔1600 m，2013.VIII.13，李伟、黄谷2306，HMAS 253002。

白背石栎 *Lithocarpus dealbatus* Rehder，四川：喜德，冕山，海拔2160 m，2009. VIII. 22，何双辉、陆春霞、朱一凡、郭林2766，HMAS 240196。

胡桃科 Juglandaceae：

核桃 *Juglans regia* L.，四川：雷波，马湖，海拔1100 m，2009. VIII. 17，何双辉、陆春霞、朱一凡、郭林2696，HMAS 250006；冕宁，回坪，海拔1800 m，2009. VIII. 21，何双辉、陆春霞、朱一凡、郭林2756，HMAS 240128；越西，漫滩，海拔1630 m，2009. VIII. 22，何双辉、陆春霞、朱一凡、郭林2772，HMAS 250649；冕宁，西河，海拔1600 m，2009. VIII. 25，何双辉、陆春霞、朱一凡、郭林2798，HMAS 240126；木里，海拔2280 m，2010. IX. 12，朱一凡、郭林298，HMAS 263422；盐边，高坪，海拔2300 m，2010. IX. 15，朱一凡、郭林351，HMAS 251212；康定，下索子沟，海拔1600 m，李伟、黄谷2339，HMAS 253004。

桑科 Moraceae：

桑 *Morus alba* L.，四川：雷波，马湖，海拔1100 m，2009. VIII. 17，何双辉、陆春霞、朱一凡、郭林2700，HMAS 250660；冕宁，回坪，海拔1800 m，2009. VIII. 21，何双辉、陆春霞、朱一凡、郭林2758，HMAS 250663。

木犀科 Oleaceae：

女贞属 *Ligustrum* sp.，四川：雷波，马湖，海拔1100 m，2009. VIII. 17，何双辉、陆春霞、朱一凡、郭林2695，HMAS 250653。

桂花 *Osmanthus fragrans* Lour.，四川：冕宁，杠河，海拔1740 m，2009. VIII. 24，何双辉、陆春霞、朱一凡、郭林2791，HMAS 250655；云南：龙陵，海拔1100 m，2008. IX. 6，何双辉、朱一凡、郭林2383，HMAS 250656。

石榴科 Punicaceae：

石榴 *Punica granatum* L.，四川：冕宁，海拔1740 m，2009. VIII. 24，何双辉、陆春霞、朱一凡、郭林2793，HMAS 240123。

鼠李科 Rhamnaceae：

鼠李属几种植物 *Rhamnus* spp.，四川：越西，漫滩，海拔1630 m，2009. VIII. 22，何双辉、陆春霞、朱一凡、郭林2773，HMAS 250670；喜德，登相营，海拔2300 m，2009. VIII. 23，何双辉、陆春霞、朱一凡、郭林2780，HMAS 250669。

蔷薇科 Rosaceae：

苹果 *Malus pumila* Mill.，四川：木里，海拔 2280 m，2010. IX. 12，朱一凡、郭林 307，HMAS 251211；木里，乔瓦镇，海拔 2250 m，2010. IX. 12，朱一凡、郭林 310，HMAS 251218。

紫叶李 *Prunus cerasifera* Ehrhart，四川：会理，2009. IX. 13，郑晓慧 4，HMAS 260751。

梅 *Prunus mume* Siebold et Zucc.，四川：木里，海拔 2280 m，2010. IX. 12，朱一凡、郭林 305，HMAS 251213；云南：大理，2005. IX. 15，李振英、郭林 144，HMAS 240070。

桃 *Prunus persica* (L.) Batsch，四川：冕宁，沙坝，海拔 1600 m，2009. VIII. 25，何双辉、陆春霞、朱一凡、郭林 2797，HMAS 240135；云南：大理，2005. IX. 15，李振英、郭林 143，HMAS 250659。

樱桃 *Prunus pseudocerasus* Lindl.，云南：昆明，海拔 1800 m，2011.VIII.13，何帆 YN54，HMAS 243156。

李 *Prunus salicina* Lindl.，四川：西昌，尔乌，海拔 1650 m，2009. VIII. 14，何双辉、陆春霞、朱一凡、郭林 2673，HMAS 250666；雷波，马湖，海拔 1100 m，2009. VIII. 17，何双辉、陆春霞、朱一凡、郭林 2701，HMAS 250658。

火棘 *Pyracantha fortuneana* (Maxim.) H.L. Li，四川：喜德，碳山，海拔 1860 m，2009. VIII. 23，何双辉、陆春霞、朱一凡、郭林 2783，HMAS 250662。

杜梨 *Pyrus betulaefolia* Bunge，四川：木里，海拔 2280 m，2010. IX. 12，朱一凡、郭林 304，HMAS 251214。

褐梨 *Pyrus phaeocarpa* Rehder，四川：喜德，碳山，海拔 1860 m，2009. VIII. 23，何双辉、陆春霞、朱一凡、郭林 2784，HMAS 199628；碳山，海拔 1860 m，2009. VIII. 23，何双辉、陆春霞、朱一凡、郭林 2786，HMAS 196496。

麻梨 *Pyrus serrulata* Rehder，四川：木里，海拔 2280 m，2010. IX. 12，朱一凡、郭林 301，HMAS 251215。

芸香科 Rutaceae：

花椒 *Zanthoxylum bungeanum* Maxim.，四川：金阳，海拔 1100 m，2009. VIII. 15，何双辉、陆春霞、朱一凡、郭林 2680，HMAS 199578；金阳，海拔 600 m，2009. VIII. 15，何双辉、陆春霞、朱一凡、郭林 2686，HMAS 196491；金阳，务科，海拔 910 m，2009. VIII. 15，何双辉、陆春霞、朱一凡、郭林 2681，HMAS 199582；金阳，幕府，海拔 1600 m，2009. VIII. 15，何双辉、陆春霞、朱一凡、郭林 2685，HMAS 196487；冕宁，漫水湾，杠河，海拔 1740 m，2009. VIII. 24，何双辉、陆春霞、朱一凡、郭林 2789，HMAS 196493；冕宁，回坪，海拔 1800 m，2009. VIII. 26，何双辉、陆春霞、朱一凡、郭林 2754，HMAS-196490；冕宁，回坪，海拔 1800 m，2009. VIII. 21，何双辉、陆春霞、朱一凡、郭林 2753，HMAS 196489；喜德，冕山，登相营，海拔 2300 m，2009. VIII. 23，何双辉、陆春霞、朱一凡、郭林 2781，HMAS 196492；木里，海拔 2280 m，2010. IX. 12，朱一凡、郭林 303，HMAS 263424；宝兴，蜂桶寨，海拔 1500 m，2012. IX. 18，何双辉 SC03，HMAS 251989；茂县，松坪沟，海拔 2200 m，2013. VIII. 6，李伟、黄谷 2167，HMAS 245031；丹巴，八科，海拔 2000 m，2013. VIII. 15，李伟、黄谷 2336，HMAS 245033；康定，威公，海拔 1500 m，2013. VIII. 14，李伟、黄谷 2327，HMAS 245027；康定，下索子沟，

海拔 1600 m，2013. VIII. 14，李伟、黄谷 2322，HMAS 253007。

野花椒 *Zanthoxylum simulans* Hance，四川：汉源，1937. XII. 14，胡虞，HMAS 10165。

世界分布：中国、巴西。

讨论：此种与白隔担菌 *Septobasidium albidum* Pat.是相似种，其区别是前者担子果表面通常不破裂，子实层中的菌丝不规则排列；后者担子果表面通常破裂，子实层中的菌丝平行向上排列。浅色隔担菌 *Septobasidium pallidum* 与李隔担菌 *Septobasidium pruni* C.X. Lu & L. Guo 的主要区别是前者有明显的菌丝柱；后者自菌丝垫有的产生菌丝或者菌丝柱。

作者研究了产自我国四川的标本，基本上符合 Couch(1938)对于此种的描述，但是，有的标本的担子果切片厚，达到 740 μm，可以在子实层上再产生菌丝层和子实层，如在核桃植物上发现的标本（HMAS 251212）。

77. 佩奇隔担菌　图版 LXI

Septobasidium petchii Couch. ex L. D. Gómez & Henk, Lankesteriana 4(1): 89, 2004.

Septobasidium petchii Couch, The Genus *Septobasidium* (Chapel Hill) p. 126, 1938; Kirschner & Chen, Fung. Sci. 22(1,2): 41, 2007 (nom. inval., no Latin description).

担子果生在叶下，圆点状，直径 0.5～1 mm，单个或者少数汇合，平伏，土褐色，密集排列于叶的基部，长达到 16 mm，宽达 12 mm，边缘有界限。切片高 270～310 μm，菌丝垫与子实层之间没有菌丝柱，有网状的浅褐色菌丝连接菌丝垫和子实层。单个菌丝粗 2～4 μm，菌丝光滑，有隔，分支，会出现 T 型或者 L 型菌丝分支。子实层高 45～73 μm，无色。担子 4 个细胞，圆柱形，强烈弯曲，14.5～22×3.5～4.5 μm，无色，无原担子。吸器为纺锤形细胞，由细丝连接。

研究标本：

樟科 Lauraceae：

红楠 *Machilus thunbergii* Siebold & Zucc.，与盾蚧科 Diaspididae 的糠蚧属一种 *Palatoria* sp.共生，台湾：台北，福山植物园，海拔 600 m，2006. III. 17，R. Kirschner T2677，F21296 (TNM)。

世界分布：中国、斯里兰卡。

讨论：此种是 Kirschner 和 Chen (2007) 在中国台湾发现的。他们还描述了担子具有小梗，长达 18 μm，薄壁的担孢子，8～12(～15)×2～3.5 μm，担孢子萌发时具 1 个横隔，在小梗上产生次生小孢子。

78. 海桐花隔担菌　图版 LXII

Septobasidium pittospori C.X. Lu & L. Guo, Mycotaxon 116: 398, 2011.

担子果生在枝条上，平伏状，长 13～20 cm，宽 2～5 cm，肉桂褐色。边缘有界限。表面光滑，后期部分脱落。切片厚 490～920 μm。菌丝垫褐色，30～55 μm。菌丝柱高 190～290 μm，粗 25～190 μm。菌丝层厚 340～580 μm。子实层厚 50～90 μm，具有稀疏不规则向上菌丝。担子圆柱形，4 个细胞，直或者稍弯曲，35～50×7～11 μm，无色或者浅黄褐色，无原担子。吸器由无色菌丝和球形细胞组成。

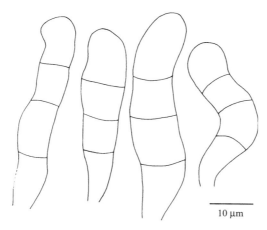

图 海桐花隔担菌 *Septobasidium pittospori* C.X. Lu & L. Guo 的担子 (HMAS 240137，主模式)

研究标本：

海桐花科 Pittosporaceae：

羊脆木海桐 *Pittosporum kerrii* Craib，与盾蚧科 Diaspididae 的雪盾蚧属一种 *Chionaspis* sp.共生，云南：高黎贡山，保山，白花林，海拔 1400 m，2008. IX. 3，何双辉、朱一凡、郭林 2305，HMAS 240137 (主模式)。

芸香科 Rutaceae：

山橘树 *Glycosmis cochinchinensis* Pierre ex Engl.，云南：高黎贡山，保山，白花林，海拔 1400 m，2012. X. 28，何双辉 YN06，HMAS 244417。

世界分布：中国。

讨论：此种与 *Septobasidium lichenicola* (Berk. & Broome) Petch 是近似种，其主要区别是前者具有明显的菌丝柱，后者菌丝柱不显著。

79. 蓼隔担菌　图版 LXIII

Septobasidium polygoni C.X. Lu & L. Guo, Mycotaxon 112: 146, 2010.

担子果生在茎和枝条上，平伏状，长 2～15.5 cm，宽 1～3 cm。白色、肉桂褐色或者褐色。边缘有界限，后期翘起，呈翅状或者帽边状。表面光滑，后期子实层容易脱落，露出绒毛状的褐色菌丝层。切片厚 390～1550 μm。菌丝垫无色或者褐色，30～100 μm。自菌丝垫形成菌丝柱或者稀疏菌丝层。菌丝柱初期高 50～80 μm，后期高达 440 μm，粗 40～70 μm。菌丝柱顶端分支形成厚的菌丝层，菌丝层厚 220～400 μm。在子实层上面可以再形成菌丝层，在菌丝层上再形成子实层。子实层厚 50～100 μm。原担子近球形或者梨形，近无色或者浅黄褐色，10～15×8～13 μm。担子 4 个细胞，圆柱形，弯曲，24.5～34×7.5～10 μm，无色或者浅黄褐色，具有存留的原担子。有褐色的无性型菌丝。吸器为不规则卷曲菌丝。

研究标本：

蓼科 Polygonaceae：

钟花蓼 *Polygonum campanulatum* Hook. f.，与柞白盾蚧 *Pseudaulacaspis kuisiuensis*

(Kuwana)共生，云南：高黎贡山，腾冲，海拔 2050 m，2008. IX. 5，何双辉、朱一凡、郭林 2371，HMAS 196488 (主模式)。

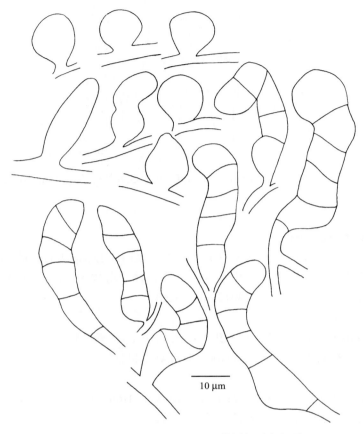

图　蓼隔担菌 Septobasidium polygoni C.X. Lu & L. Guo 的原担子和担子 (HMAS 196488，主模式)

世界分布：中国。

讨论：*Septobasidium polygoni* 与柑橘隔担菌 *Septobasidium citricola* Sawada (1933) 近似，其主要区别是前者菌丝柱高 (高达 440 μm)，子实层薄 (50～100 μm) 和担子小 (24.5～34×7.5～10 μm)；后者菌丝柱矮 (84～126 μm)，子实层厚 (100～390 μm) 和担子大 (50～65×8.2～9.7 μm)。

80. 李隔担菌　图版 LXIV

Septobasidium pruni C.X. Lu & L. Guo, Mycotaxon 109: 479, 2009.

担子果生在树枝上，平伏状，长 2～10 cm，宽 1～2 cm，烟褐色或者浅肉桂褐色。表面光滑，不破裂。边缘有界限。切片厚 170～330(～480) μm，菌丝垫高 12～25 μm。自菌丝垫产生菌丝柱或者菌丝，菌丝柱高 50～110 μm，粗 40～140 μm，菌丝有隔，粗 3～5 μm，褐色。不典型的子实层高 170～200 μm。担子直接从菌丝产生，4 胞，圆柱形，直或者稍弯曲，17～32×5～7.5 μm，无色或者褐色。无原担子。吸器为不规则卷曲菌丝。

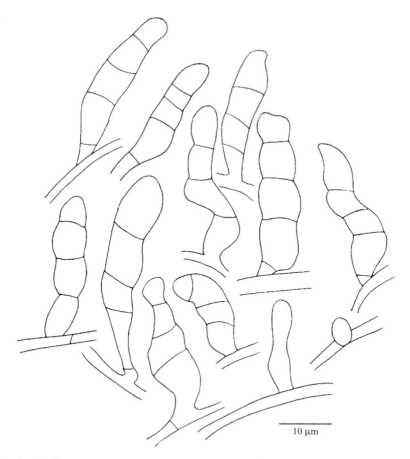

图 李隔担菌 Septobasidium pruni C.X. Lu & L. Guo 的担子 (HMAS 91283，主模式)

研究标本：

蔷薇科 Rosaceae：

桃 Prunus persica (L.) Batsch，四川：冕宁，杠河，海拔 1740 m，2009. VIII. 24，何双辉、陆春霞、朱一凡、郭林 2788，HMAS 240134。

樱桃 Prunus pseudocerasus Lindl.，四川：冕宁，孙水，海拔 1740 m，2009. VIII. 24，何双辉、朱一凡、郭林 2787，HMAS 250665；冕宁，杠河，海拔 1740 m，2009. VIII. 24，何双辉、朱一凡、郭林 2792，HMAS 250671。

李 Prunus salicina Lindl.，与盾蚧科 Diaspididae 的白盾蚧属一种 Pseudaulacaspis sp. 共生，云南：昆明，中国科学院植物所，海拔 1900 m，1982. IX，张中义、王英祥，HMAS 91283，(主模式)，四川：雷波，2009. XI. 9，郑晓慧 1，HMAS 250005；冕宁，杠河，海拔 1740 m，2009. VIII. 24，何双辉、陆春霞、朱一凡、郭林 2790，HMAS 240133；西昌，尔乌，海拔 1500 m，2010. IX. 19，朱一凡、郭林 371，HMAS 242887。

月季 Rosa chinensis Jacq.，四川：木里，乔瓦镇，海拔 2250 m，2010. IX. 12，朱一凡、郭林 308，HMAS 251220。

世界分布：中国。

讨论：此种与 *Septobasidium cirratum* Burt. 接近。主要区别是前者担子果切片薄，170～330 μm，担子小，17～32×5～7.5 μm；后者切片厚，1～1.5 mm，担子大，40～45×8～8.6 μm。

81. 假柄隔担菌　图版 LXV

Septobasidium pseudopedicellatum Burt, Ann. Mo. bot. Gdn 3: 327, 1916; Couch, The Genus *Septobasidium* (Chapel Hill) p. 132, 1938; Chen & Guo, Mycotaxon 118: 286, 2011.

担子果生在树干、枝条和叶上，平伏状，长 0.3～19 cm，宽 0.2～9 cm，栗褐色、烟灰色或者褐色。表面光滑。边缘白色，有界限，在边缘肉眼可见菌丝柱。切片厚 850～1700 μm。菌丝垫高 30～50 μm，白色或者褐色。菌丝柱高 500～700 μm，粗 50～170 μm，褐色。菌丝柱向上分支形成菌丝层。菌丝层高 400～650 μm。从子实层可以再形成菌丝层和子实层，达到 3 层。子实层高 40～60 μm，褐色，具有紧密排列向上、顶端弯曲的侧丝。原担子倒卵形或者椭圆形，16～20×10～16 μm，无色或者浅褐色，存留。担子圆柱形，4 胞，直或者稍弯曲，52～62×5～7.5 μm，无色。小梗圆锥形，2.5～8×2.5～3.5 μm，吸器为不规则卷曲菌丝，无色。

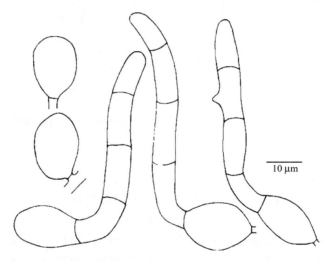

图　假柄隔担菌 *Septobasidium pseudopedicellatum* Burt 的原担子和担子 (HMAS 242745)

研究标本：

五加科 Araliaceae：

鹅掌柴 *Schefflera octophylla* (Lour.) Harms，海南：霸王岭，南叉河，海拔 600 m，2011. IV. 14，郭林 11611，HMAS 242745。

茜草科 Rubiaceae：

蔓九节 *Psychotria serpens* L.，海南：霸王岭，南叉河，海拔 600 m，2011. IV. 14，郭林 11612，HMAS 251216。

世界分布：中国、美国、巴西。

82. 梭罗树隔担菌　　图版 LXVI

Septobasidium reevesiae S.Z. Chen & L. Guo, Mycotaxon 120: 272, 2012.

担子果生在树枝上，通常全部缠绕枝条，长 7.5～8.5 cm，宽 3～6 cm，平伏状，肉桂褐色。表面光滑，初期形成球形或者盘状病斑，后期汇合，在靠近边缘处可见褐色菌丝柱，边缘白色，有界限。切片厚 1650～2200 μm。菌丝垫褐色，厚 30～50 μm。菌丝柱成束，褐色，高 700～1170 μm，粗 40～100 μm。子实层高 730～1000 μm，无色或者褐色，通常形成 2～4 层，在子实层之间具有一个褐色、2～7 μm 厚的横层，在子实层中具有紧密排列向上的菌丝。担子直接由菌丝产生，圆柱形，4 胞，直或者略弯曲，无色或者褐色，37～55×8～13(～18) μm，壁厚 1～2(～3) μm。无原担子。小梗圆锥形，9～11(～23)×3～4.5 μm。担孢子肾形，15～16×5～6 μm。吸器由不规则卷曲菌丝组成。

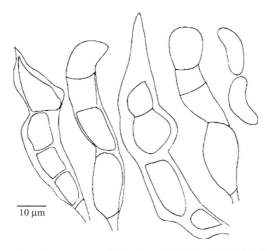

图　梭罗树隔担菌 *Septobasidium reevesiae* S.Z. Chen & L. Guo 的担子和担孢子 (HMAS 263427)

研究标本：

梧桐科 Sterculiaceae：

长柄梭罗 *Reevesia longipetiolata* Merr. & Chun，与牡蛎蚧属一种 *Lepidosaphes* sp. (Diaspididae) 共生，海南：霸王岭，海拔 1031 m，2010. XI. 25，朱一凡、何帆 518，HMAS 263427 (主模式)。

世界分布：中国。

讨论：此种与亨宁斯隔担菌 *Septobasidium henningsii* Pat. 近似，其区别是后者菌丝柱斜生且纠缠，子实层中缺乏横层。

83. 赖因金隔担菌　　图版 LXVII

Septobasidium reinkingii Couch ex L.D. Gómez & Henk, Lankesteriana 4(1): 90, 2004 [as '*reikingii*'].

Septobasidium reinkingii Pat. ex Couch, The Genus *Septobasidium* (Chapel Hill) p. 119, 1938; Teng, Fungi of China. p. 368, 1963; Tai, Sylloge Fungorum Sinicorum. p. 717, 1979; Xu & He, Sylloge of Phytopathogens on Woody Plants in China. p. 439, 2008 (nom. inval., no Latin description).

担子果生在树干、枝条和叶上，通常全部缠绕枝条，长 4.5～9.2 cm，宽 2～4.5 cm，平伏状，白色、浅肉桂褐色或者暗褐色。新鲜时表面光滑，纸质，后期发亮，有的表面破裂呈海绵状，边缘有界限。切片厚 600～1150 μm。菌丝垫高 10～40 μm。菌丝垫与子实层之间有 3～5 层菌丝柱或者菌丝层。菌丝柱高 70～200 μm，粗 40～160 μm，在其上形成菌丝层，可连续形成菌丝柱或者菌丝层；菌丝有隔，分支，粗 3～4.5 μm，褐色。子实层高 50～80 μm，近无色或者浅褐色。担子直接从菌丝产生，通常在子实层表面形成，圆柱形，4 胞，弯曲，近无色，30～40×5.5～6.5 μm。无原担子。

研究标本：

杜仲科 Eucommiaceae：

杜仲 *Eucommia ulmoides* Oliv.，四川：雷波，马湖，海拔 1100 m，2009. VIII. 17，何双辉、陆春霞、朱一凡、郭林 2704，HMAS 250651。

金缕梅科 Hamamelidaceae：

阔蜡瓣花 *Corylopsis platypetala* Rehder & E.H.Wilson，安徽：黄山风景区，云谷寺，海拔 900 m，2012.VI. 11，叶要清 8，HMAS 244426。

桑科 Moraceae：

大果榕 *Ficus auriculata* Lour.，与榕安盾蚧 *Andaspis ficicola* Young et Hu (Diaspididae) 共生。海南：黎母山，海拔 250 m，2008. XI. 18，何双辉、朱一凡、郭林 2491，HMAS 184987，对叶榕 *Ficus hispida* L. f.，海南：吊罗山，2008. XI. 21，何双辉、朱一凡、郭林 2551，HMAS 185771；云南：景洪，海拔 550m，2013.X.21，李伟 3108，HMAS 245063。

蒙桑 *Morus mongolica* C.K. Schneid.，安徽：舒城，万佛山，2008. X. 14，何双辉、朱一凡、郭林 2466，HMAS 240195。

木犀科 Oleaceae：

白蜡树属一种植物 *Fraxinus* sp.，安徽：舒城，万佛山，海拔 660 m，2008. X. 14，何双辉、朱一凡、郭林 2460，HMAS 250646。

桂花 *Osmanthus fragrans* Lour.，四川：雅安，碧峰峡风景区，海拔 850 m，2012. IX. 22，何双辉 SC04，HMAS 251988。

芸香科 Rutaceae：

橙 *Citrus sinensis* Osbeck，云南：曲靖，1978. II，陈云铎，HMAS 91282。

柑橘属一种植物 *Citrus* sp.，广西：凤山，上林，1958. I. 6，徐连旺 618，HMAS 24225。

世界分布：中国、菲律宾。

讨论：此种与茂物隔担菌 *Septobasidium bogoriense* Pat.是近似种。其区别是前者缺乏原担子，形成 3～5 层菌丝柱或者菌丝层；后者有原担子，形成一层菌丝柱。

84. 黄色隔担菌　　图版 LXVIII

Septobasidium rhabarbarinum (Mont.) Bres., Annls Mycol. 14(3/4): 240, 1916.

Daedalea rhabarbarina Mont., Annls Sci. Nat., Bot., Sér. 2, 13: 205, 1840.

Striglia rhabarbarina (Mont.) Kuntze, Revis. Gen. Pl. (Leipzig) 2: 871, 1891.

Anthoseptobasidium rhabarbarinum (Mont.) Rick, in Rambo (Ed.), Iheringia, Sér. Bot. 2: 21,

1958.

Corticium rhabarbarinum Berk. & Broome, J. Linn. Soc., Bot. 14(no. 74): 69, 1873 [1875].
Terana rhabarbarina (Berk. & Broome) Kuntze, Revis. Gen. Pl. (Leipzig) 2: 872, 1891.
Hymenochaete frustulosa Berk. & M.A. Curtis, J. Linn. Soc., Bot. 10(no. 46): 334, 1868 [1869].
Septobasidium frustulosum (Berk. & M.A. Curtis) Pat., Bull. Soc. Mycol. Fr. 10(2): 79, 1894.
Peniophora citrina Henn., Hedwigia 36(3): 192, 1897.
Septobasidium radiosum Henn. ex Lloyd, Mycol. Writ. 5: 722, 1917.

担子果生在枝条上，长 2～8 cm，宽 1～3 cm，平伏状，肉桂褐色或者土黄色。表面光滑，具有许多裂缝，边缘有界限。切片厚 320～700 μm。菌丝垫褐色，高 20～30 μm。自菌丝垫形成菌丝层，在菌丝层的基部为不连续生长，形成许多空洞，菌丝层高 300～370 μm，褐色。子实层分层，高 140～150 μm。担子直接从菌丝产生，初期倒卵形，后期圆柱形，弯曲，4 胞，褐色或者浅褐色，33～38×6～7 μm。无原担子。吸器由不规则卷曲菌丝组成。

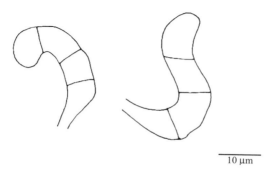

图　黄色隔担菌 *Septobasidium rhabarbarinum* (Mont.) Bres.的担子　(HMAS 251990)

研究标本：

壳斗科 Fagaceae：

黄背栎 *Quercus pannosa* Hand.-Mazz.，四川：盐源，泸沽湖，海拔 2700 m，2010. IX. 14，朱一凡、郭林 342，HMAS 251990，盐源，泸沽湖，海拔 2700 m，2010. IX. 14，朱一凡、郭林 340，HMAS 263425。

世界分布：中国、菲律宾、印度尼西亚、斯里兰卡、利比里亚、巴布亚新几内亚、斐济、墨西哥、危地马拉、尼加拉瓜、巴拿马、古巴、牙买加、瓜德罗普岛（法）、格林纳达、委内瑞拉、厄瓜多尔、巴西。

讨论：Couch(1938)描述此菌的担子大，50～68×6.3～7.1 μm。在我国采集的标本的担子稍小，其他特征基本与 Couch(1938)的描述相同。

85. 水东哥隔担菌　图版 LXIX

Septobasidium saurauiae S.Z. Chen & L. Guo, Mycotaxon 118:283, 2011.

担子果生在枝条上，长 6~7 cm，宽 3~4 cm，平伏状，生长不连续，肉桂褐色或者灰褐色。表面光滑，通常具有圆形突起，无裂缝，边缘有界限。切片厚 900~1330 μm。菌丝垫褐色，高 30~50 μm。自菌丝垫形成菌丝层或者短的菌丝柱，菌丝层高 780~970 μm，菌丝柱高 40~90 μm，粗 50~110 μm，褐色。在子实层上能再形成菌丝层和子实层，第二层菌丝层高 200~240 μm。子实层高 40~50 μm。担子直接从菌丝产生，初期倒卵形，后期圆柱形，直或者略弯曲，4 胞，无色，42~50×6~8 μm。无原担子。担孢子无色，10~25×4~6 μm。吸器无色，由不规则卷曲菌丝组成。

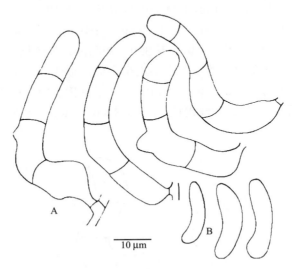

图　水东哥隔担菌 Septobasidium saurauiae S.Z. Chen & L. Guo 的担子 (A) 和担孢子 (B) (HMAS 263145，主模式)

研究标本：

猕猴桃科 Actinidiaceae：

水东哥 Saurauia tristyla DC.，与盾蚧科 Diaspididae 的雪盾蚧属一种 Chionaspis sp. 共生，海南：黎母山，海拔 529 m，2010. XI. 23，朱一凡、何帆 520，HMAS 263145 (主模式)。

蔷薇科 Rosaceae：

李 Prunus salicina Lindl.，广西：兴安，猫儿山，海拔 700m，2011. VIII. 20，李伟 1567，HMAS 251237。

世界分布：中国。

讨论：此种与梅州隔担菌 Septobasidium meizhouense C.X. Lu, L. Guo & J.B. Li 接近，都具有不明显菌丝柱，其区别为前者切片厚 900~1330 μm，菌丝层厚，高 780~970 μm，子实层分层；后者切片薄，400~650 μm，菌丝层薄，高 220~440 μm，子实层不分层。

在广西猫儿山采集的标本 (HMAS 251237) 与主模式略有差异，前者担子果连续生长，后期有裂缝，其内部结构与主模式相同。

86. 拟隔担菌　图版 LXX

Septobasidium septobasidioides (Henn.) Höhn. & Litsch., Sber. Akad. Wiss. Wien, Math.-Naturw. Kl., Abt. I, 116: 757, 1907; Couch, The Genus *Septobasidium* (Chapel Hill) p. 254, 1938; Chen & Guo, Mycosystema 31: 654, 2012.

Hymenochaete septobasidioides Henn., Hedwigia 43(3): 172, 1904.

Septobasidium papyraceum Couch, J. Elisha Mitchell Sci. Soc. 44: 249, 1929.

担子果生在树干和枝条上，平伏，长圆形，长 3.2～15 cm，宽 1.5～4 cm，白色或者褐色。表面光滑，纸状，后期破裂。边缘有的界限不明显。切片厚 580～740 μm。菌丝垫薄，20～30 μm。菌丝柱明显，上部扩散，高 190～290 μm，粗 110～150 μm，浅黄色。子实层高 65～100 μm，具有不规则向上、顶端弯曲的菌丝。担子直接由菌丝产生，圆柱形，直或者稍弯曲，4 个细胞，近无色或者浅褐色，37～49×7.5～10 μm。无原担子。吸器无色，由规则卷曲菌丝组成。

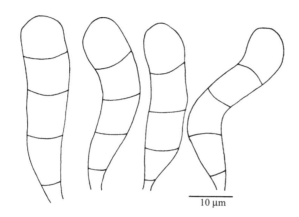

图　拟隔担菌 *Septobasidium septobasidioides* (Henn.) Höhn. & Litsch.的担子　(HMAS 250912)

研究标本：

壳斗科 Fagaceae:

高山栲 *Castanopsis delavayi* Franch.，云南：保山，白花林，海拔 1400 m，2008. IX. 4，何双辉、朱一凡、郭林 2354，HMAS 196879。

樟科 Lauraceae:

香叶树 *Lindera communis* Hemsl.，云南：云县，羊头岩，海拔 1600 m，2008. IX. 9，何双辉、朱一凡、郭林 2419，HMAS 196461。

豆科 Leguminosae:

崖豆藤属一种植物 *Millettia* sp. 云南：保山，白花林，海拔 1400 m，2008. IX. 3，何双辉、朱一凡、郭林 2300，HMAS 250904。

山茶科 Theaceae:

茶梨 *Anneslea fragrans* Wall.，云南：龙陵，海拔 1100 m，2008. IX. 6，何双辉、朱一凡、郭林 2380，HMAS 250912。

世界分布：中国、伯利兹、牙买加、巴西。

讨论：中国的标本基本上符合 Couch(1938)对于此种的描述，但是，有的标本担子稍小，有的标本在子实层上还可以形成菌丝层。Roberts (2008)在伯利兹发现了此种。

87. 四川隔担菌　图版 LXXI

Septobasidium sichuanense S.Z. Chen & L. Guo, Mycotaxon 115: 481, 2011.

担子果生在树干和枝条上，长 0.4～6.5 cm，宽 0.3～4 cm，平伏状，常汇合，白色或者肉桂褐色。表面光滑，边缘有界限。切片厚 240～1300 μm。菌丝垫褐色，高 15～40 μm。菌丝柱初期高 30～60 μm，后期高 120～290 μm，粗 15～250 μm，褐色。菌丝层高 40～620 μm。子实层高 45～90 μm。有的在子实层上形成第二层，高 410～650 μm。担子直接由菌丝产生，圆柱形或者棒状，通常在隔膜处收缩，2 胞，直或者弯曲，无色或者浅褐色，17～27×6～7.5 μm。无原担子。吸器无色，由球形细胞和不规则卷曲菌丝组成。

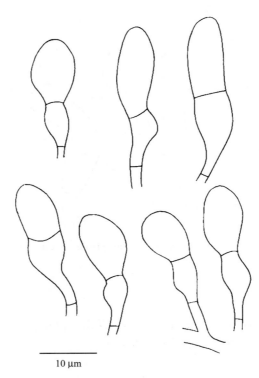

图　四川隔担菌 *Septobasidium sichuanense* S.Z. Chen & L. Guo 的担子 (HMAS 242046，主模式)

研究标本：

石榴科 Punicaceae：

石榴 *Punica granatum* L.，与盾蚧科 Diaspididae 的牡蛎蚧属一种 *Lepidosaphes* sp.共生，四川：冕宁，海拔 1873 m, 2010. IX. 17，朱一凡、郭林 368, HMAS 242046 (主模式)。

蔷薇科 Rosaceae：

西南栒子 *Cotoneaster franchetii* Bois，四川：盐源，棉垭，海拔 3164 m, 2010. IX. 13，朱一凡、郭林 322，HMAS 250986 (副模式)。

未知植物，四川：九寨沟，海拔 2500 m, 2012. IX. 12，何双辉 SC02, HMAS 251987。

世界分布：中国。

讨论：此种与 *Septobasidium patouillardii* Burt 是近似种，都具有 2 胞担子。其主要区别是前者担子果形成规则的病斑，表面光滑，后期不破裂，不带紫色，具有粗的菌丝柱（宽 15～250 μm），切片厚（高 240～1300 μm）。而 *Septobasidium patouillardii* 担子果形成不规则病斑，表面绒状，带紫色，后期破裂，具有细的菌丝柱（宽 20～54 μm），切片薄（高 300～460 μm）。

88. 中国隔担菌　图版 LXXII

Septobasidium sinense Couch ex L.D. Gómez & Henk, Lankesteriana 4(1): 92, 2004.

Septobasidium sinense Couch, The Genus *Septobasidium* (Chapel Hill) p. 221, 1938; Tai, Sylloge Fungorum Sinicorum. p. 717, 1979; Xu & He, Sylloge of Phytopathogens on Woody Plants in China. p. 439, 2008 (nom. inval., no Latin description).

担子果生在枝条上，长 1.5～13 cm，宽 0.5～4.5 cm，平伏，肉桂褐色或者暗褐色。表面光滑，有结节。边缘有界限。切片厚 350～950 μm。菌丝垫高 30～70 μm，由致密排列的菌丝组成；菌丝粗 3～4 μm，褐色。菌丝柱高 80～95 μm，粗 40～160 μm，由浅褐色或者黄褐色的菌丝组成；菌丝粗 3～5 μm。菌丝束向上扩展，形成一个致密的横层，厚 20～32 μm，红褐色。菌丝层厚 580～640 μm。子实层单层或者双层，高 60～170 μm。原担子从侧面产生，最初无色，后期褐色，近球形或者梨形，10～18×6.5～12 μm。在担子形成后，原担子存留，部分凹陷、一边增厚。担子稍微弯曲或者弯曲，4 个细胞，无色或者褐色，32～48×7～13 μm，小梗长。担孢子椭圆形或者圆柱形，14～20×5～7.5 μm。分生孢子在菌丝垫或者子实层表面上形成，褐色，微糙，成串。吸器由卷曲的菌丝组成。

研究标本：

大戟科 Euphorbiaceae：

毛桐 *Mallotus barbatus* Müll. Arg.，贵州：江口，梵净山，海拔 1000 m，2010.VIII. 20，何双辉 GZ02，HMAS 263449。

防己科 Menispermaceae：

夜花藤 *Hypserpa nitida* Miers ex Benth.，海南：霸王岭，海拔 950 m，2011. IV. 13，郭林 11607，HMAS 243159。

桑科 Moraceae：

葡蟠 *Broussonetia kaempferi* Siebold，湖南：张家界，海拔 420 m，2010.VIII. 18，何双辉 HN02，HMAS 251259；贵州：江口，梵净山，海拔 1000 m，2010.VIII. 20，何双辉 GZ01，HMAS 251150。

茜草科 Rubiaceae：

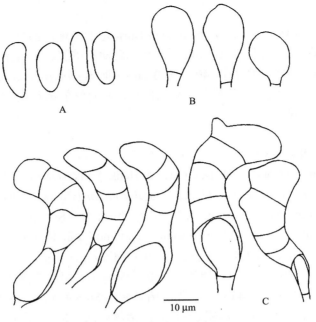

图 中国隔担菌 *Septobasidium sinense* Couch ex L.D. Gómez & Henk 的原担子 (B)、担子 (C) 和担孢子 (A) (HMAS 251150)

楠藤 *Mussaenda erosa* Champ. ex Benth.，海南：霸王岭，南叉河，海拔 600 m，2009. XII. 11，朱一凡、郭林 127a，HMAS 240075。

九节 *Psychotria rubra* Poir.，海南：霸王岭，南叉河，海拔 600 m，2009. XII. 11，朱一凡、郭林 124，HMAS 250013。

芸香科 Rutaceae：

黎檬 *Citrus limonia* Osbeck，广西：Tang Nen，1919. V. 17，O.A. Reinking 4986，BPI 268361 (等模式)。

无患子科 Sapindaceae：

假山萝 *Harpullia cupanioides* Roxb.，海南：霸王岭，海拔 950 m，2011. IV. 13，郭林 11602，HMAS 243160。

未鉴定植物，湖南：张家界，海拔 420 m，2010.VIII. 18，何双辉 HN01，HMAS 251260。

世界分布：中国。

讨论：Couch (1938) 认为，此种的重要特征是担子果具有结节状表面，在菌丝柱之上形成非常薄、致密的红褐色横层。它与 *Septobasidium cinchonae* Racib.的区别是前者菌丝柱矮，颜色深；而后者菌丝柱高，颜色浅，为无色至浅黄色。

作者研究了许多采自海南和湖南等地的标本，发现这些标本的切片除了在菌丝柱之上有横层，还有可能在子实层之下有横层或者是部分有横层，其他特征与中国隔担菌 *Septobasidium sinense* 相同，作者将这些标本都鉴定为中国隔担菌。

中国隔担菌 *Septobasidium sinense* 与海南隔担菌 *Septobasidium hainanense* 的区别是后者缺乏原担子，菌丝柱之上无横层，子实层之下有横层。

89. 山矾隔担菌　图版 LXXIII

Septobasidium symploci S.Z. Chen & L. Guo, Mycotaxon 121: 375, 2012.

担子果生在树干和枝条上，小点状或者伸长形，长 0.1～2 cm，宽 0.1～0.3 cm，生长不规则，灰褐色或者肉桂褐色。表面光滑，无裂缝，边缘无界限。切片厚 500～1050 μm。菌丝垫高 30～50 μm，浅褐色。菌丝柱短，高 50～80 μm，粗 40～50 μm，褐色。自菌丝柱形成菌丝层，厚 400～900 μm，褐色，初期分层不明显，后期可见 3～4 层，无明显横层。子实层高 110～135 μm，无色或者褐色。原担子卵圆形、椭圆形或者近球形，12～18×7～14 μm，无色或者褐色，存留。担子圆柱形、弯曲，4 胞，无色或者褐色，32～42×8～9 μm。小梗圆锥形，5～8×2～3 μm，无色。担孢子卵圆形，10～20×5～6 μm。吸器由菌丝组成。

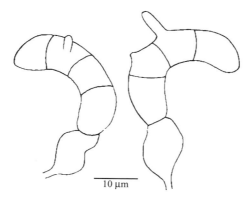

图　山矾隔担菌 *Septobasidium symploci* S.Z. Chen & L. Guo 的原担子和担子（HMAS 242888，主模式）

研究标本：

山矾科 Symplocaceae：

山矾属一种植物 *Symplocos* sp.，与白轮盾蚧属一种 *Aulacaspis* sp. (Diaspididae) 共生，海南：霸王岭，海拔 950 m，2011. IV. 13，郭林 11603，HMAS 242888（主模式）。

世界分布：中国。

讨论：此种与 *Septobasidium thwaitesii* (Berk. & Broome) Pat. 接近，其区别是后者担子果大，长 15～20 cm，后期表面弯曲地裂开，裂缝宽 1～3 mm；切片中可见 2 个明显的横层；担子稍大稍宽，37～46×12～13.5 μm (Couch, 1938)。山矾隔担菌 *Septobasidium symploci* 与中国隔担菌 *Septobasidium sinense* 的区别是前者菌丝柱之上无横层。

90. 田中隔担菌

Septobasidium tanakae (Miyabe) Boedijn & B.A. Steinm., Bull. Jard. Bot. Buitenz Sér III, 11(2): 169, 1931; Tai, Sylloge Fungorum Sinicorum. p. 718, 1979; Xu & He, Sylloge of Phytopathogens on Woody Plants in China. p. 439, 2008.

Helicobasidium tanakae Miyabe, Bot. Mag. Tokyo p. 102, 1912.

Septobasidium prunophilum Couch, The Genus *Septobasidium* (Chapel Hill) p. 280, 1938; Yamamoto, Ann. Phytopath. Soc. Japan 21: 12, 1956 (nom. inval., no Latin description).

担子果平伏状，长 1～9 cm，宽 0.8～8 cm，暗褐色。表面被茸毛，边缘有界限，灰白色或者白色。切片厚 300～520 μm。菌丝垫高 15～30 μm。菌丝柱高 40～138 μm，粗 40～170 μm；菌丝粗 3.5～5 μm，暗褐色。子实层高 53～96 μm，菌丝粗 3～4 μm，近无色或者浅褐色。担子直接由菌丝产生，圆柱形，4 胞，多少弯曲，近无色，27～53×8～11 μm。小梗长 20～45 μm。担孢子椭圆形，稍弯曲，16～29×4～6.5 μm。无原担子。

桑科 Moraceae：

桑 *Morus alba* L.，浙江 (戴芳澜，1936～1937)，未见标本。

世界分布：中国、日本。

讨论：此种根据戴芳澜 (1936～1937) 的研究记载。

91. 横层隔担菌　图版 LXXIV

Septobasidium transversum Wei Li bis & L. Guo, Mycotaxon 127: 28, 2014.

担子果生在枝条上，平伏状，长 14～28 cm，宽 4～6 cm，浅肉桂褐色、肉桂褐色或者褐色，纸质，连续或者不连续生长。表面光滑，无裂缝，后期大部分脱落，露出暗褐色菌丝柱。边缘有界限或者无界限。切片厚 800～1200 μm。菌丝垫褐色，高 30～100 μm。自菌丝垫产生菌丝柱，菌丝柱高 300～730 μm，粗 50～190 μm，褐色。在菌丝柱的基部形成 20～60 μm 厚的横层。菌丝层厚 150～250 μm，褐色。子实层高 70～120 μm，近无色或者褐色。担子直接由菌丝产生，圆柱形，4 胞，直或者弯曲，无色或者褐色，42～60×9～12 μm。无原担子。吸器由卷曲菌丝组成。

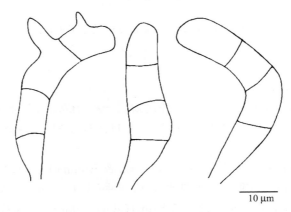

图　横层隔担菌 *Septobasidium transversum* Wei Li bis & L. Guo 的担子 (HMAS 244429，主模式)

研究标本：

桑科 Moraceae：

全缘琴叶榕 *Ficus pandurata* var. *holophylla* Migo，与盾蚧科 Diaspididae 的牡蛎蚧属一种 *Lepidosaphes* sp. 共生，贵州：荔波，茂兰自然保护区，2013. IX. 12，李伟、郭林 2434，HMAS 245068。

未知植物，与牡蛎蚧族 Lepidosaphedini 的若虫共生，广西：龙州，弄岗自然保护区，2012. VII. 21，何双辉 GX02，HMAS 244429 (主模式)。

世界分布：中国。

讨论：此种与海桐花隔担菌 *Septobasidium pittospori* C.X. Lu & L. Guo 稍微接近，其区别是后者菌丝柱基部无横层，菌丝柱矮 (高 190～290 μm)，菌丝层厚 (340～580 μm)。

92. 云南隔担菌　图版 LXXV

Septobasidium yunnanense S.Z. Chen & L. Guo, Mycosystema 31: 653, 2012.

担子果生在树干和枝条上，平伏状，长 2～8 cm，宽 1～4 cm，肉桂褐色或者褐色，纸质。表面光滑，无裂缝，边缘有界限。切片厚 200～1000 μm。菌丝垫褐色，高 50～60 μm。自菌丝垫产生矮的菌丝柱或者菌丝，菌丝柱高 80～150 μm，粗 60～120 μm，褐色。在菌丝层中，后期产生 1～2 层 25～35 μm 厚的横层，菌丝层厚 350～700 μm，褐色。子实层高 70～100 μm，近无色或者褐色。担子直接由菌丝产生，圆柱形，4 胞，弯曲，无色，26～38×8～10 μm。无原担子。吸器由不规则卷曲菌丝少数球形细胞组成。

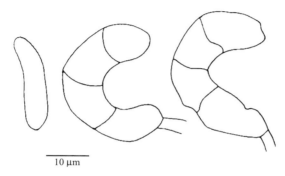

图　云南隔担菌 *Septobasidium yunnanense* S.Z. Chen & L. Guo 的担子和担孢子 (HMAS 243166，主模式)

研究标本：

杜鹃花科 Ericaceae：

大萼珍珠花 *Lyonia macrocalyx* (J. Anthony) Airy Shaw，云南：昌宁，扁瓦，海拔 1400 m，2008.IX.9，何双辉、朱一凡、郭林 2427，HMAS 243166 (主模式)。

世界分布：中国。

讨论：此种与 *Septobasidium schweinitzii* Burt. 稍微接近，但是，后者担子果表面绒状，菌丝柱高 (高 500～600 μm) (Couch, 1938)。

附录Ⅰ 寄主植物各科、属、种上的中国外担菌名录

鸭跖草科 COMMELINACEAE

Commelina communis L.
  Kordyna commelinae Sawada

杜鹃花科 ERICACEAE

Gaultheria borneensis Stapf.
  Exobasidium gaultheriae Sawada
Gaultheria pyroloides Hook.f. & Thomson ex Miq.
  Exobasidium pyroloides Zhen Ying Li & L. Guo
Lyonia ovalifolia (Wall.) Drude
  Exobasidium kunmingense Zhen Ying Li & L. Guo
  Exobasidium lyoniae Zhen Ying Li & L. Guo
  Exobasidium pieridis Henn.
Lyonia ovalifolia (Wall.) Drude var. *elliptica* (Siebold et Zucc.) Hand.-Mazz.
  Exobasidium lyoniae Zhen Ying Li & L. Guo
  Exobasidium ovalifoliae Zhen Ying Li & L. Guo
  Exobasidium pieridis Henn.
Lyonia ovalifolia (Wall.) Drude var. *lanceolata* (Wall.) Hand.-Mazz.
  Exobasidium lyoniae Zhen Ying Li & L. Guo
  Exobasidium pieridis Henn.
  Exobasidium pieridis-ovalifoliae Sawada
Lyonia spp.
  Exobasidium lyoniae Zhen Ying Li & L. Guo
  Exobasidium ovalifoliae Zhen Ying Li & L. Guo
  Exobasidium pieridis Henn.
  Exobasidium pieridis-ovalifoliae Sawada
Pieris formosa D. Don
  Exobasidium tengchongense Zhen Ying Li & L. Guo
Rhododendron delavayi Franch.
  Exobasidium formosanum Sawada
  Exobasidium racemosum Zhen Ying Li & L. Guo
  Exobasidium rhododendri (Fuckel) C.E. Cramer

Rhododendron lapponicum Wahlenb.
    Exobasidium formosanum Sawada
Rhododendron mariesii Hemsl. & E.H.Wilson
    Exobasidium canadense Savile
Rhododendron microphyton Franch.
    Exobasidium canadense Savile
    Exobasidium racemosum Zhen Ying Li & L. Guo
Rhododendron minutiflorum Hu
    Exobasidium canadense Savile
Rhododendron mucronatum G. Don
    Exobasidium canadense Savile
    Exobasidium japonicum Shirai
Rhododendron nakaharai Hayata
    Exobasidium taihokuense Sawada
Rhododendron nivale Hook.f.
    Exobasidium rhododendri-nivalis Zhen Ying Li & L. Guo
Rhododendron oreodoxa Franch.
    Exobasidium rhododendri (Fuckel) C.E. Cramer
Rhododendron pulchrum Sweet
    Exobasidium cylindrosporum Ezuka
    Exobasidium japonicum Shirai
Rhododendron racemosum Franch.
    Exobasidium formosanum Sawada
    Exobasidium racemosum Zhen Ying Li & L. Guo
Rhododendron russatum Balf.f. & Forrest
    Exobasidium rhododendri-russati Zhen Ying Li & L. Guo
Rhododendron siderophyllum Franch.
    Exobasidium rhododendri-siderophylli Zhen Ying Li & L. Guo
Rhododendron simsii Planch
    Exobasidium japonicum Shirai
    Exobasidium lushanense Zhen Ying Li & L. Guo
Rhododendron tatsienense Franch.
    Exobasidium rhododendri-siderophylli Zhen Ying Li & L. Guo
Rhododendron spp.
    Exobasidium canadense Savile
    Exobasidium cylindrosporum Ezuka
    Exobasidium deqenense Zhen Ying Li & L. Guo
    Exobasidium formosanum Sawada
    Exobasidium japonicum Shirai

Exobasidium racemosum Zhen Ying Li & L. Guo
Exobasidium rhododendri (Fuckel) C.E. Cramer
Exobasidium rhododendri-nivalis Zhen Ying Li & L. Guo
Exobasidium rhododendri-russati Zhen Ying Li & L. Guo

Vaccinium fragile Franch.
Exobasidium splendidum Nannf.

Vaccinium sp.
Exobasidium splendidum Nannf.

樟科 LAURACEAE

Cinnamomum camphora (L.) T. Nees & C.H. Eberm.
Exobasidium sawadae G. Yamada

Machilus pseudolongifolia Hayata
Exobasidium machili Sawada

棕榈科 PALMAE

Phoenix dactylifera L.
Graphiola phoenicis (Moug.) Poit.

Phoenix spp.
Graphiola phoenicis (Moug.) Poit.

Livistona chinensis R. Br.
Stylina disticha (Ehrenb.) Syd. & P. Syd.

山茶科 THEACEAE

Camellia oleifera Abel.
Exobasidium euryae Syd. & P. Syd.
Exobasidium gracile (Shirai) Syd. & P. Syd.

Camellia pitardii Cohen-Stuart. var. *alba* Chang
Exobasidium gracile (Shirai) Syd. & P. Syd.

Camellia sinensis (L.) Kuntze
Exobasidium reticulatum S. Ito & Sawada
Exobasidium vexans Massee
Exobasidium yunnanense Zhen Ying Li & L. Guo

Gordonia sp.
Exobasidium monosporum Sawada

附录Ⅱ 寄主植物各科、属、种上的中国隔担菌名录

猕猴桃科 ACTINIDIACEAE

Actinidia chinensis Planch.
  Septobasidium bogoriense Pat.
  Septobasidium meridionale C.X. Lu & L. Guo
Saurauia tristyla DC.
  Septobasidium saurauiae S.Z. Chen & L. Guo

漆树科 ANACARDIACEAE

Rhus chinensis Mill.
  Septobasidium euryae-groffii C.X. Lu & L. Guo
  Septobasidium pallidum Couch ex. L. D. Gómez & Henk
Rhus potaninii Maxim.
  Septobasidium annulatum C.X. Lu & L. Guo

冬青科 AQUIFOLIACEAE

Ilex sp.
  Septobasidium conidiophorum Couch ex. L. D. Gómez & Henk

五加科 ARALIACEAE

Schefflera octophylla (Lour.) Harms
  Septobasidium pseudopedicellatum Burt

桦木科 BETULACEAE

Alnus ferdinandi-coburgii C.K. Schneid.
  Septobasidium pallidum Couch ex. L. D. Gómez & Henk

忍冬科 CAPRIFOLIACEAE

Lonicera sp.
  Septobasidium hydrangeae S.Z. Chen & L. Guo

山柑科 CAPPARACEAE

Capparis membranifolia Kurz
  Septobasidium capparis S.Z. Chen & L. Guo

卫矛科 CELASTRACEAE

Euonymus japonicus Thunb.
    Septobasidium euonymi S.Z. Chen & L. Guo

胡颓子科 ELAEAGNACEAE

Elaeagnus lanceolata Warb.
    Septobasidium elaeagni S.Z. Chen & L. Guo

杜鹃花科 ERICACEAE

Lyonia macrocalyx (J. Anthony) Airy Shaw
    Septobasidium yunnanense S.Z. Chen & L. Guo
Lyonia ovalifolia (Wall.) Drude
    Septobasidium lyoniae C.X. Lu & L. Guo
    Septobasidium pallidum Couch ex. L. D. Gómez & Henk
Vaccinium sprengelii (G. Don) Sleumer ex Rehder
    Septobasidium bogoriense Pat.

杜仲科 EUCOMMIACEAE

Eucommia ulmoides Oliv.
    Septobasidium euryae-groffii C.X. Lu & L. Guo
    Septobasidium pallidum Couch ex. L. D. Gómez & Henk
    Septobasidium reinkingii Couch ex L.D. Gómez & Henk

大戟科 EUPHORBIACEAE

Mallotus barbatus Müll. Arg.
    Septobasidium sinense Couch ex L.D. Gómez & Henk
Mallotus japonicus Müll. Arg.
    Septobasidium meridionale C.X. Lu & L. Guo
Vernicia fordii (Hemsl.) Airy Shaw
    Septobasidium pallidum Couch ex. L. D. Gómez & Henk

壳斗科 FAGACEAE

Castanea mollissima Blume
    Septobasidium bogoriense Pat.
    Septobasidium diaspidioti Wei Li bis & L. Guo
    Septobasidium kameii Kaz. Itô
    Septobasidium pallidum Couch ex. L. D. Gómez & Henk
Castanea sp.
    Septobasidium fissuratum Wei Li bis & L. Guo

Castanopsis delavayi Franch.
    Septobasidium septobasidioides (Henn.) Höhn. & Litsch.
Cyclobalanopsis glauca Oerst.
    Septobasidium cotoneaster S.Z. Chen & L. Guo
Lithocarpus dealbatus Rehder
    Septobasidium pallidum Couch ex. L. D. Gómez & Henk
Quercus pannosa Hand.-Mazz.
    Septobasidium pallidum Couch ex. L. D. Gómez & Henk
    Septobasidium rhabarbarinum (Mont.) Bres.

金缕梅科 HAMAMELIDACEAE

Corylopsis platypetala Rehder & E.H.Wilson
    Septobasidium reinkingii Couch ex L.D. Gómez & Henk

绣球科 HYDRANGEACEAE

Hydrangea aspera Buch.-Ham. ex D. Don
    Septobasidium hydrangeae S.Z. Chen & L. Guo
Hydrangea longipes Franch.
    Septobasidium hydrangeae S.Z. Chen & L. Guo
Hydrangea sp.
    Septobasidium hydrangeae S.Z. Chen & L. Guo

胡桃科 JUGLANDACEAE

Engelhardtia chrysolepis Hance
    Septobasidium hainanense C.X. Lu & L. Guo
Engelhardtia roxburghiana Wall.
    Septobasidium bogoriense Pat.
Juglans cathayensis Dode var. *formosana* (Hayata) A.M.Lu et R.H.Chang
    Septobasidium meridionale C.X. Lu & L. Guo
Juglans regia L.
    Septobasidium pallidum Couch ex. L. D. Gómez & Henk

樟科 LAURACEAE

    Septobasidium humile Racib.
Lindera communis Hemsl.
    Septobasidium septobasidioides (Henn.) Höhn. & Litsch.
Lindera latifolia Hook. f.
    Septobasidium albidum Pat.
    Septobasidium meridionale C.X. Lu & L. Guo

Litsea cubeba Pers.
 Septobasidium bogoriense Pat.
 Septobasidium meridionale C.X. Lu & L. Guo
Litsea sp.
 Septobasidium bogoriense Pat.
Machilus thunbergii Siebold & Zucc.
 Septobasidium petchii Couch., ex L. D. Gómez & Henk
Neolitsea sp.
 Septobasidium aulacaspidis C.X. Lu & L. Guo

豆科 LEGUMINOSAE

Albizia falcata Backer ex Merr.
 Septobasidium albiziae S.Z. Chen & L. Guo
Albizia kalkora Prain
 Septobasidium bogoriense Pat.
Millettia sp.
 Septobasidium septobasidioides (Henn.) Höhn. & Litsch.
Millettia tsui F.P. Metcalf
 Septobasidium meridionale C.X. Lu & L. Guo

野牡丹科 MELASTOMATACEAE

Memecylon floribundum Blume
 Septobasidium henningsii Pat.

楝科 MELIACEAE

Aphanamixis polystachya (Wall.) R. Parker
 Septobasidium broussonetiae C.X. Lu, L. Guo & J.G. Wei
Cipadessa cinerascens (Pellegr.) Hand.-Mazz.
 Septobasidium meridionale C.X. Lu & L. Guo
Melia azedarach L.
 Septobasidium meridionale C.X. Lu & L. Guo

防己科 MENISPERMACEAE

Hypserpa nitida Miers ex Benth.
 Septobasidium sinense Couch ex L.D. Gómez & Henk

桑科 MORACEAE

Broussonetia kaempferi Siebold
 Septobasidium sinense Couch ex L.D. Gómez & Henk

Broussonetia kazinoki Siebold
    Septobasidium meridionale C.X. Lu & L. Guo
Broussonetia papyrifera Vent.
    Septobasidium bogoriense Pat.
    Septobasidium broussonetiae C.X. Lu, L. Guo & J.G. Wei
Ficus auriculata Lour.
    Septobasidium reinkingii Couch ex L.D. Gómez & Henk
Ficus hispida L.f.
    Septobasidium reinkingii Couch ex L.D. Gómez & Henk
Ficus pandurata var. *holophylla* Migo
    Septobasidium transversum Wei Li bis & L. Guo
Morus alba L.
    Septobasidium bogoriense Pat.
    Septobasidium pallidum Couch ex. L. D. Gómez & Henk
    Septobasidium tanakae (Miyabe) Boedijn & B.A. Steinm.
Morus australis Poir.
    Septobasidium bogoriense Pat.
Morus cathayana Hemsl.
    Septobasidium meridionale C.X. Lu & L. Guo
Morus mongolica C.K.Schneid.
    Septobasidium reinkingii Couch ex L.D. Gómez & Henk
Streblus asper Lour.
    Septobasidium broussonetiae C.X. Lu, L. Guo & J.G. Wei

紫金牛科 MYRSINACEAE

Ardisia yunnanensis Mez
    Septobasidium ardisiae C.X. Lu & L. Guo
Ardisia sp.
    Septobasidium ardisiae C.X. Lu & L. Guo
Maesa perlarius (Lour.) Merr.
    Septobasidium maesae C.X. Lu & L. Guo
Myrsine semiserrata Wall.
    Septobasidium ardisiae C.X. Lu & L. Guo

木犀科 OLEACEAE

Fraxinus sp.
    Septobasidium reinkingii Couch ex L.D. Gómez & Henk
Jasminum nudiflorum Lindl.
    Septobasidium bogoriense Pat.

Ligustrum sinense Lour.
    Septobasidium bogoriense Pat.
    Septobasidium ligustri C.X. Lu & L. Guo
Ligustrum sp.
    Septobasidium pallidum Couch ex. L. D. Gómez & Henk
Osmanthus fragrans (Thunb.) Lour.
    Septobasidium bogoriense Pat.
    Septobasidium pallidum Couch ex. L. D. Gómez & Henk
    Septobasidium reinkingii Couch ex L.D. Gómez & Henk

海桐花科 PITTOSPORACEAE

Pittosporum kerrii Craib
    Septobasidium gaoligongense C.X. Lu & L. Guo
    Septobasidium pittospori C.X. Lu & L. Guo

罗汉松科 PODOCARPACEAE

Dacrydium pierrei Hickel
    Septobasidium dacrydii S.Z. Chen & L. Guo

蓼科 POLYGONACEAE

Polygonum campanulatum Hook. f.
    Septobasidium polygoni C.X. Lu & L. Guo

山龙眼科 PROTEACEAE

Helicia nilagirica Bedd.
    Septobasidium heliciae Wei Li bis & L. Guo
    Septobasidium meridionale C.X. Lu & L. Guo

石榴科 PUNICACEAE

Punica granatum L.
    Septobasidium pallidum Couch ex. L. D. Gómez & Henk
    Septobasidium sichuanensis S.Z. Chen & L. Guo

鼠李科 RHAMNACEAE

Hovenia acerba Lindl.
    Septobasidium hoveniae Wei Li bis, S.Z. Chen, L. Guo & Y.Q. Ye
Rhamnus spp.
    Septobasidium pallidum Couch ex. L. D. Gómez & Henk

蔷薇科 ROSACEAE

Cotoneaster franchetii Bois
    Septobasidium sichuanensis S.Z. Chen & L. Guo
Cotoneaster obscurus Rehder & E.H. Wilson
    Septobasidium cotoneaster S.Z. Chen & L. Guo
Cotoneaster rubens W.W. Sm.
    Septobasidium cotoneaster S.Z. Chen & L. Guo
Malus pumila Mill.
    Septobasidium pallidum Couch ex. L. D. Gómez & Henk
Photinia serrulata Lindl.
    Septobasidium kameii Kaz. Itô
Prunus cerasifera Ehrhart
    Septobasidium pallidum Couch ex. L. D. Gómez & Henk
Prunus mume Siebold & Zucc.
    Septobasidium meizhouense C.X. Lu, L. Guo & J.B. Li
    Septobasidium pallidum Couch ex. L. D. Gómez & Henk
Prunus persica (L.) Batsch
    Septobasidium pallidum Couch ex. L. D. Gómez & Henk
    Septobasidium pruni C.X. Lu & L. Guo
Prunus pseudocerasus Lindl.
    Septobasidium pallidum Couch ex. L. D. Gómez & Henk
    Septobasidium pruni C.X. Lu & L. Guo
Prunus salicina Lindl.
    Septobasidium atropunctum Couch
    Septobasidium pallidum Couch ex. L. D. Gómez & Henk
    Septobasidium pruni C.X. Lu & L. Guo
    Septobasidium saurauiae S.Z. Chen & L. Guo
Pyracantha fortuneana (Maxim.) H.L. Li
    Septobasidium pallidum Couch ex. L. D. Gómez & Henk
Pyrus betulaefolia Bunge
    Septobasidium pallidum Couch ex. L. D. Gómez & Henk
Pyrus phaeocarpa Rehder
    Septobasidium pallidum Couch ex. L. D. Gómez & Henk
Pyrus serrulata Rehder
    Septobasidium pallidum Couch ex. L. D. Gómez & Henk
Rosa chinensis Jacq.
    Septobasidium pruni C.X. Lu & L. Guo
Rosa sp.
    Septobasidium cotoneaster S.Z. Chen & L. Guo

Sorbus rufopilosa C.K. Schneid.
 Septobasidium cotoneaster S.Z. Chen & L. Guo
 Septobasidium hydrangeae S.Z. Chen & L. Guo

茜草科 RUBIACEAE

Mussaenda erosa Champ. ex Benth.
 Septobasidium sinense Couch ex L.D. Gómez & Henk
Psychotria rubra Poir.
 Septobasidium sinense Couch ex L.D. Gómez & Henk
Psychotria serpens L.
 Septobasidium pseudopedicellatum Burt

芸香科 RUTACEAE

Acronychia pedunculata Miq.
 Septobasidium leucostemum Pat.
Atalantia buxifolia (Poir.) Oliv.
 Septobasidium atalantiae S.Z. Chen & L. Guo
Citrus limonia Osbeck
 Septobasidium albidum Pat.
 Septobasidium sinense Couch ex L.D. Gómez & Henk
Citrus maxima (Burm. f.) Merr.
 Septobasidium formosense Couch ex L.D. Gómez & Henk
Citrus reticulata Blanco
 Septobasidium acaciae Sawada
 Septobasidium citricola Sawada
Citrus sinensis Osbeck
 Septobasidium albidum Pat.
 Septobasidium reinkingii Couch ex L.D. Gómez & Henk
Citrus spp.
 Septobasidium carbonaceum Pat.
 Septobasidium formosense Couch ex L.D. Gómez & Henk
 Septobasidium reinkingii Couch ex L.D. Gómez & Henk
Evodia fargesii Dode
 Septobasidium meridionale C.X. Lu & L. Guo
Glycosmis cochinchinensis Pierre ex Engl.
 Septobasidium pittospori C.X. Lu & L. Guo
Glycosmis montana Pierre
 Septobasidium glycosmidis S.Z. Chen & L. Guo
Zanthoxylum bungeanum Maxim.

Septobasidium pallidum Couch ex. L. D. Gómez & Henk
Zanthoxylum simulans Hance
 Septobasidium pallidum Couch ex. L. D. Gómez & Henk

无患子科 SAPINDACEAE

Harpullia cupanioides Roxb.
 Septobasidium sinense Couch ex L.D. Gómez & Henk
Harpullia sp.
 Septobasidium hainanense C.X. Lu & L. Guo

省沽油科 STAPHYLEACEAE

Tapiscia sinensis Oliv.
 Septobasidium meridionale C.X. Lu & L. Guo

梧桐科 STERCULIACEAE

Reevesia longipetiolata Merr. & Chun
 Septobasidium reevesiae S.Z. Chen & L. Guo

山矾科 SYMPLOCACEAE

Symplocos pilosa Rehder
 Septobasidium meridionale C.X. Lu & L. Guo
Symplocos sp.
 Septobasidium symploci S.Z. Chen & L. Guo

山茶科 THEACEAE

Anneslea fragrans Wall.
 Septobasidium septobasidioides (Henn.) Höhn. & Litsch.
Eurya groffii Merr.
 Septobasidium bogoriense Pat.
 Septobasidium euryae-groffii C.X. Lu & L. Guo
 Septobasidium gaoligongense C.X. Lu & L. Guo
 Septobasidium leucostemum Pat.
Eurya sp.
 Septobasidium brunneum Wei Li bis & L. Guo

榆科 ULMACEAE

Aphananthe aspera Planch.
 Septobasidium meridionale C.X. Lu & L. Guo

荨麻科 URTICACEAE

Villebrunea pedunculata Shirai
  Septobasidium ligustri C.X. Lu & L. Guo

附录Ⅲ 蚧虫各科、属、种上的中国隔担菌名录

蚧总科 COCCOIDEA

盾蚧科 DIASPIDIDAE

Andaspis ficicola Young et Hu
  Septobasidium reinkingii Couch ex L.D. Gómez & Henk
Andaspis sp.
  Septobasidium capparis S.Z. Chen & L. Guo
Aonidiella sp.
  Septobasidium euonymi S.Z. Chen & L. Guo
Aulacaspis difficillis (Cockerell)
  Septobasidium carestianum Bres.
Aulacaspis tubercularis Newstead
  Septobasidium humile Racib.
Aulacaspis spp.
  Septobasidium ardisiae C.X. Lu & L. Guo
  Septobasidium aulacaspidis C.X. Lu & L. Guo
  Septobasidium cotoneaster S.Z. Chen & L. Guo
  Septobasidium meridionale C.X. Lu & L. Guo
  Septobasidium symploci S.Z. Chen & L. Guo
Chionaspis spp.
  Septobasidium brunneum Wei Li bis & L. Guo
  Septobasidium pittospori C.X. Lu & L. Guo
  Septobasidium saurauiae S.Z. Chen & L. Guo
Diaspidiotus spp.
  Septobasidium bogoriense Pat.
  Septobasidium diaspidioti Wei Li bis & L. Guo
  Septobasidium kameii Kaz. Ito
  Septobasidium maesae C.X. Lu & L. Guo
Lepidosaphes spp.
  Septobasidium hainanense C.X. Lu & L. Guo
  Septobasidium heliciae Wei Li bis & L. Guo
  Septobasidium ligustri C.X. Lu & L. Guo

  Septobasidium reevesiae S.Z. Chen & L. Guo
  Septobasidium sichuanense S.Z. Chen & L. Guo
  Septobasidium transversum Wei Li bis & L. Guo
Lepidosaphedini
  Septobasidium transversum Wei Li bis & L. Guo
Parlatoria proteus (Curtis)
  Septobasidium formosense Couch ex L.D. Gómez & Henk
Palatoria sp.
  Septobasidium petchii Couch. ex L. D. Gómez & Henk
Pinnaspis spp.
  Septobasidium dacrydii S.Z. Chen & L. Guo
  Septobasidium euryae-groffii C.X. Lu & L. Guo
  Septobasidium gaoligongense C.X. Lu & L Guo
  Septobasidium maesae C.X. Lu & L. Guo
Pseudaulacaspis kuisiuensis (Kuwana)
  Septobasidium polygoni C.X. Lu & L. Guo
Pseudaulacaspis pentagona (Targioni-Tozzetti)
  Septobasidium meizhouense C.X. Lu, L. Guo & J.B. Li
Pseudaulacaspis spp.
  Septobasidium ardisiae C.X. Lu & L. Guo
  Septobasidium bogoriense Pat.
  Septobasidium broussonetiae C.X. Lu, L. Guo & J.G. Wei
  Septobasidium fissuratum Wei Li bis & L. Guo
  Septobasidium guangxiense Wei Li bis & L. Guo
  Septobasidium hainanense C.X. Lu & L. Guo
  Septobasidium hoveniae Wei Li bis, S.Z. Chen, L. Guo & Y.Q. Ye
  Septobasidium pruni C.X. Lu & L. Guo

参 考 文 献

戴芳澜.1979.中国真菌总汇. 北京: 科学出版社: 1-1527. [TAI F L. 1979. Sylloge Fungorum Sinicorum. Beijing:Science Press: 1-1527]

刀志灵, 郭辉军. 1999a. 高黎贡山地区杜鹃花科特有植物. 云南植物研究(增刊), XI:16-23

刀志灵, 郭辉军. 1999b. 高黎贡山地区杜鹃花科植物多样性及可持续利用. 云南植物研究 (增刊), XI:24-34. [DAO Z L, GUO H J. 1999. A Study on Diversity and Sustainable Use of Ericaceae in Gaoligong Mountains. Acta Botanica Yunnanica (Suppl.) ,11: 24-34]

邓叔群. 1963. 中国的真菌. 北京:科学出版社: 1-808. [TENG S C. 1963. Fungi of China. Beijing:Science Press: 1-808]

范崔生, 褚小兰, 付小梅, 等. 2002. 樟榕子来源及形态组织学的研究. 中草药, 33(8): 747-749 [FAN C S, CHU X L, FU X M,et al. 2002. Studies on origin, morphology and histology of Galla Cinnamomi Camphorae specially produced in Jiangxi Province. Chinese Traditional and Herbal Drugs, 33 (8): 747-749]

郭林, 周与良, 李夷波. 1991. 油盘孢属和泽田外担菌的研究, 真菌学报, 10:31-35 [GUO L, ZHOU Y L, LI Y B. 1991. Study of the genus Elaeodema and Exobasidium sawadae. Acta Mycol Sinica, 10: 31-35]

李伟(Li W), 郭林(Guo L). 2013.双圆蚧隔担菌新种.菌物研究, 11:239-241

李锡文,白佩瑜,李雅茹,等.1982. 中国植物志31. 被子植物门 双子叶植物纲 樟科 莲叶桐科.北京:科学出版社: 509 [Li X W, Bai P Y, Li Y R, et al. 1982. Flora Reipublicae Popularis Sinicae, Tomus 31, Angiospermae, Dicotyledoneae, Lauraceae, Hernandiaceae. Beijing: Science Press: 1-509]

刘爱英, 梁宗琦, 康冀川. 2002. 茶饼病分生孢子阶段分离培养及发酵液对植物的刺激作用. 菌物系统,21(3):437-439 [LIU A Y, LIANG Z Q, KANG J C. 2002. Isolation and culture of the conidial stage of Exobasidium vexans and stimulation of the Fungal fermented liquid to plant. Mycosystema, 21(3): 437-439]

束庆龙, 刘兰玉, 董传媛, 等. 2007. 板栗膏药病与品种及树皮内含物的关系. 安徽农业大学学报, 34: 334-337

田鹤, 卢胜进, 胡长立. 2003.江永香袖柑橘膏药病暴发的原因及防治对策. 广西园艺, 5: 21

王伦. 2006. 板栗膏药病发病规律及防治技术研究.安徽农学通报,12(12): 143 [WANG L. 2006. Anhui Agri Sci Bull, 12 (12): 143]

王文龙, 郭春秋, 李密, 等. 2004. 油茶饼病外担菌分生孢子阶段分离培养及培养基的筛选. 湖南文理学院学报 (自然科学版) , 16(1): 45-47 [WANG W L, GUO C Q, LI M, 等. 2004. Isolation and culture of the conidial stage of Exobasidium gracile (Shirai) Syd. and selection of the best culture melection. J Hunan Univ Art Sci (Nat Sci Edi), 16 (1): 45-47]

吴征镒,路安民,汤彦承. 2003. 中国被子植物科属综论. 北京: 科学出版社:1209 [WU Z Y, LU A M, TANG Y C, et al. 2003. The families and genera of Angiosperms in China, a comprehensive analysis. Beijing:Science Press: 1-1209]

相望年. 1957. 中国真菌学与植物病理学文献. 北京:科学出版社: 1-323 [SIANG W N. 1957. Literature of Mycology and Phytopathology of China. Beijing:Science Press: 1-323]

杨汉碧,方瑞征,金存礼. 1999. 中国植物志57(1). 被子植物门 双子叶植物纲 杜鹃花科 (一) 杜鹃花亚科. 北京:科学出版社: 1-244 [YANG H B, FANG R C, CHIN T L. 1999. Flora Reipublicae Popularis Sinicae, Tomus 57(1), Angiospermae, Dicotyledoneae, Ericaceae (1) Rhododendroideae. Beijing: Science Press: 1-244]

泽田兼吉. 1919. 台湾产菌类调查报告, 第一篇. 台湾总督府农事试验场特别报告, 第19号: 1-695 [Sawada K. 1919. Descriptive catalogue of the Formosan fungi. Part I. Rep Dept Agr Gov't Res Inst Formosa 1. Spec Bull Agr Expt Sta Formosa no 19: 1-695]

泽田兼吉. 1922. 台湾产菌类调查报告, 第二篇.台湾总督府中央研究所农事部报告, 第2号:1-173 [Sawada K. 1922. Descriptive catalogue of the Formosan fungi. Part II. Rep Dept Agr Gov't Res Inst Formosa, 2: 1-173]

张宏达,任善湘. 1998. 中国植物志49(3). 被子植物门 双子叶植物纲 山茶科 (一). 北京:科学出版社: 1-281 [CHANG H T, REN S X. 1998. Flora Reipublicae Popularis Sinicae, Tomus 49(3), Angiospermae, Dicotyledoneae, Theaceae (1) Theoideae. Beijing:Science Press: 1-281]

张星耀. 1998a.外担子菌属真菌的研究综述. 林业科学, 34(1): 113-120 [Zhang X Y, 1998a. Review of studies on the fungus genus *Exobasidium*. Scientia Silvae Sinicae. 34(1): 113-120]

张星耀. 1998b. 基于培养性质模糊解析和28S rDNA-PCR-RFLP解析的外担子菌属真菌的分类学研究. 林业科学,34(4): 59-71 [ZHANG X Y. 1998b. A study on the taxonomy of *Exobasidium* spp. According to the fuzzy analysis of cultural properties and the analysis of 28S rDNA-PCR-RFLP. Scientia Silvae Sinicae, 34 (4): 59-71]

中国科学院青藏高原综合科学考察队. 1996. 横断山区真菌. 北京：科学出版社: 1-598 [The Comprehensive Scientific Expedition to the Qinghai-Xizang Plateau, Chinese Academy of Sciences. 1996. Fungi of the Hengduan Mountains. Beijing: Science Press: 1-598]

朱必凤, 彭凌, 罗莉菲, 等. 2006.油茶肉质果和肉质叶营养成分及食用安全性的研究. 食品研究与开发, 27(11): 10-13

朱凤美. 1927. 中国植物病菌所见. 中国农学会报, 54: 23-43

BANDONI R J. 1995. Dimorphic Heterobasidiomycetes: Taxonomy and parasitism. Studies in Mycology, 38: 13-27

BAUER R, BEGEROW D, SAMPAIO J P,et al. 2006. The simple-septate basidiomycetes: A synopsis. Mycol Progr, 5: 41-66

BAUER R, OBERWINKLER F, VÁNKY K. 1997. Ultrastructural markers and systematics in the smut fungi and allied taxa. Can J Bot, 75: 1273-1314

BEGEROW D, BAUER R, OBERWINKLER F. 1997. Phylogenetic studies on nuclear large subunit ribosomal DNA sequences of smut fungi and related taxa. Can J Bot, 75: 2045-2056

BLANZ P, DÖRING H. 1995. Taxonomic relationships in the genus *Exobasidium* (Basidiomycetes) based on ribosomal DNA analysis. Studies in Myology, 38: 119-128

BLANZ P, OBERWINKLER F. 1983. A contribution to the species in the genus *Exobasidium*. Syst Appl Microbiol, 4: 199-206

BLANZ PA, GOTTSCHALK M. 1986. Systematic position of *Septobasidium*, *Graphiola* and other Basidiomycetes as deduced on the basis of their 5S Ribosomal RNA Nucleotide Sequences. System App Microbiol, 8: 121-127

BOEDIJN KB, STEINMANN A. 1931. Over de roetdauwschimmels van de Thee. Arch voor de Theecult Nederl-Indië, 5: 25-57

BOEKHOUT T. 1991. A revision of ballistoconidia-forming yeasts and fungi. Studies in Mycology, 33:1-194

BONORDEN HF. 1851. Handbuch der Allgemeinen Mykologie. Stuttgart: 1-336

BURT EA. 1915. The Thelephoraceae of North America. IV. *Exobasidium*. Ann Missouri Bot Garden, 2: 627-659

CARMICHAEL J W, KENDRICK W B, CONNERS I L, et al. 1980. Genera of Hyphomycetes. Edmonton: Univ Alberta Press: 1-386

CHEN SUZHEN (陈素真), GUO LIN (郭林). 2011a. *Septobasidium sichuanense* sp. nov. (Septobasidaceae) from China. Mycotaxon, 115: 481-484

CHEN SUZHEN (陈素真), GUO LIN (郭林). 2011b. *Septobasidium atalantiae* sp. nov. (Septobasidiaceae) and *S. henningsii* new to China. Mycotaxon, 117: 291-296

CHEN SUZHEN (陈素真), GUO LIN (郭林). 2011c. *Septobasidium saurauiae* sp. nov. (Septobasidiaceae) and *S. pseudopedicellatum* new to China. Mycotaxon, 118: 283-288

CHEN SUZHEN (陈素真), GUO LIN (郭林). 2011d. *Septobasidium glycosmidis* and *S. albiziae* spp. nov. (Septobasidiaceae) from Hainan Province. Mycosystema, 30: 861-864

CHEN SUZHEN (陈素真), GUO LIN (郭林). 2012a. Three new species and three new Chinese records of *Septobasidium* (Septobasidiaceae). Mycosystema, 31: 651-655

CHEN SUZHEN (陈素真), GUO LIN (郭林). 2012b. Three new species of *Septobasidium* (Septobasidiaceae) from Hainan Province in China. Mycotaxon, 120: 269-276

CHEN SUZHEN (陈素真), GUO LIN (郭林). 2012c. Three new species of *Septobasidium* (Septobasidiaceae) from southern and south-western China. Mycotaxon, 121: 375-383

CHEVALIER F F. 1826. Flore Générale des Environs de Paris. Vol. 1. 1-676

COHN. 1888. Krypt.-Fl. Schlesien (Breslau), 3(1): 413

COKER W C. 1920. Notes on the lower Basidiomycetes of North Carolina. J Elisha Mitchell Sci Sco, 44: 113-182

COLE G T. 1983. *Graphiola phoenicis*: A taxonomic enigma. Mycologia, 75: 93-116

COUCH J N. 1931. The biological relationship between *Septobasidium retiforme* (B. & C.) Pat. and *Aspidiotus osborni* New. and Ckll. Quart J Microsc Science, 74: 383-437

COUCH J N. 1938. The Genus *Septobasidium*. Chapel Hill :Univ of North Carolina Press: 1-480

DONK M A. 1931. Revisie van de nederlandse Heterobasidiomycetae en Homobasidiomyceta-Aphyllophoraceae 1. Med. Nederlandsche Myc Ver, 18-20: 65-200

DONK M A. 1956. The generic names proposed for Hymenomycetes-VI. *Brachybasidiaceae, Cryptobasidiaceae, Exobasidiaceae*. Reinwardtia, 4: 113-118

DONK M A. 1973. The Heterobasidiomycetes: A reconnaissance. III B. Koninkl. Nederl. Akad. Wetensehap. Proc Ser C, 76: 14-22, 109-125

DUBY J E. 1830. Botanicon Gallieum. ed. 2, Pars II, 545-1068

EFTIMIU P, KHARBUSH S. 1927. Recherches histologiques sur les *Exobasidieés*. Rev Path Vég et Ent Agric, 14: 62-88

EZUKA A. 1990a. Notes on some species of *Exobasidium* in Japan (I). Trans Mycol Soc Japan, 31: 375-388

EZUKA A. 1990b. Notes on some species of *Exobasidium* in Japan (II). Trans Mycol Soc Japan, 31:439-455

EZUKA A. 1991a. Notes on some species of *Exobasidium* in Japan (III). Trans Mycol Soc Japan, 32:71-86

EZUKA A. 1991b. Notes on some species of *Exobasidium* in Japan (IV). Trans Mycol Soc Japan, 32:169-185

FELSENSTEIN J. 1985. Confidence limits on phylogenies: An approach using the bootstrap. Evolution, 39: 783-791

FISCHER E. 1883. Beitrag zur Kenntnis der Gattung *Graphiola*. Bot Zeitung, 41: 45-48, 745-801

FISCHER E. 1921. Zur Kenntnis von *Graphiola* und *Farysia*. Ann Mycol, 18: 188-197

FRIES E. 1823. Systema Mycologicum. Vol. II, Sect. II. 572-573. Lundae

FUCKEL K W G L. 1861. Mykologisches. Bot Zeit, 19: 249-252

FUCKEL K W G L. 1873. Id. Zweiter Nachtrag. Jahrb Nassauischen Ver Naturk, 27-28: 1-99

GÄUMANN E. 1926. Vergleichende morphologie der pilze (Jena). Verlag. Von Gustav Fischer, 1-626

GÓMEZ L D, HENK D A. 2004. Validation of the species of *Septobasidium* (Basidiomycetes) described by John N. Couch Lankesteriana, 4: 75-96

GRAAFLAND W. 1953. Four species of *Exobasidium* in pure culture. Acta Bot Neerl, 1: 516-522

GRAAFLAND W. 1960. The parasitism of *Exobasidium japonicum* Shir. On Azalea. Acta Botanica Neerlandica, 9: 347-379

GULATI A, GULATI A, RAVINDRANATH S D, et al. 1999. Variation in chemical composition and quality of tea (*Camellia sinensis*) with increasing blister blight (*Exobasidium vexans*) severity. Mycol Res, 103: 1380-1384

HENK DA, VILGALYS R. 2007. Molecular phylogeny suggests a single origin of insect symbiosis in the Pucciniomycetes with support for some relationship with genus *Septobasidium*. Amer J Bot, 94: 1515-1526

HENNINGS P. 1898. *Exobasidiineae*. In: ENGLER A, PRANTL K. Dienatürlichen Pflanzenfamilien, Vol. 1. Leipzig: Wilhelm Engelmann Verlag: 103-105

HENNINGS P. 1902 "1903". Fungi japonici 3. *in* ENGLER Bot Jahrb, 32: 34-46

HENNINGS P. 1903. Einige Beobachtungen über das Gesunden pilzkranker Pfanzen bei veränderten Kulturverhaltnissen. Zeitschr Pflanzenkrankh, 13: 41-45

HIBBETT D S, BINDER M, BISCHOFF J F, et al. 2007. A higher-level phylogenetic classification of the Fungi. Mycol Res, 111: 509-547

HIRATA S. 1957. Studies on the phytohormone in the malformed portion of the diseased plants. 3. Auxin formation on the culture grown *Exobasidium*, *Taphrina* and *Ustilago* spp. Ann Phytopathol Soc Japan, 22: 153-158

HÖHNEL F, LITSCHAUER V. 1907. Beiträge zur Kenntnis der Corticieen. (II Mitteil.) Sitzungsber d Kaiserl Akad d Wissensch Wien Math-naturw, 116: 739-852

HOTSON J W 1927. A new species of *Exobasidium*. Phytopathology, 17: 207-216

HUGHES S J. 1953. Conidiophores, conidia and classification. Can J Bot, 31: 577-659

ITÔ K, HAYASHI H. 1961. A new species of *Septobasidium* on *Abies* and *Picea*. Bull Govt For Exp Sta Tokyo, 134: 49-64

ITO S, OTANI Y. 1958. Two new species of *Exobasidium*. Trans Mycol Soc Japan, 8: 3-4

ITO S. 1955. 日本菌类志、第二卷、担子菌类、第四号. 养贤堂发行: 1-450 [ITO S. 1955. Mycological Flora of Japan. Basidiomycetes, II, (4): 1-450]

JEYARAMRAJA P R, PIUS P K, MANIAN S, et al. 2006. Certain factors associated with blister blight resistance in *Camellia sinensis* (L.) O. Kuntze. Physiol Mol Plant, 67(6): 291-295

JUEL H O. 1912. Beiträge zur Kenntnis der Gattungen *Taphrina* und *Exobasidium*. Svensk Bot Tidskr, 6: 353-372

JÜLICH W. 1982. On *Exobasidium lauri*. Int J Mycol Lichenol, 1: 117-120

KEISSLER K, LOHWAG H. 1937. Fungi in Handel-Mazzetti Symbolae Sinicae. 2: 1-83

KEISSLER K. 1924. Fungi novi Sinenses a Dr. H. Handel-Mazzetti lecti II. Anzeig Akad Wiss Wein Math Nat Kl, 61: 10-13

KHAN S R, KIMBROUGH J W, MIMS C W. 1981. Septal ultrastructure and the taxonomy of *Exobasidium*. Can J Bot, 59: 2450-2457

KILLIAN M C. 1924. Le développment du *Graphiola phoenicis* Poit. et ses affinités. Rev Gen Bot, 36: 385-394, 451-460

KIRK P M, ANSELL A E. 1992. Authors of Fungal Names. Latimer Trend & Co. Ltd., Plymouth. 1-95

KIRK P M, CANNON P E, MINTER D W, et al. 2008. Ainsworth & Bisby's Dictionary of the Fungi. (10th ed.) Trowbridge:Cromwell Press: 1-771

KIRSCHNER R, CHEN C J. 2007. New reports of two hypophyllous *Septobasidium* species from Taiwan. Fung Sci, 22: 39-46

KUNZE. 1826. Beschreibung einer neuen Gattung der Schmarotzerpilze *Graphiola* von A. Poiteae Flora, 9: 278-283

LEVEILLE J H. 1848. Fragments mycologiques. Ann Sci Nat III, 9: 119-144

LI W (李伟), Chen S Z (陈素真), Guo L (郭林), 等. 2013. *Septobasidium hoveniae* sp. nov. and *S. rhabarbarinum* new to China. Mycotaxon, 125: 97-101

Li W (李伟), Guo L (郭林). 2013. Two new species of *Septobasidium* (*Septobasidiaceae*) from Yunnan Province in China. Mycotaxon, 125: 91-96

Li W (李伟), Guo L (郭林). 2014. Three new species of *Septobasidium* from Yunnan and Guangxi in China. Mycoraxon, 127:25-31

LI Z Y (李振英), GUO L (郭林). 2006a. A new species of *Exobasidium* (Exobasidiales) on *Rhododendron* from China. Mycotaxon, 96: 323-326

LI Z Y (李振英), GUO L (郭林). 2006b. A new species and a new Chinese record of *Exobasidium* (*Exobasidiales*) from China. Mycotaxon, 97: 379-384

LI Z Y (李振英), GUO L (郭林). 2008a. Two new species of *Exobasidium* (*Exobasidiales*) from China. Mycotaxon, 104: 331-336

LI Z Y (李振英), GUO L (郭林). 2008b. Two new species and a new Chinese record of *Exobasidium* (*Exobasidiales*) from China. Mycotaxon, 105: 331-336

LI Z Y (李振英), GUO L (郭林). 2009a. Three new species of *Exobasidium* (*Exobasidiales*) from China. Mycotaxon, 107: 215-220

LI Z Y (李振英), GUO L (郭林). 2009b. Two new species and a new Chinese record of *Exobasidium* (Exobasidiales). Mycotaxon, 108: 479-484

LI Z Y (李振英), GUO L (郭林). 2010. Studies of *Exobasidium* new to China: *E. rhododendri-siderophylli* sp. nov. and *E. splendidum*. Mycotaxon, 114: 271-279

LOOS C A. 1951. The causative fungus. Tea Quart, 22: 63

LU C X (陆春霞), GUO L (郭林). 2009a. *Septobasidium maesae* sp. nov. (Septobasidiaceae) from China. Mycotaxon, 109: 103-106

LU C X (陆春霞), GUO L (郭林). 2009b. Two new species of *Septobasidium* (Septobasidiaceae) from China. Mycotaxon, 109: 477-482

LU C X (陆春霞), GUO L (郭林). 2009c. *Septobasidium annulatum* sp. nov. (Septobasidiaceae) and *Septobasidium kameii* new to China. Mycotaxon, 110: 239-245

LU C X (陆春霞), GUO L (郭林). 2010a. Three new species of *Septobasidium* (Septobasidiaceae) from Gaoligong Mountains in China. Mycotaxon, 112: 143-151

LU C X (陆春霞), GUO L (郭林). 2010b. Two new species of *Septobasidium* (Septobasidiaceae) and *S. pallidum* new to China. Mycotaxon, 113: 87-93

LU C X (陆春霞), GUO L (郭林). 2010c. Two new species of *Septobasidium* (Septobasidiaceae) from Hainan Province in China. Mycotaxon,114: 217-223

LU C X (陆春霞), GUO L (郭林). 2011. Two new species of *Septobasidium* (Septobasidiaceae) from Gaoligong Mountains in China. Mycotaxon，116: 395-400

LU C X (陆春霞), GUO L (郭林). Wei J G (韦继光), 等. 2010. Two new species of *Septobasidium* (Septobasidiaceae) from southern China. Mycotaxon，111: 269-274

MASSEE G. 1898. Tea blight. Bull Misc Inf Roy Bot Gard Kew: 111

MASUYA H, YAMADA T. 2007. *Septobasidium parviflorae* sp. nov. on *Pinus parviflora* from Japan. Mycoscience, 48: 399-402

McNABB R F R, TALBOT P H B. 1973. Holobasidiomycetidae: Exobasidiales, Brachybasidiales, Dacrymycetales. In the The Fungi, Vol. IVB. G. C. AINSWORTH etc, (Eds). 317-325.

McNABB R F R. 1962. The Genus *Exobasidium* in New Zealand. Trans Royal Soc New Zealand Bot, 1(20): 259-268

MIMS C W, NICKERSON N L. 1986. Ultrastructure of the host-pathogen relationship in red leaf disease of lowbush blueberry caused by the fungus *Exobasidium vaccinii*. Can J Bot, 64: 1338-1343

MIMS C W, RICHARDSON E A, ROBERSON R W. 1987. Ultrastructure of basidium and basidiospore development in three species of the fungus *Exobasidium*. Can J Bot, 65: 1236-1244

MIMS C W. 1982. Ultrastructure of the haustorial apparatus of *Exobasidium camelliae*. Mycologia, 74: 188-200

MIYAKE I. 1913. Studien über Chinensiche Pilze. Bot Mag Tokyo, 27: 37-54

MONTAGNE J P F C. 1859. Plantes cellulaires nouvelles. Ann Sci Nat 4. Sér, 12: 188-190

NAGAO H, AKIMOTO M, KISHI K, et al. 2003a. *Exobasidium dubium* and *E. miyabei* sp. nov. causing *Exobasidium* leaf blisters on *Rhododendron* spp. in Japan. Mycoscience, 44: 1-9

NAGAO H, EZUKA A, HARADA Y, et al. 2006. Two new species of *Exobasidium* causing *Exobasidium* diseases on *Vaccinium* spp. in Japan. Mycoscience, 47: 277-283

NAGAO H, EZUKA A, OHKUBO H,et al. 2001. A new species of *Exobasidium* causing witches' broom on *Rhododendron wadanum*. Mycoscience, 42: 549-554

NAGAO H, KUROGI S, SATO T,et al. 2004b. Taxonomy of *Exobasidium otanianum* causing *Exobasidium* leaf blight on *Rhododendron* species in Japan. Mycoscience, 45: 245-250

NAGAO H, OGAWA S, SATO T, et al. 2003b. *Exobasidium symploci-japonicae* var. *carpogenum* var.nov. causing *Exobasidium* fruit deformation on *Symplocos lucida* in Japan. Mycoscience, 44: 369-375

NAGAO H, SATO T, KAKISHIMA M. 2004a. Three species of *Exobasidium* causing *Exobasidium* leaf blight on subgenus Hymenanthes, *Rhododendron* spp., in Japan. Mycoscience, 45: 85-95

NANNFELDT J A. 1981. *Exobasidium*, a taxonomic reassessment applied to the European species. Symb Bot Upsal, 23(2): 1-72

NORBERG S O. 1968. Studies in the production of auxins and other growth stimulating substances by *Exobasidium*. Symb Bot Upsal, 19: 3-120

OBERWINKLER F, BANDONI R J, BLANZ P, et al. 1982. Graphiolales: Basidiomycetes Parasitic on Palms. Pl Syst Evol, 140: 251-277

OBERWINKLER F. 1989. *Coccidiodictyon* gen. nov., and *Ordonia*, two genera in the Septobasidiales. Opera Botanica, 100: 185-191

OTANI Y. 1976. A new species of *Exobasidium* collected in Iriomote-island, Okinawa. Trans Mycol Soc Japan, 17: 355-357

PARK J H, KIM K H, LEE K J, et al. 2006. Four species of *Exobasidium* from Korea. Mycotaxon, 96: 21-29

PATOUILLARD N. 1892. *Septobasidium*, nouveau genre d'Hyménomycètes hétérobasidiés. J Bot (Morot), 6: 61-64

PATOUILLARD N. 1900. Description d'une nouvelle espèce d'Auriculariacés (*Septobasidium langloisii*). Bull Soc Mycol Fr, 16: 54-55

PATOUILLARD N. 1920. Quelques champignons du Tonkin (Suite) (1). Bull Soc Mycol Fr, 36: 174-177

PETRAK F. 1947. Plantae sinensis A Dre. H. Smith Annis 1921-1922, 1924 er 1934 lectae XLIV micromycetes. Meddel Goteb Bot Tradg, 17: 113-164

PILÁT A. 1940. Basidiomycetes chinenses a cel. Emilio Licentio in itineribus per Chinam septentrionalem annis 1914-1936 susceptis, lecti. Ann Mycol, 38: 61-82

PIUS P K, KRISHNAMURTHY K V, NELSON R. 1998. Changes in saccharide metabolism induced by infection of *Camellia sinensis* by *Exobasidium vexans*. Biol Plant, 41(1): 127-132

POITEAU M A. 1824. Description du *Graphiola*, nouveau genre de plante parasite de la famille des champignons. Ann Sci Nat Bot Sér. 1, 3: 473-474

PUNYASIRI P A N, ABEYSINGHE I S B, KUMAR V. 2005. Preformed and Induced Chemical Resistance of Tea Leaf Against *Exobasidium vexans* Infection. J Chem Ecol, 31(6): 1315-1324

PUNYASIRI P A N, TANNER, G J, ABEYSINGHE I S B, et al. 2004. *Exobasidium vexans* infection of *Camellia sinensis* increased 2,3-*cis* isomerisation and gallate esterification of proanthocyanidins. Phytochemistry, 65(22): 2987-2994

RACIBORSKI M. 1900. Parasitische Algen und Pilze Java's. II. 2: 1-46

RACIBORSKI M. 1909. Parasitische und epiphytische Pilze Javas. Bull Intern Acad Sci de Cracovie, 3: 346-394

RAJENDREN R B. 1968. *Muribasidiospora*—A new genus of the *Exobasidiaceae*. Mycopathologia, 36: 218-222

ROBERTS P. 2008. Heterobasidiomycetes from Belize. Kew Bulletin, 63: 87-99

RZHETSKY A, NEI M. 1992. A simple method for estimating and testing minimum evolution trees. Mol Biol Evol, 9: 945-967

SAVILE D B O. 1955. A Phylogeny of the Basidiomycetes. Can J Bot, 33: 60-140

SAVILE D B O. 1959. Notes on *Exobasidium*. Can J Bot, 37: 641-656

SAVILE D B O. 1976. Notes on some parasitic fungi from southern British Columbia, southwest Alberta, and adjacent United States. Can J Bot, 54: 971-975

SAWADA K. 1928. Descriptive catalogue of the Formosan fungi. Part IV. Rep Dept Agr Gov't Res Inst Formosa, 35. 1-123

SAWADA K. 1929. Trans. Nat. Hist. Soc. Formosa 19: 33

SAWADA K. 1931. Descriptive catalogue of the Formosan fungi. Part V. Rep Dept Agr Gov't Res Inst Formosa, 51: 1-131

SAWADA K. 1933.Descriptive catalogue of the Formosan fungi. Part VI. Rep Dept Agr Gov't Res Inst Formosa, 61: 1-99

SAWADA K. 1942. Descriptive catalogue of the Formosan fungi. Part VII. Rep Dept Agr Gov't Res Inst Formosa, 83: 1-159

SAWADA K. 1959. Descriptive catalogue of Taiwan (Formosan) fungi XI. *In*: IMAZEKI R, HIRATSUKA N, ASUYAMA H. Special Publication no 8, College of Agriculture, National Taiwan University: 1-268

SHIRAI M. 1896. Descriptions of some new Japanese species of *Exobasidium*. Bot Mag Tokyo, 10: 51-54

SUNDSTRÖM K R. 1964. Physiology, morphology and Serology of *Exobasidium*. Bot Ups,18: 3

SWOFFORD D L. 2001. PAUP*. Phylogenetic Analysis Using Parsimony (*and other methods). Version 4.0. Sinauer Associates, Sunderland, Massachusetts.

SYDOW H, SYDOW P, BUTLER E J. 1912. Fungi Indiae orientalis. Pars IV. Ann Mycol, 10: 273-280

TAI F L (戴芳澜). 1936-1937. A list of fungi hitherto known from China. Sci Rept Nat Tsing Hua Univ Ser B, 2: 137-165, 191-639

TALBOT P H B. 1954. Micromorphology of the lower Hymenomycetes. Bothalia, 6: 249-299

TAMURA K, DUDLEY J, NEI M,et al. 2004. MEGA4: Molecular Evolutionary Genetics Analysis (MEGA) software version 4.0. Mol. Biol.Evol. 10.1093/molbev/msm092.

THOMPSON J D, GIBSON T J, PLEWNIAK F, et al. 1997. The Clustal X windows interface: Flexible strategies for multiple sequence alignment aided by quality analysis tools. Nucleic Acids Rec, 24: 4876-4882

TUBAKI K, YOKOYAMA T. 1971. Cultural aspects of *Graphiola phoenicis*. Mycopathol Mycol Appl, 43: 49-60

VÁNKY K. 1999. The new classificatory system for smut fungi, and two new genera. Mycotaxon, 70: 35-49

WOLF F T, WOLF F A. 1952. Pathology of *Camellia* leaves infected by *Exobasidium camellia* var. *gracilis* Shirai. Phytopathology, 42: 147-149

WORONIN M. 1867. *Exobasidium vaccinii*. Ber Verh Naturf Ges Freiburgi B，4: 397-416

YAMAMOTO W. 1956. Species of *Septobasidium* from Japan. Ann Phytopath Soc Japan, 21: 9-12

索　引

植物汉名索引

A

暗红栒子　67

B

白背石栎　92
白花杜鹃　12, 20
白蜡树属　100
板栗　45, 62, 69, 83, 92

C

糙叶树　90
茶　1, 3, 4, 6, 11, 16, 31, 40, 42,
茶梨　103
长柄梭罗　99
长柄绣球　82
长梗紫苎麻　85
橙　55, 100
臭辣吴茱萸　90
川滇桤木　91
刺葵属　4, 43

D

大果榕　100
大戟科　88, 92, 105
大头茶属　4, 25
滇紫金牛　57
冬青科　67
冬青属　67
冬青卫矛　71
豆科　55, 62, 89, 103
杜鹃　3, 4, 17, 20, 21, 22, 23, 33

杜鹃花科　1, 4, 8, 10, 12, 14, 17, 18, 20, 22,
　　23, 26, 28, 29, 30, 31, 32, 34, 36, 38, 39,
　　61, 86, 91, 109
杜鹃属　4, 6, 13, 14, 17, 20, 27, 31, 33, 34
杜梨　93
杜仲　72, 92, 100
杜仲科　72, 92, 100
对叶榕　100
多花谷木　79

E

鹅掌柴　98

F

防己科　105

G

柑橘　54, 67
柑橘属　45, 65, 74, 84, 100
岗柃　62, 72, 74
高山白珠　18
高山杜鹃　17
高山栲　103
构树　62, 63
桂花　62, 92, 100

H

海南山小橘　76
海桐花科　74, 95
海枣　43
核桃　92, 94
褐梨　93

· 130 ·

红花栒子　68
红毛花楸　68, 82
红楠　94
胡桃科　62, 78, 88, 92
胡颓子科　70
花椒　93
华东野核桃　89
华桑　90
桦木科　91
黄背栎　101
黄杞　62, 78
灰毛浆果楝　89
喙果崖豆藤　89
火棘　93

J

鸡桑　62
鲫鱼胆　87
假山萝　106
假山萝属　78
假长叶桢楠　25
金缕梅科　100
锦绣杜鹃　14, 20
九节　106
酒饼簕　59

K

壳斗科　62, 67, 69, 73, 82, 92, 101, 103
苦楝　89
阔蜡瓣花　100

L

雷公橘　65
黎檬　55, 106
李　59, 93, 97, 102
栗属　73
楝科　63, 89
亮毛杜鹃　12, 31
蓼科　95

枔木属　64
陆均松　69
鹿蹄草叶白珠　30
罗汉松科　69

M

麻梨　93
马桑绣球　81
马缨杜鹃　17, 31, 33
满山红　12
蔓九节　98
毛桐　105
梅　87, 90, 93
美丽马醉木　39
蒙桑　100
猕猴桃科　61, 88, 102
米饭花　61
木姜子属　62
木犀科　62, 85, 92, 100

N

南洋楹　55
楠藤　106
女贞属　92

P

披针叶胡颓子　70
苹果　93
葡蟠　105
蒲葵　44

Q

漆树科　57, 72, 91
茜草科　98, 105
蔷薇科　59, 67, 82, 83, 87, 90, 93, 97, 102, 104
蔷薇属　68
青麸杨　57
青冈　67

全缘琴叶榕　108
鹊肾树　63

R

忍冬科　81
忍冬属　81
柔毛山矾　90

S

桑　62, 87, 92, 108
桑科　62, 63, 89, 92, 100, 105, 108
山茶科　8, 16, 19, 25, 31, 40, 42, 62, 64, 72, 74, 103
山矾科　9, 90, 107
山矾属　107
山柑科　65
山光杜鹃　33
山合欢　62
山鸡椒　62, 89
山橘树　95
山楝　63
山龙眼科　79, 90
山油柑　84
深绿山龙眼　79, 90
省沽油科　90
石榴　92, 104
石榴科　92, 104
石楠　83
鼠李科　80, 92
鼠李属　92
水东哥　102

T

桃　93, 97
团香果　55, 89

W

卫矛科　71
乌饭树属　38

乌鸦果　38
无患子科　78, 106
梧桐科　99
五加科　98

X

西南白山茶　19
西南栒子　104
狭叶珍珠花　24, 28, 29
香叶树　103
小构树　90
小果珍珠花　24, 26, 28
小花杜鹃　12
小蜡　62, 85
新木姜子属　61
绣球科　81
绣球属　82
锈叶杜鹃　36
雪层杜鹃　34
荨麻科　85

Y

鸭跖草　9
鸭跖草科　4, 9
崖豆藤属　103
盐肤木　72, 91
羊脆木海桐　74, 95
野花椒　94
野牡丹科　79
野桐　88
夜花藤　105
腋花杜鹃　17, 31
银鹊树　90
樱桃　93, 97
迎春花　62
硬叶杜鹃　36
油茶　3, 4, 6, 16, 19
油桐　92
柚　74

榆科　90
月季　97
芸香科　54, 55, 59, 65, 67, 74, 75, 84, 90, 93, 95, 100, 106

Z

樟科　4, 8, 10, 25, 37, 55, 61, 62, 81, 89, 94, 103
樟树　3, 37
针齿铁仔　57
珍珠花　22, 23, 28, 86, 91
珍珠花属　4, 11, 22, 24, 26, 28, 29
枳椇　80
中华猕猴桃　61, 88
中原杜鹃　38
钟花蓼　95
紫金牛科　57, 87
紫金牛属　57
紫蓝杜鹃　34
紫叶李　93
棕榈科　1, 4, 9, 43, 44

蚧虫汉名索引

A

安盾蚧属　65

B

白盾蚧属　57, 62, 63, 73, 77, 78, 80, 97
白轮盾蚧属　57, 61, 68, 89, 107
并盾蚧属　69, 72, 74, 87

D

盾蚧科　57, 81, 87, 89, 94, 95, 97, 102, 104, 108

H

胡颓子白轮盾蚧　66
黄糠蚧　74

K

糠蚧属　94

M

芒果白轮蚧　81
牡蛎蚧属　78, 79, 85, 99, 104, 108
牡蛎蚧族　108

R

榕安盾蚧　100

S

桑白盾蚧　87
肾圆盾蚧属　71
双圆蚧属　62, 69, 83, 87

X

雪盾蚧属　64, 95, 102

Z

柞白盾蚧　95

真菌汉名索引

B

白隔担菌　49, 53, 54, 55, 82, 94
白轮盾蚧隔担菌　49, 53, 56, 60
白丝隔担菌　49, 51, 83, 84
白珠树外担菌　3, 11, 18
半球状外担菌　3, 19

C

茶树外担菌　3, 7, 11, 16
刺葵果黑粉菌　1, 2, 3, 43

D

单孢外担菌　10, 25
德钦外担菌　11, 14
杜茎山隔担菌　49, 52, 86
杜鹃外担菌　1, 11, 32

E

二孢外担菌属　3, 4, 8, 9

G

柑橘隔担菌　48, 52, 57, 66, 96
岗柃隔担菌　49, 53, 65, 71, 72
高黎贡山隔担菌　49, 53, 74, 75
隔担菌科　47, 50
隔担菌目　45, 47, 50
隔担菌属　46, 47, 48, 49, 50, 51
构树隔担菌　49, 52, 62, 63
广西隔担菌　53, 76
龟井隔担菌　49, 52, 82, 83
果黑粉菌科　3, 8, 9, 42
果黑粉菌属　2, 3, 4, 8, 42, 43

H

海南隔担菌　49, 52, 77, 78, 106
海桐花隔担菌　49, 54, 94, 95, 109
合欢隔担菌　49, 52, 55, 56
褐色隔担菌　52, 64
黑点隔担菌　52, 59, 60
亨宁斯隔担菌　49, 53, 79, 80, 99
横层隔担菌　53, 108
胡颓子隔担菌　51, 70
坏损外担菌　1, 6, 10, 16, 40, 41
环状隔担菌　49, 52, 56, 57
黄色隔担菌　51, 100, 101

J

加拿大外担菌　10, 12
假柄隔担菌　46, 49, 52, 98
金合欢隔担菌　48, 52, 54
酒饼簕隔担菌　49, 51, 58, 59
菌丝状隔担菌　49, 51, 67

K

卡雷隔担菌　49, 52, 66
糠蚧隔担菌　48
昆明外担菌　11, 21

L

赖因金隔担菌　49, 51, 63, 99
李隔担菌　49, 52, 87, 94, 96, 97
蓼隔担菌　49, 52, 95, 96
裂缝隔担菌　54, 73
柃外担菌　1, 7, 10, 15
庐山外担菌　10, 22, 23
陆均松隔担菌　49, 51, 68, 69
鹿蹄草叶白珠外担菌　11, 29
卵叶马醉木外担菌　7, 11, 28

M

马醉木外担菌　3, 11, 27
茂物隔担菌　47, 49, 52, 61, 100
梅州隔担菌　49, 53, 87, 88, 102
煤状隔担菌　48, 51, 65

N

南方隔担菌　49, 54, 73, 88, 89
南烛外担菌　11, 25, 26
拟隔担菌　49, 54, 70, 79, 103
女贞隔担菌　49, 53, 77, 84, 85

P

佩奇隔担菌　49, 51, 94
蒲葵果黑粉菌　1, 44
蒲葵果黑粉菌属　3, 4, 8, 42, 44

Q

浅色隔担菌　49, 53, 61, 90, 91, 94

R

日本外担菌　1, 3, 11, 20, 21

S

山矾隔担菌　49, 52, 107
山柑隔担菌　49, 53, 64, 65
山龙眼隔担菌　54, 78
山小橘隔担菌　49, 52, 75, 76
少孢外担菌　38
双圆蚧隔担菌　54, 69, 70
水东哥隔担菌　49, 53, 101, 102
四川隔担菌　49, 51, 104
梭罗树隔担菌　49, 53, 99

T

台湾隔担菌　48, 51, 73
台湾外担菌　1, 6, 11, 16, 17
腾冲外担菌　11, 39
田中隔担菌　49, 53, 107

W

外担菌科　2, 3, 8, 9, 10
外担菌目　1, 2, 3, 4, 5, 8, 9, 10, 42
外担菌属　2, 3, 4, 5, 6, 7, 8, 10, 15, 37
网状外担菌　10, 31
卫矛隔担菌　51, 68, 71
乌饭果外担菌　11, 37, 38
五孢外担菌　6, 27

X

细丽外担菌　1, 3, 6, 7, 10, 16, 18, 19
绣球隔担菌　53, 81, 82
锈叶杜鹃外担菌　11, 35, 36
雪层杜鹃外担菌　11, 33
栒子隔担菌　51, 67, 68

Y

鸭跖草二孢外担菌　9
叶隔担菌　49, 52, 76, 81
腋花杜鹃外担菌　11, 30
圆柱外担菌　10, 13
云南隔担菌　51, 109
云南外担菌　10, 41

Z

泽田外担菌　1, 3, 10, 36, 37
珍珠花隔担菌　49, 53, 85, 86
珍珠花外担菌　11, 23, 24
桢楠外担菌　25
枳椇隔担菌　53, 80
中国隔担菌　48, 52, 105, 106, 107
紫金牛隔担菌　49, 53, 57, 58
紫蓝杜鹃外担菌　11, 34, 35
座担菌科　3, 8, 9
座担菌属　9

植物学名索引

A

Acronychia pedunculata　84
Actinidia chinensis　61, 88
Actinidiaceae　61, 88, 102
Albizia falcata　55
Albizia kalkora　62
Alnus ferdinandi-coburgii　91
Anacardiaceae　57, 72, 91
Anneslea fragrans　103
Aphanamixis polystachya　63
Aphananthe aspera　90
Aquifoliaceae　67
Araliaceae　98
Ardisia sp.　57
Ardisia yunnanensis　57
Atalantia buxifolia　59

B

Betulaceae　91
Broussonetia kaempferi　105
Broussonetia kazinoki　90
Broussonetia papyrifera　62, 63

C

Camellia oleifera　16, 19
Camellia pitardii var. *alba*　19
Camellia sinensis　6, 16, 31, 40, 42
Capparaceae　65
Capparis membranifolia　65
Caprifoliaceae　81
Castanea mollissima　62, 69, 83, 92
Castanea sp.　73
Castanopsis delavayi　103
Cinnamomum camphora　37

Cipadessa cinerascens　89
Citrus limonia　55, 106
Citrus maxima　74
Citrus reticulata　54, 67
Citrus sinensis　55, 100
Citrus spp.　74
Commelina communis　9
Commelinaceae　4, 9
Corylopsis platypetala　100
Cotoneaster franchetii　104
Cotoneaster obscurus　67
Cotoneaster rubens　68
Cyclobalanopsis glauca　67

D

Dacrydium pierrei　69

E

Elaeagnaceae　70
Elaeagnus lanceolata　70
Engelhardtia roxburghiana　62, 78
Eucommia ulmoides　72, 92, 100
Eucommiaceae　72, 92, 100
Euonymus japonicus　71
Euphorbiaceae　88, 92, 105
Eurya groffii　62, 72, 74
Eurya sp.　64
Evodia fargesii　90

F

Fagaceae　62, 67, 69, 73, 82, 92, 101, 103
Ficus auriculata　100
Ficus hispida　100
Ficus pandurata var. *holophylla*　108
Fraxinus sp.　100

G

Gaultheria borneensis 18
Gaultheria pyroloides 30
Glycosmis cochinchinensis 95
Glycosmis montana 76
Gordonia sp. 25

H

Hamamelidaceae 100
Harpullia cupanioides 106
Harpullia sp 78
Helicia nilagirica 79, 90
Hovenia acerba 80
Hydrangea aspera 81
Hydrangea longipes 82
Hydrangea sp. 82
Hydrangeaceae 81
Hypserpa nitida 105

I

Ilex sp. 67

J

Jasminum nudiflorum 62
Juglandaceae 62, 78, 88, 92
Juglans cathayensis var. *formosana* 89
Juglans regia 92

L

Lauraceae 8, 25, 37, 55, 61, 62, 81, 89, 94, 103
Leguminosae 55, 62, 89, 103
Ligustrum sinense 62, 85
Ligustrum sp. 92
Lindera communis 103
Lindera latifolia 55, 89
Lithocarpus dealbatus 92
Litsea cubeba 62, 89

Litsea sp. 62
Livistona chinensis 44
Lonicera sp. 81
Lyonia ovalifolia 22, 23, 28, 86, 91
Lyonia ovalifolia var. *elliptica* 5, 24, 26, 28
Lyonia ovalifolia var. *lanceolata* 24, 28, 29
Lyonia spp. 24, 26, 28

M

Machilus pseudolongifolia 25
Maesa perlarius 87
Mallotus barbatus 105
Mallotus japonicus 88
Malus pumila 93
Melastomataceae 79
Melia azedarach 89
Meliaceae 63, 89
Memecylon floribundum 79
Millettia sp. 103
Millettia tsui 89
Moraceae 62, 63, 89, 92, 100, 105, 108
Morus alba 62, 92, 108
Morus australis 62
Morus cathayana 90
Morus mongolica 100
Mussaenda erosa 106
Myrsinaceae 57, 87
Myrsine semiserrata 57

N

Neolitsea sp. 61

O

Oleaceae 62, 85, 92, 100
Osmanthus fragrans 62, 92, 100

P

Palmae 1, 4, 9, 43, 44
Phoenix dactylifera 43
Phoenix spp. 43
Photinia serrulata 83
Pieris formosa 39
Pieris taiwanensis 26
Pittosporaceae 74, 95
Pittosporum kerrii 74, 95
Podocarpaceae 69
Polygonum campanulatum 95
Proteaceae 79, 90
Prunus cerasifera 93
Prunus mume 87, 90, 93
Prunus persica 93, 97
Prunus pseudocerasus 93, 97
Prunus salicina 59, 93, 97, 102
Psychotria rubra 106
Psychotria serpens 98
Punica granatum 92, 104
Punicaceae 92, 104
Pyracantha fortuneana 93
Pyrus betulaefolia 93
Pyrus phaeocarpa 93
Pyrus serrulata 93

Q

Quercus pannosa 101

R

Reevesia longipetiolata 99
Rhamnaceae 80, 92
Rhamnus spp. 92
Rhododendron delavayi 17, 31, 33
Rhododendron lapponicum 17
Rhododendron mariesii 12
Rhododendron microphyton 12, 31
Rhododendron minutiflorum 12
Rhododendron mucronatum 12, 20
Rhododendron nakaharai 38
Rhododendron nivale 34
Rhododendron oreodoxa 33
Rhododendron pulchrum 14, 20
Rhododendron racemosum 17, 31
Rhododendron russatum 34
Rhododendron siderophyllum 36
Rhododendron simsii 20, 22
Rhododendron spp. 13, 14, 17, 20, 31, 33, 34
Rhododendron tatsienense 36
Rhus chinensis 72, 91
Rhus potaninii 57
Rosa chinensis 97
Rosa sp. 68
Rosaceae 59, 67, 82, 83, 87, 90, 93, 97, 102, 104
Rubiaceae 98, 105
Rutaceae 54, 55, 59, 65, 67, 74, 75, 84, 90, 93, 95, 100, 106

S

Sapindaceae 78, 106
Saurauia tristyla 102
Schefflera octophylla 98
Sorbus rufopilosa 68, 82
Staphyleaceae 90
Sterculiaceae 99
Streblus asper 63
Symplocaceae 9, 90, 107
Symplocos pilosa 90
Symplocos sp. 107

T

Tapiscia sinensis 90
Theaceae 1, 8, 16, 19, 25, 31, 40, 42, 62, 64, 72, 74, 103

U

Ulmaceae   90
Urticaceae   85

V

Vaccinium fragile   38
Vaccinium sp.   38
Vaccinium sprengelii   61
Vernicia fordii   92
Villebrunea pedunculata   85

Z

Zanthoxylum bungeanum   93
Zanthoxylum simulans   94

蚧虫学名索引

A

Andaspis ficicola　100
Andaspis sp.　65
Aonidiella sp.　71
Aulacaspis difficillis　66
Aulacaspis sp.　57, 61, 68, 89, 107
Aulacaspis tubercularis　81

C

Chionaspis sp.　64, 95, 102

D

Diaspididae　57, 61, 69, 72, 78, 81, 83, 85, 87, 89, 94, 95, 97, 99, 100, 102, 104, 107, 108

Diaspidiotus sp.　62, 69, 83, 87

L

Lepidosaphes sp.　78, 79, 85, 99, 104, 108
Lepidosaphedini　108

P

Palatoria sp.　94
Parlatoria proteus　74, 84
Pinnaspis sp.　69, 72, 74, 87
Pseudaulacaspis kuisiuensis　95
Pseudaulacaspis pentagona　87
Pseudaulacaspis sp.　57, 62, 63, 73, 77, 78, 80, 97

真菌学名索引

A

Anthoseptobasidium rhabarbarinum 101

B

Brachybasidiaceae 3, 8, 9
Brachybasidium 9

C

Campylobasidium 50
Corticium rhabarbarinum 101

D

Dacryodochium 42
Daedalea rhabarbarina 100

E

Elaeodema cinnamomi 36, 37
Elaeodema cinnamomi f. *brunnea* 37
Elaeodema floricola 37
Elpidophora 42
Exobasidiaceae 2, 3, 8, 9
Exobasidiales 2, 3, 8, 9, 42
Exobasidium 2, 3, 4, 8, 10, 39, 42
Exobasidium asebiae 39
Exobasidium assamense 42
Exobasidium burtii 13
Exobasidium camelliae 4, 7, 11, 16
Exobasidium camelliae var. *gracilis* 18
Exobasidium camelliae-oleiferae 18
Exobasidium canadense 12, 13
Exobasidium caucasicum 20
Exobasidium cylindrosporum 13
Exobasidium decolorans 13
Exobasidium deqenense 14, 15, 34
Exobasidium euryae 1, 7, 15, 16
Exobasidium formosanum 1, 6, 16, 17
Exobasidium gaultheriae 3, 18, 30
Exobasidium gracile 1, 3, 7, 16, 18, 19
Exobasidium hemisphaericum 3, 19
Exobasidium japonicum 1, 3, 20, 21, 23, 31
Exobasidium japonicum var. *hypophyllum* 31
Exobasidium kunmingense 21, 22
Exobasidium lushanense 22, 23
Exobasidium lyoniae 22, 23, 24
Exobasidium machili 25
Exobasidium monosporum 25, 42
Exobasidium myrtilli 13
Exobasidium nudum 42
Exobasidium ovalifoliae 25, 26
Exobasidium pentasporium 6, 27
Exobasidium pieridis 3, 27, 39
Exobasidium pieridis-ovalifoliae 7, 22, 24, 28
Exobasidium pieridis-taiwanense 25, 26, 27, 39
Exobasidium pyroloides 29
Exobasidium racemosum 30, 31
Exobasidium reticulatum 31, 42
Exobasidium rhododendri 1, 18, 32, 33, 34, 35, 36
Exobasidium rhododendri-nivalis 33, 35
Exobasidium rhododendri-russati 34, 35
Exobasidium rhododendri-siderophylli 35, 36
Exobasidium sakishimaense 34
Exobasidium sasanquae 42
Exobasidium sawadae 1, 3, 36

Exobasidium shiraianum 15
Exobasidium splendidum 37, 38
Exobasidium taihokuense 15, 38
Exobasidium tengchongense 39
Exobasidium vaccinii 2, 5, 10
Exobasidium vaccinii f. *rhododendri* 32
Exobasidium vaccinii var. *japonicum* 20
Exobasidium vaccinii var. *rhododendri* 32
Exobasidium vexans 1, 6, 16, 40, 41, 42
Exobasidium yunnanense 41, 42

G

Gausapia 50
Glenospora 50
Glomerularia cinnamomi 36
Graphiola 2, 3, 4, 8, 42, 43, 44
Graphiola disticha 44
Graphiola phoenicis 1, 2, 43
Graphiolaceae 2, 3, 8, 9, 42

H

Helicobasidium tanakae 107
Hymenochaete frustulosa 101
Hymenochaete septobasidioides 103

K

Kordyana 3, 4, 8, 9
Kordyana commelinae 9
Kordyana tradescantiae 9

M

Microstroma pentasporium 27
Mohortia 50
Mohortia carestiana 60

N

Nigrocupula 43

O

Ordonia 50

P

Peniophora citrina 101
Phacidium phoenicis 43

R

Rudetum 50

S

Septobasidiales 47, 50
Septobasidiaceae 47, 50
Septobasidium 47, 48, 49, 50, 51
Septobasidium acaciae 48, 54
Septobasidium albidum 49, 54, 55, 82, 94
Septobasidium annulatum 49, 56, 57
Septobasidium apiculatum 47, 69
Septobasidium ardisiae 49, 57, 58
Septobasidium atalantiae 49, 58, 59
Septobasidium atropunctum 59, 60
Septobasidium aulacaspidis 49, 56, 60
Septobasidium bogoriense 47, 48, 49, 61, 100
Septobasidium broussonetiae 49, 62, 63
Septobasidium brunneum 64
Septobasidium capparis 49, 64, 65
Septobasidium carbonaceum 48, 65
Septobasidium carestianum 49, 66
Septobasidium cinchonae 106
Septobasidium cirratum 86, 98
Septobasidium citricola 48, 57, 66, 96
Septobasidium conidiophorum 49, 67
Septobasidium cotoneastri 67, 68
Septobasidium dacrydii 49, 68, 69
Septobasidium diaspidioti 69, 70
Septobasidium elaeagni 70
Septobasidium euonymi 68, 71

Septobasidium euryae-groffii 49, 65, 71, 72, 73
Septobasidium filiforme 87
Septobasidium fissuratum 73
Septobasidium formosense 48, 73
Septobasidium frustulosum 101
Septobasidium gaoligongense 49, 74, 75
Septobasidium glycosmidis 49, 52, 75, 76
Septobasidium guangxiense 76
Septobasidium hainanense 49, 77, 78, 106
Septobasidium heliciae 78
Septobasidium henningsii 49, 57, 58, 72, 79, 80, 99
Septobasidium hoveniae 80
Septobasidium humile 49, 76, 81
Septobasidium hydrangeae 81, 82
Septobasidium indigophorum 48, 61
Septobasidium kameii 48, 49, 82, 83
Septobasidium leucostemum 49, 83, 84
Septobasidium lichenicola 78, 95
Septobasidium ligustri 49, 77, 84, 85
Septobasidium lyoniae 49, 85, 86
Septobasidium maesae 49, 86
Septobasidium meizhouense 49, 87, 88, 102
Septobasidium meridionale 49, 73, 88, 89
Septobasidium mompa 61
Septobasidium natalense 59
Septobasidium pallidum 49, 61, 90, 91, 94
Septobasidium papyraceum 103
Septobasidium parlatoriae 48
Septobasidium patouillardii 68, 71, 105
Septobasidium pedicellatum 61
Septobasidium petchii 49, 94

Septobasidium pittospori 49, 94, 95, 109
Septobasidium polygoni 49, 95, 96
Septobasidium pruni 49, 87, 94, 96, 97
Septobasidium prunophilum 48, 107
Septobasidium pseudopedicellatum 46, 49, 98
Septobasidium radiosum 101
Septobasidium reevesiae 49, 99
Septobasidium reinkingii 49, 63, 99
Septobasidium rhabarbarinum 100, 101
Septobasidium saurauiae 49, 101, 102
Septobasidium schweinitzii 109
Septobasidium septobasidioides 49, 70, 79, 85, 90, 103
Septobasidium sinense 49, 105, 106, 107
Septobasidium sichuanense 49, 104
Septobasidium symploci 49, 107
Septobasidium tanakae 48, 49, 107
Septobasidium thwaitesii 64, 73, 107
Septobasidium tjibodense 79
Septobasidium transversum 108
Septobasidium velutinum 51
Septobasidium yunnanense 109
Sphaeria disticha 44
Striglia rhabarbarina 100
Stylina 2, 3, 4, 8, 42, 44
Stylina disticha 1, 44

T

Terana rhabarbarina 101
Tilletiopsis 41
Trichodesmium 42

图　版

图版 I

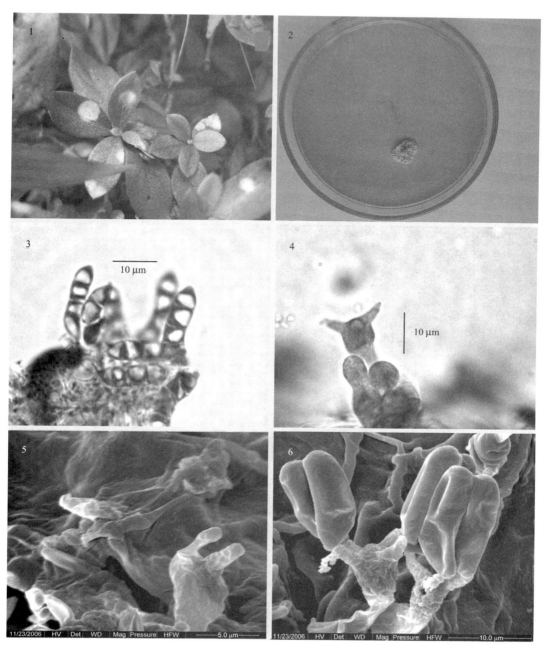

加拿大外担菌 *Exobasidium canadense* Savile (HMAS 167371)。
1. 症状；2. 菌落；3. 担孢子；4~6. 担子、小梗及担孢子。

图版 II

圆柱外担菌 *Exobasidium cylindrosporum* Ezuka (HMAS 183415)。
1. 症状；2. 菌落；3~6. 担子、小梗及担孢子。

图版 III

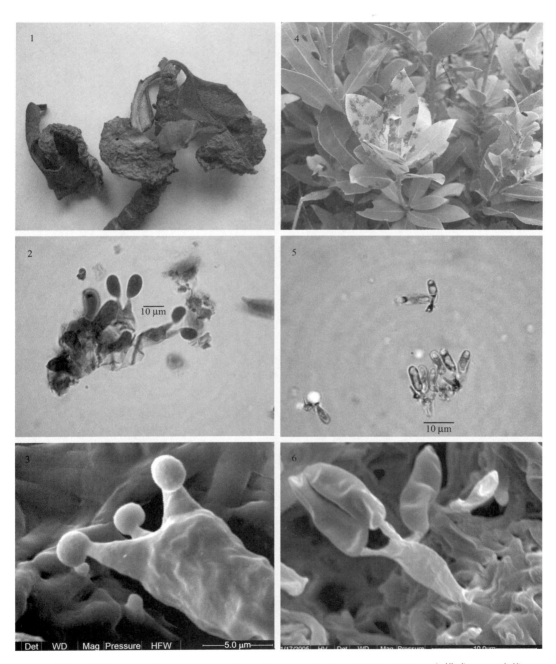

1~3. 德钦外担菌 *Exobasidium deqenense* Zhen Ying Li & L. Guo (HKAS 36550，主模式)。1. 症状；2、3. 担子、小梗及担孢子。4~6. 腾冲外担菌 *Exobasidium tengchongense* Zhen Ying Li & L. Guo (HMAS 173149，主模式)。4. 症状；5、6. 担子、小梗及担孢子。

图版 IV

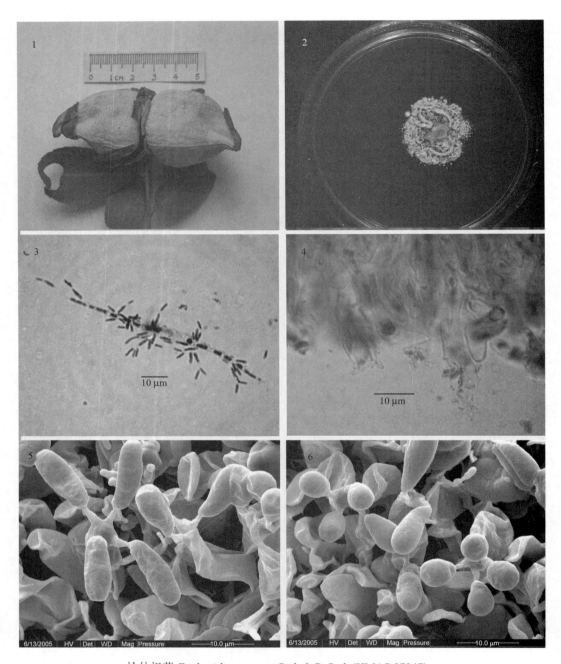

柃外担菌 *Exobasidium euryae* Syd. & P. Syd. (HMAS 97947)。
1. 症状；2. 菌落；3. 担孢子萌发；4~6. 担子、小梗及担孢子。

图版 V

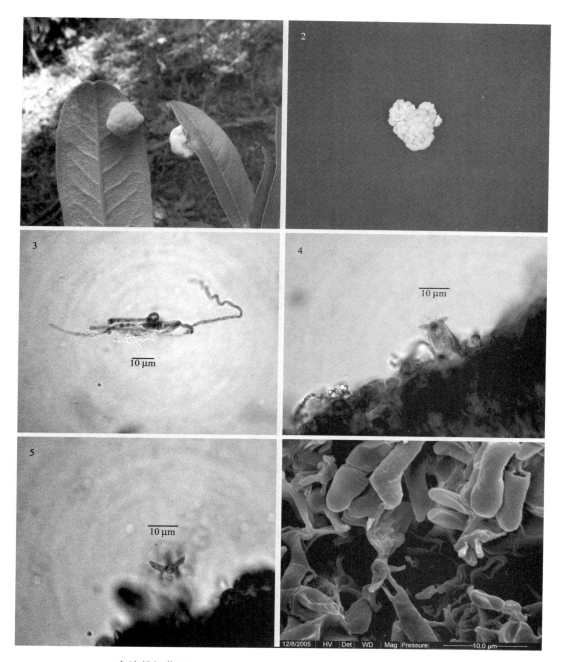

台湾外担菌 *Exobasidium formosanum* Sawada (HMAS 183418)。
1. 症状；2. 菌落；3. 担孢子萌发；4~6. 担子、小梗及担孢子。

图版 VI

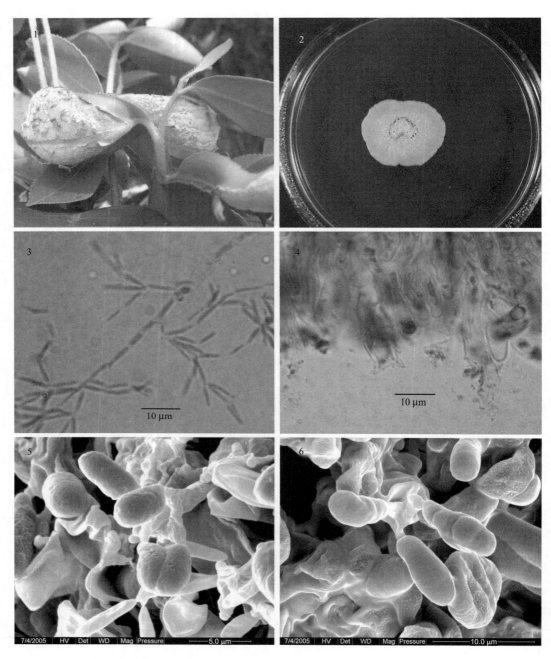

细丽外担菌 *Exobasidium gracile* (Shirai) Syd. & P. Syd. (HMAS 140276)。
1. 症状；2. 菌落；3. 担孢子萌发；4~6. 担子、小梗及担孢子。

图版 VII

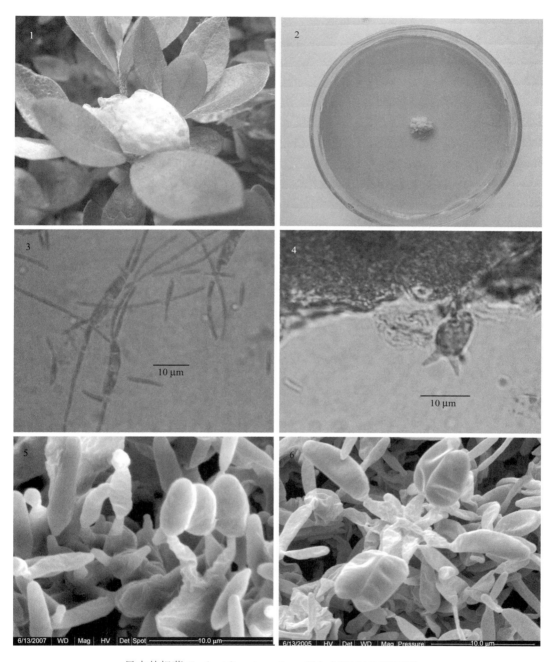

日本外担菌 *Exobasidium japonicum* Shirai (HMAS 175453)。
1. 症状；2. 菌落；3. 担孢子萌发；4~6. 担子、小梗及担孢子。

图版 VIII

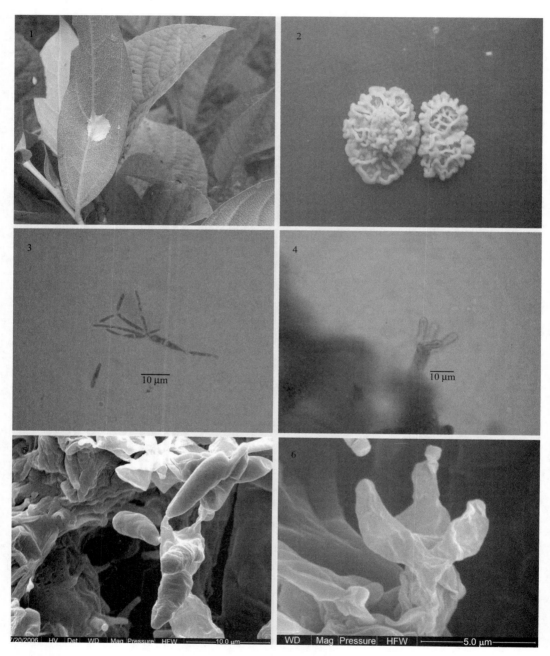

昆明外担菌 *Exobasidium kunmingense* Zhen Ying Li & L. Guo (HMAS 173147, 主模式)。
1. 症状；2. 菌落；3. 担孢子萌发；4~6. 担子、小梗及担孢子。

图版 IX

庐山外担菌 *Exobasidium lushanense* Zhen Ying Li & L. Guo (HMAS 173148,主模式)。
1. 症状;2. 菌落;3. 担孢子萌发;4~6. 担子、小梗及担孢子。

图版 X

1~3. 珍珠花外担菌 *Exobasidium lyoniae* Zhen Ying Li & L. Guo (HMAS 140551，主模式)。1. 症状；2~3. 担子、小梗及担孢子。4~6. 雪层杜鹃外担菌 *Exobasidium rhododendri-nivalis* Zhen Ying Li & L. Guo (HMAS 183431，主模式)。4. 症状；5、6. 担子、小梗及担孢子。

图版 XI

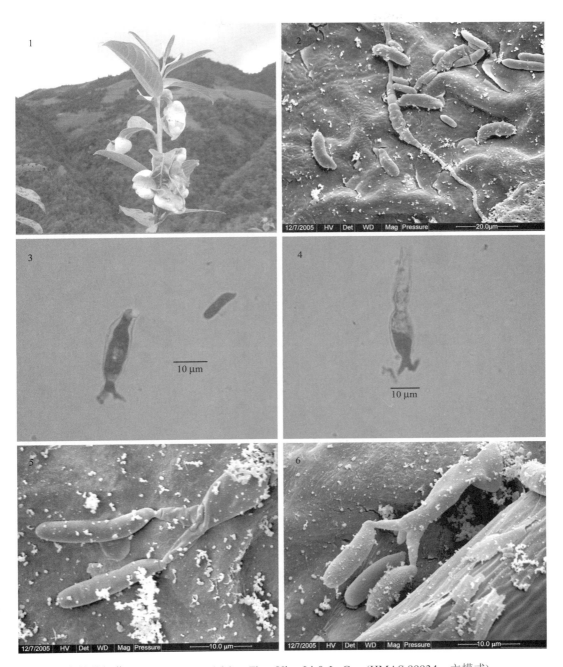

南烛外担菌 *Exobasidium ovalifoliae* Zhen Ying Li & L. Guo (HMAS 99934，主模式)。
1. 症状；2. 担孢子及担孢子萌发；3~6. 担子、小梗及担孢子。

图版 XII

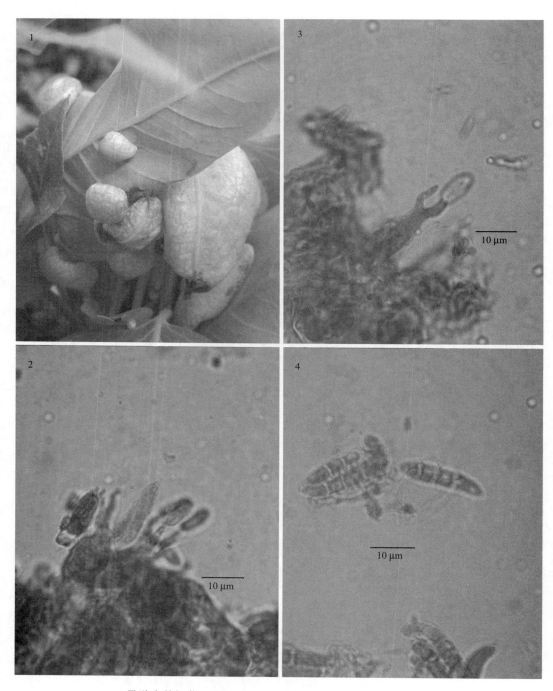

马醉木外担菌 *Exobasidium pieridis* Henn. (HMAS 138219)。
1. 症状；2、3. 担子、小梗及担孢子；4. 担孢子。

图版 XIII

卵叶马醉木外担菌 *Exobasidium pieridis-ovalifoliae* Sawada (HMAS 132758)。
1. 症状；2~6. 担子、小梗及担孢子。

图版 XIV

1~3. 鹿蹄草叶白珠外担菌 *Exobasidium pyroloides* Zhen Ying Li & L. Guo (HMAS 183432, 主模式)。1~3. 担子、小梗及担孢子。4~6. 腋花杜鹃外担菌 *Exobasidium racemosum* Zhen Ying Li & L. Guo (HMAS 140194, 主模式)。4. 症状; 5、6. 担子、小梗及担孢子。

图版 XV

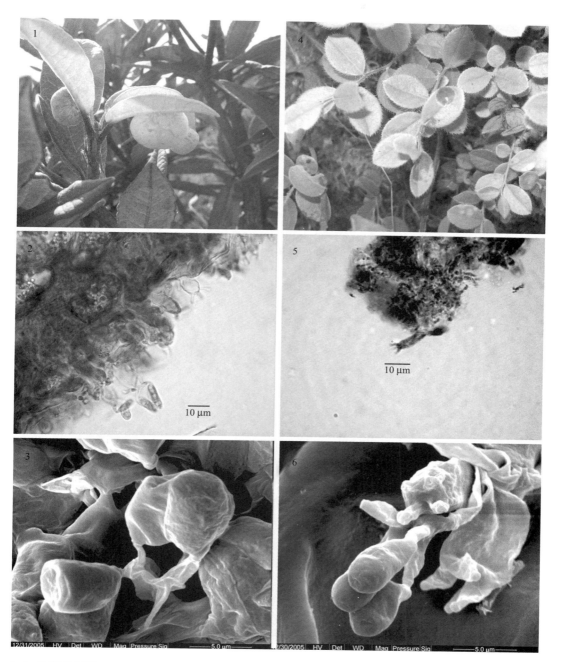

1~3. 杜鹃外担菌 *Exobasidium rhododendri* (Fuckel) C. E. Cramer (HMAS 173144)。1. 症状；2、3. 担子、小梗及担孢子。4~6. 乌饭果外担菌 *Exobasidium splendidum* Nannf. (HMAS 183436)。4. 症状；5、6. 担子、小梗及担孢子。

图版 XVI

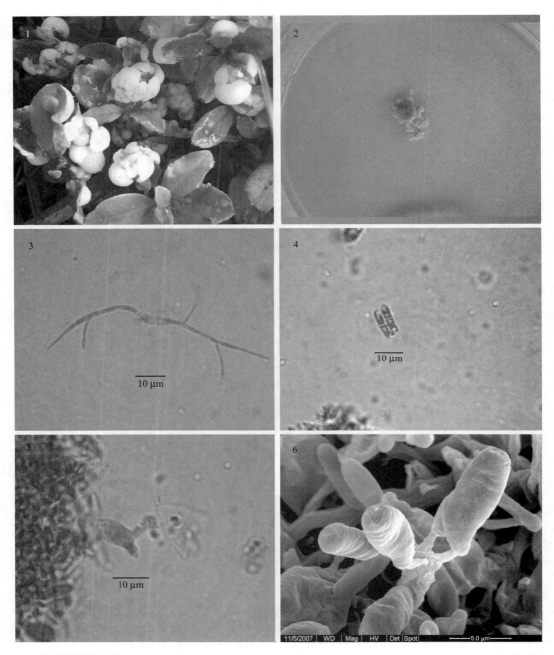

紫蓝杜鹃外担菌 *Exobasidium rhododendri-russati* Zhen Ying Li & L. Guo (HMAS 183433，主模式)。
1. 症状；2. 菌落；3. 担孢子萌发；4~6. 担子、小梗及担孢子。

图版 XVII

锈叶杜鹃外担菌 *Exobasidium rhododendri-siderophylli* Zhen Ying Li & L. Guo (HMAS 183424，主模式)。
1. 症状；2. 菌落；3~6. 担子、小梗及担孢子。

图版 XVIII

泽田外担菌 *Exobasidium sawadae* G. Yamada (HMAS 58341)。
1. 症状；2. 担孢子的光学显微照片；3、4. 担孢子的扫描电镜照片。

图版 XIX

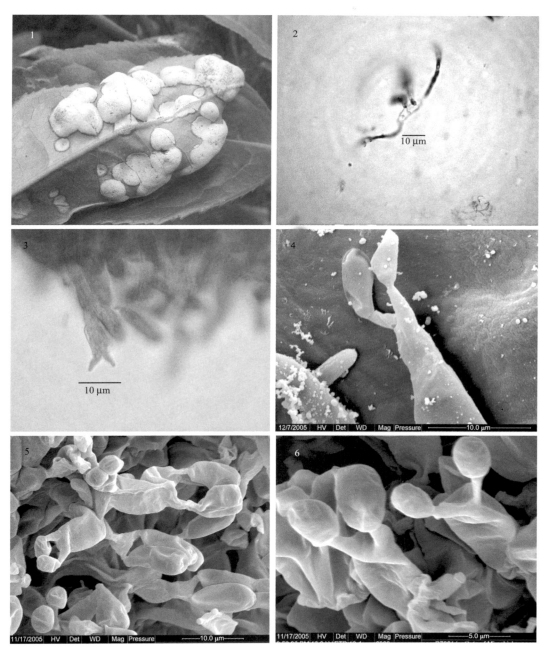

坏损外担菌 *Exobasidium vexans* Massee (HMAS 143615)。
1. 症状；2. 担孢子萌发；3~6. 担子、小梗及担孢子。

图版 XX

云南外担菌 *Exobasidium yunnanense* Zhen Ying Li & L. Guo (HMAS 167369, 主模式)。
1. 症状；2、3. 担子、小梗及担孢子的显微照片；4~6. 担子、小梗及担孢子的扫描电子显微照片。

图版 XXI

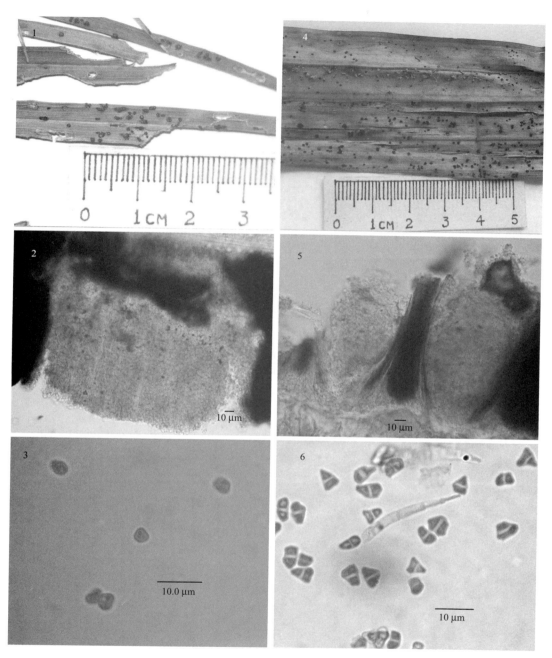

1~3. 刺葵果黑粉菌 *Graphiola phoenicis* (Moug.) Poit. (HMAS 2588)。1. 症状；2. 子座；3. 孢子。4~6. 蒲葵果黑粉菌 *Stylina disticha* (Ehrenb.) Syd. & P. Syd. (HMAS 14297)。4. 症状；5. 子座；6. 孢子。

图版 XXII

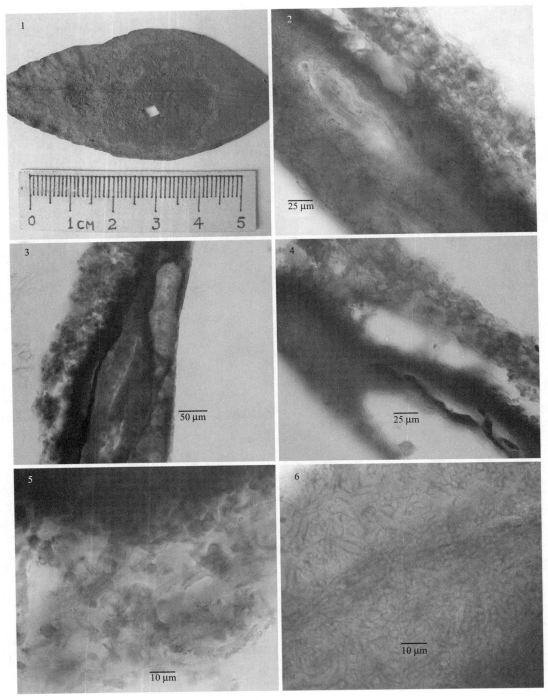

金合欢隔担菌 *Septobasidium acaciae* Sawada (HMAS 5455)。
1. 担子果；2~4. 切片；5. 原担子；6. 吸器。

图版 XXIII

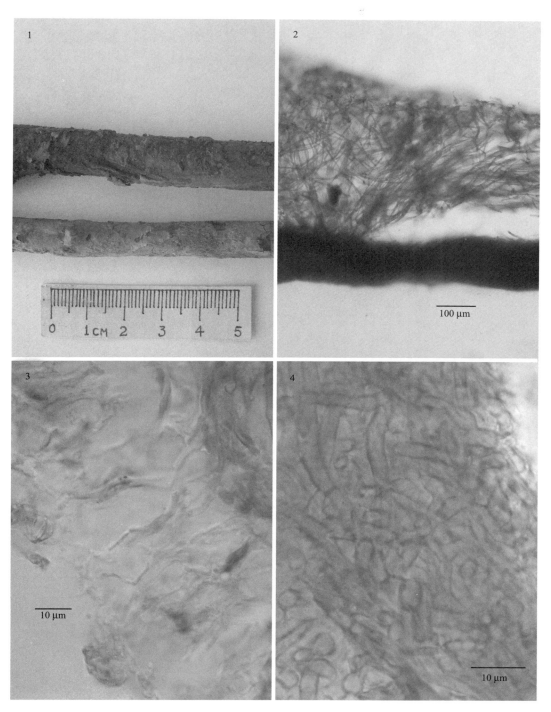

白隔担菌 *Septobasidium albidum* Pat.。1. 担子果 (FH 275490); 2. 切片 (BPI 268363); 3. 担子 (FH 275490); 4. 吸器 (BPI 268363)。

图版 XXIV

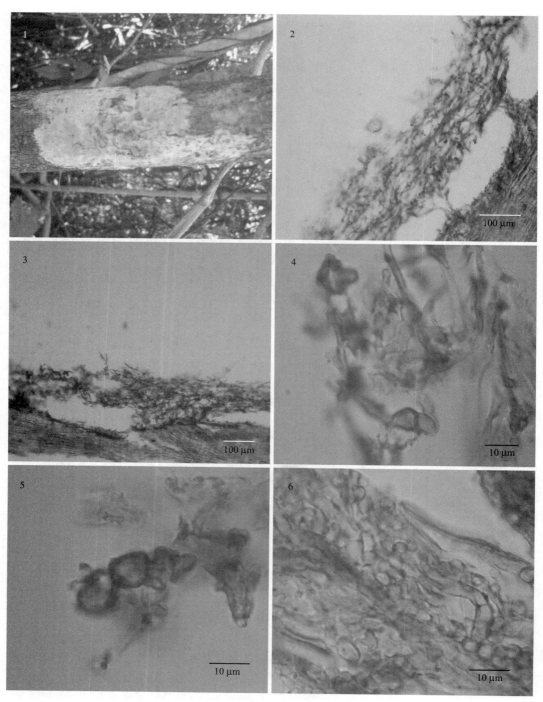

合欢隔担菌 *Septobasidium albiziae* S.Z. Chen & L. Guo (HMAS 242744，主模式)。1. 担子果；2、3. 切片；4、5. 担子；6. 吸器。

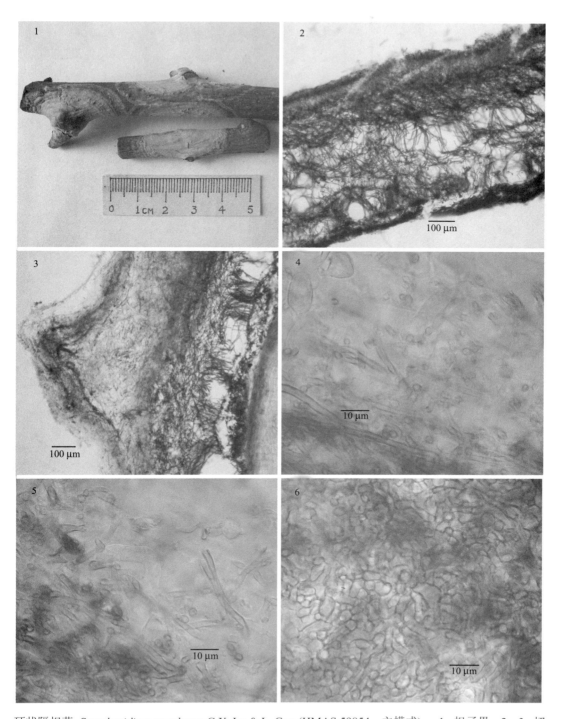

环状隔担菌 *Septobasidium annulatum* C.X. Lu & L. Guo (HMAS 59854,主模式)。 1. 担子果;2、3. 切片;4. 原担子和担子;5. 担子;6. 吸器。

图版 XXVI

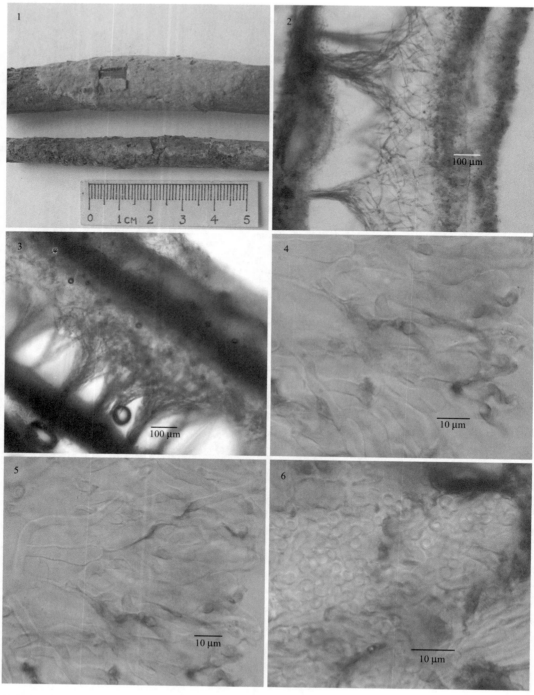

紫金牛隔担菌 *Septobasidium ardisiae* C.X. Lu & L. Guo (HMAS 196432，主模式)。1. 担子果；2、3. 切片；4、5. 子实层和担子；6. 吸器。

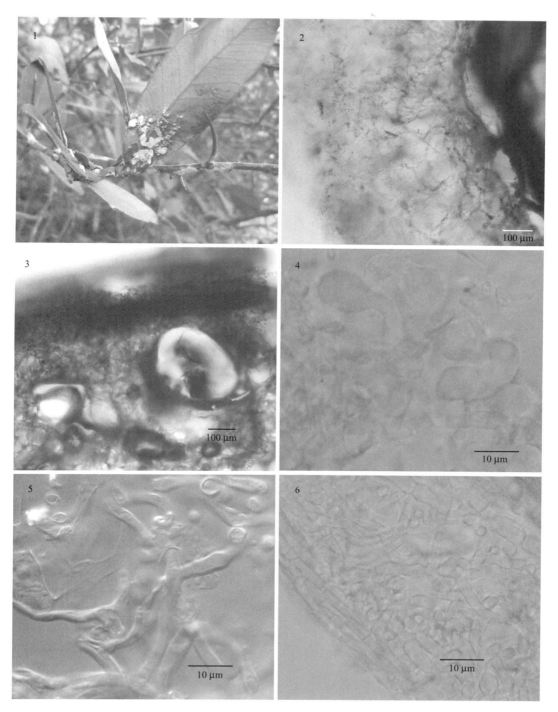

酒饼簕隔担菌 *Septobasidium atalantiae* S.Z. Chen & L. Guo (HMAS 251151, 主模式)。
1. 担子果；2、3. 切片；4、5. 担子；6. 吸器。

图版 XXVIII

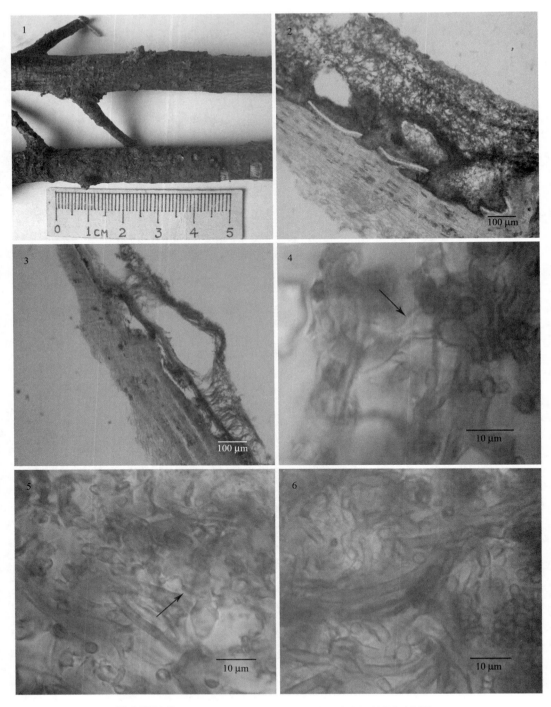

黑点隔担菌 *Septobasidium atropunctum* Couch (HMAS 251269)。
1. 担子果；2、3. 切片；4、5.担子；6. 吸器。

图版 XXIX

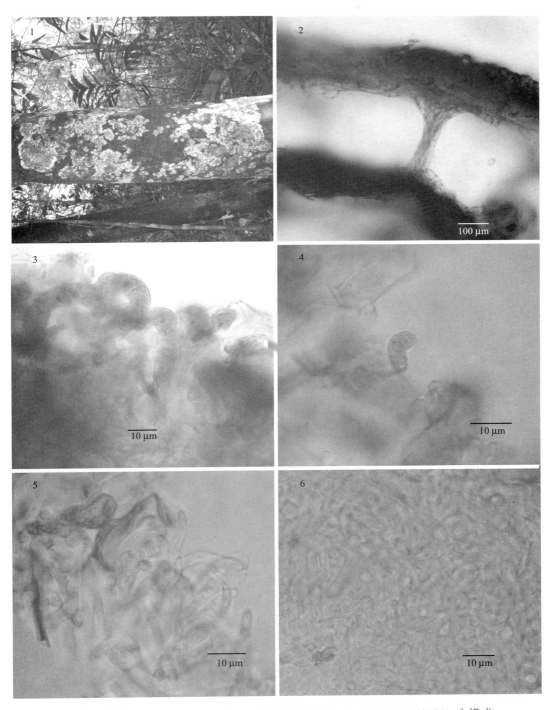

白轮盾蚧隔担菌 *Septobasidium aulacaspidis* C.X. Lu & L. Guo (HMAS 240074，主模式)。
1. 担子果；2. 切片；3. 担子；4. 担孢子；5. 担子和子实层菌丝；6. 吸器。

图版 XXX

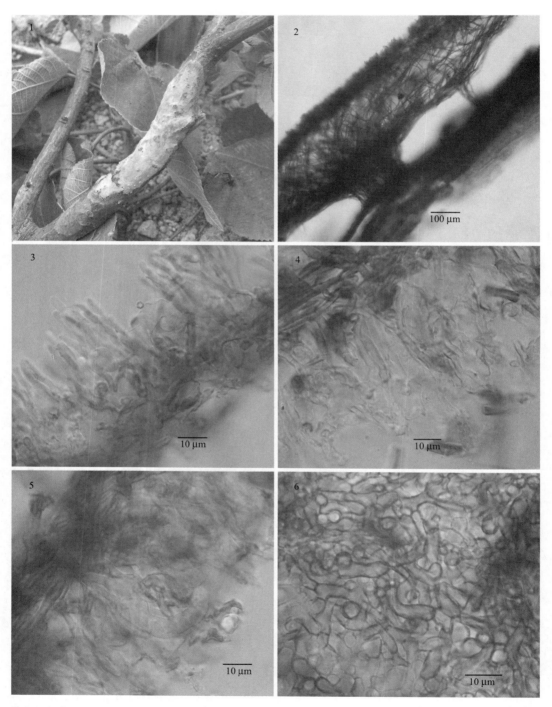

茂物隔担菌 *Septobasidium bogoriense* Pat.。1. 担子果 (HMAS 184986); 2. 切片 (HMAS 260754); 3.原担子和担子 (HMAS 196881); 4、5. 原担子和担子 (HMAS 196878); 6. 吸器 (HMAS 184986)。

图版 XXXI

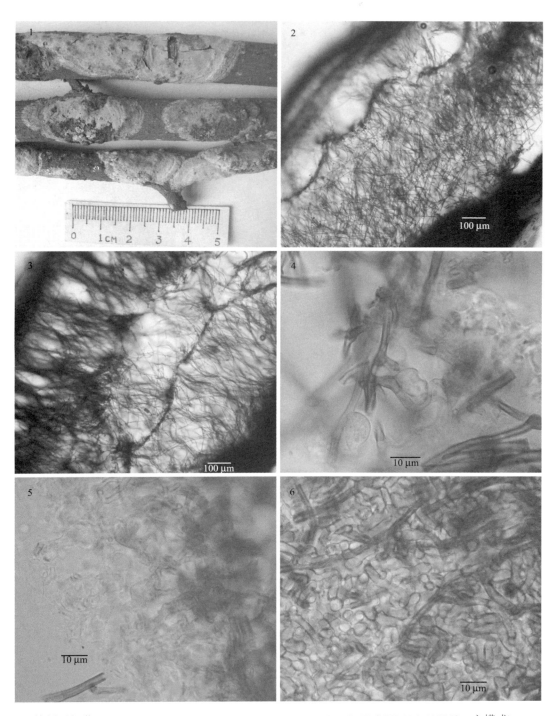

构树隔担菌 *Septobasidium broussonetiae* C.X. Lu, L. Guo & J.G. Wei (HMAS 197043,主模式)。
1. 担子果;2、3. 切片;4. 原担子;5. 担子;6.吸器。

图版 XXXII

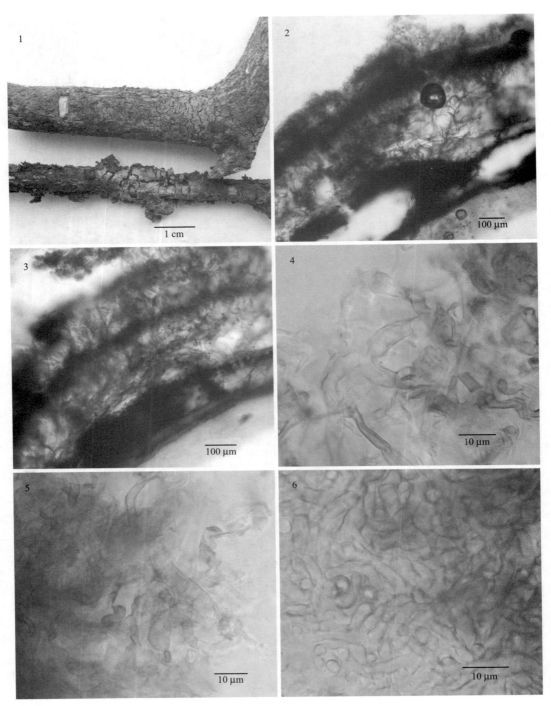

褐色隔担菌 *Septobasidium brunneum* Wei Li bis & L. Guo (HMAS 243152，主模式)。
1. 担子果；2、3. 切片；4、5. 担子；6.吸器。

图版 XXXIII

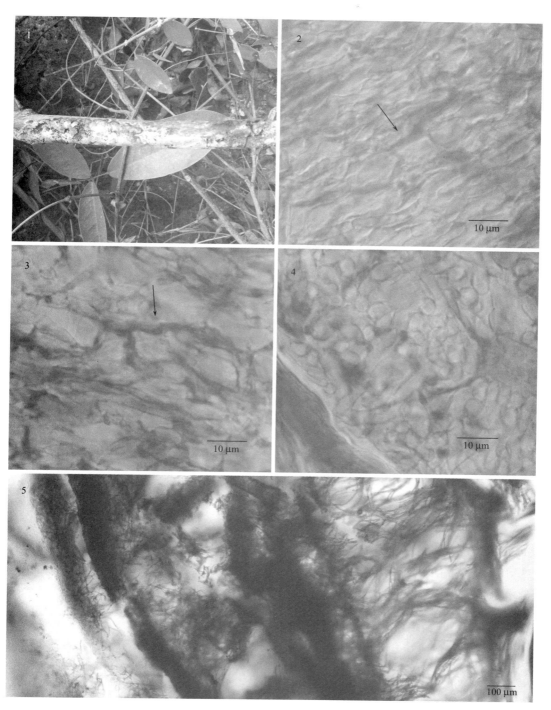

山柑隔担菌 *Septobasidium capparis* S.Z. Chen & L. Guo (HMAS 263233, 主模式)。
1. 担子果；2、3. 担子（箭头所示）；4. 吸器；5. 切片。

图版 XXXIV

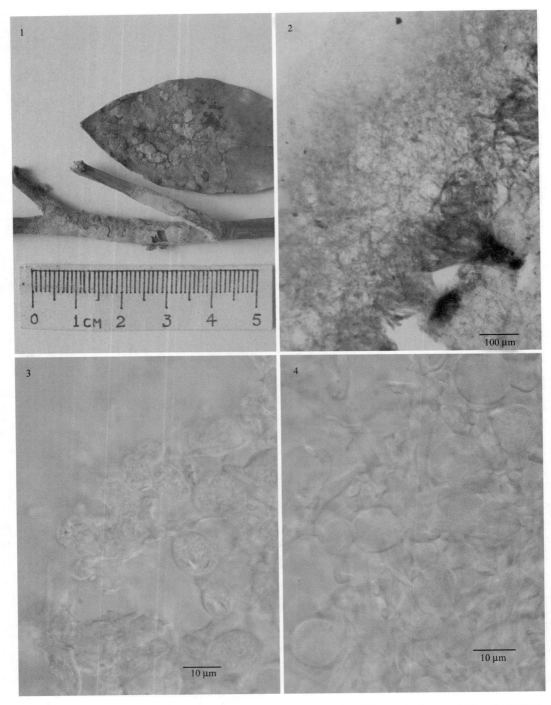

柑橘隔担菌 *Septobasidium citricola* Sawada (HMAS 5454)。1. 担子果；2. 切片；3. 担子；4. 原担子。

图版 XXXV

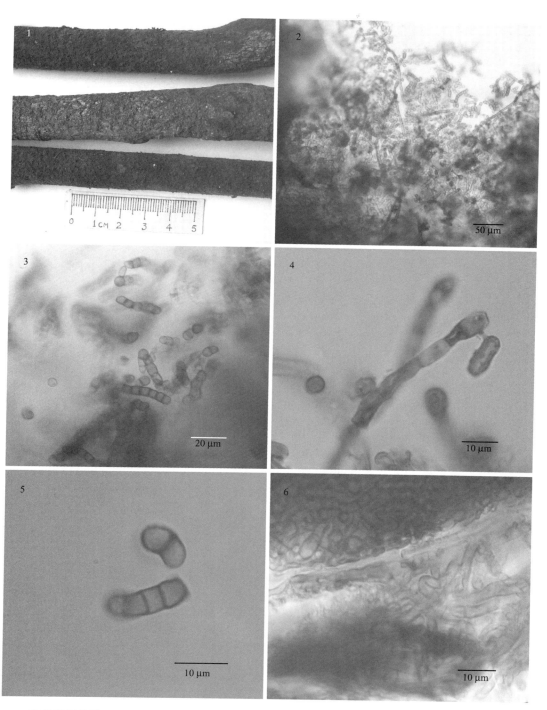

菌丝状隔担菌 *Septobasidium conidiophorum* Couch ex L.D. Gómez & Henk (HMAS 242796)。
1. 担子果；2. 切片；3～5. 分生孢子；6. 吸器。

图版 XXXVI

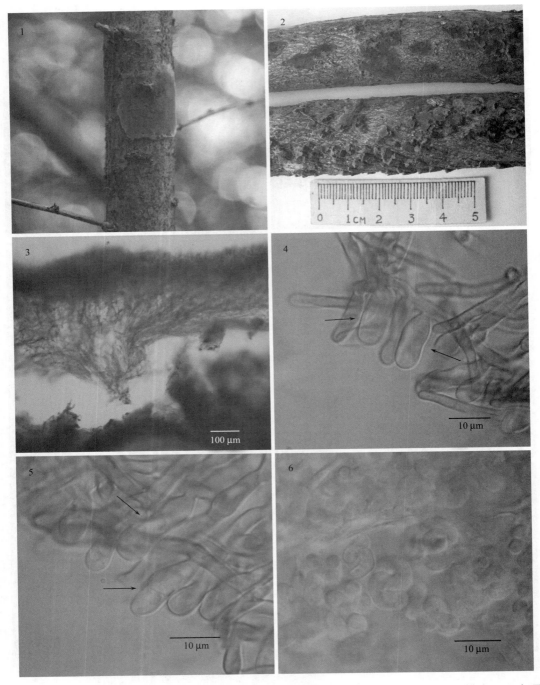

枸子隔担菌 Septobasidium cotoneastri S.Z. Chen & L. Guo。1. 担子果(HMAS 251318，主模式)；2. 担子果(HMAS 251319，副模式)；3.切片(HMAS 251318，主模式)；4、5. 担子 (箭头所示) (HMAS 251318，主模式)；6. 吸器(HMAS 251318，主模式)。

图版 XXXVII

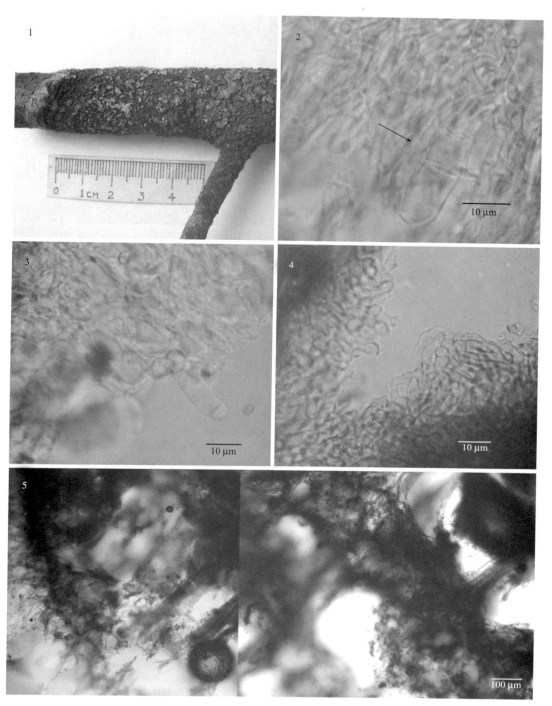

陆均松隔担菌 *Septobasidium dacrydii* S.Z. Chen & L. Guo (HMAS 263232,主模式)。
1. 担子果;2、3. 担子和担孢子;4. 吸器;5. 切片。

图版 XXXVIII

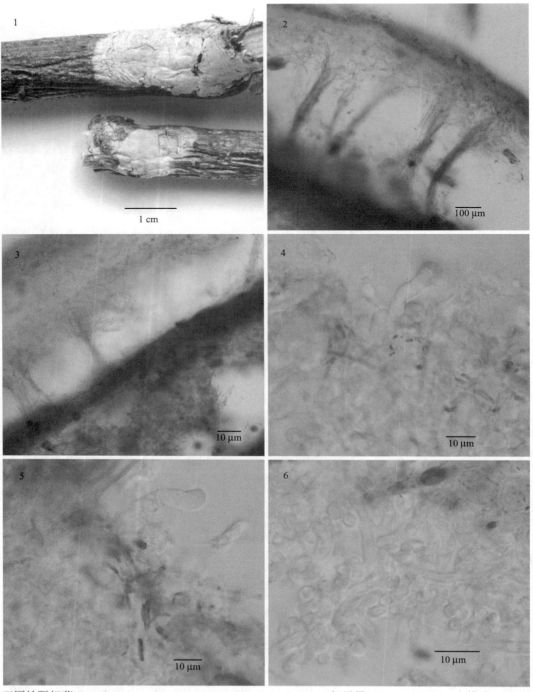

双圆蚧隔担菌 *Septobasidium diaspidioti* Wei Li bis & L. Guo。1. 担子果(HMAS 250647，主模式); 2. 切片(HMAS 250647，主模式); 3. 切片 (HMAS 263214); 4、5. 担子(HMAS 250647，主模式); 6. 吸器(HMAS 263214)。

图版 XXXIX

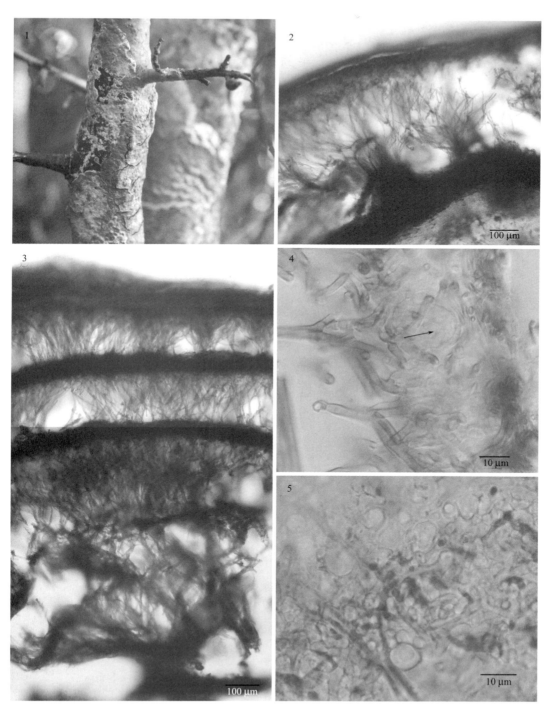

胡颓子隔担菌 *Septobasidium elaeagni* S.Z. Chen & L. Guo (HMAS 251261，主模式)。
1. 担子果；2、3. 切片；4. 担子 (箭头所示)；5. 吸器。

图版 XL

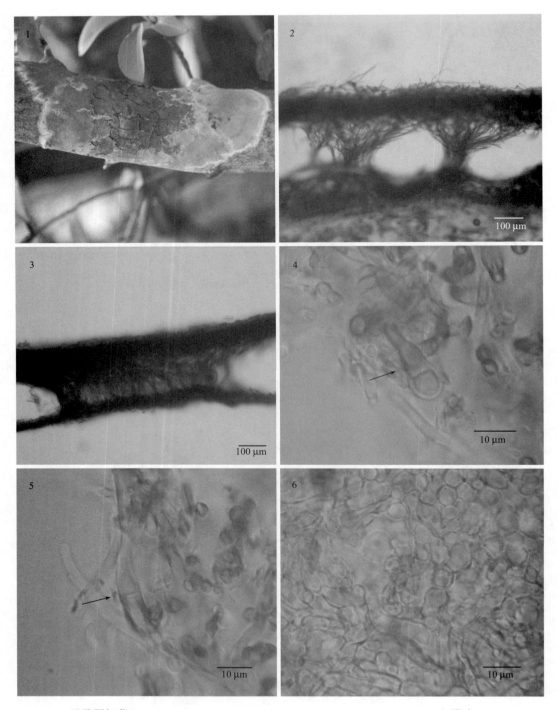

卫矛隔担菌 *Septobasidium euonymi* S.Z. Chen & L. Guo (HMAS 251324，主模式)。
1. 担子果；2、3. 切片；4、5. 担子 (箭头所示)；6. 吸器。

图版 XLI

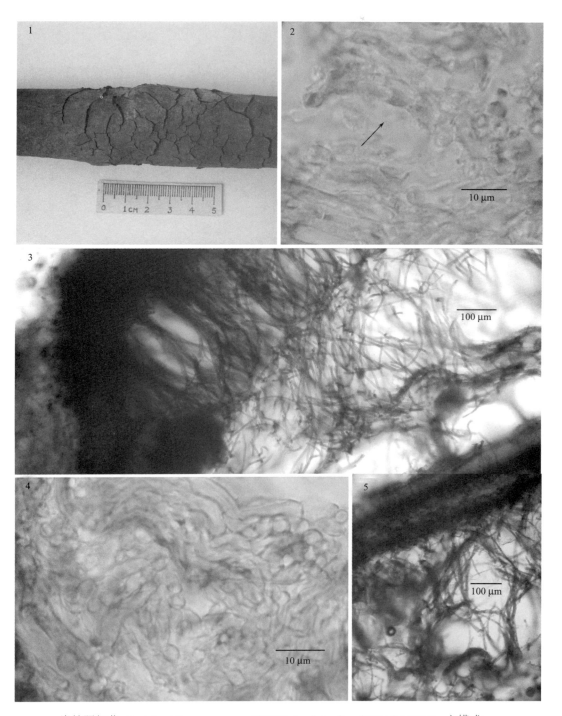

岗柃隔担菌 *Septobasidium euryae-groffii* C.X. Lu & L. Guo (HMAS 199579，主模式)。
1. 担子果；2. 担子；3、5. 切片；4.吸器。

图版 XLII

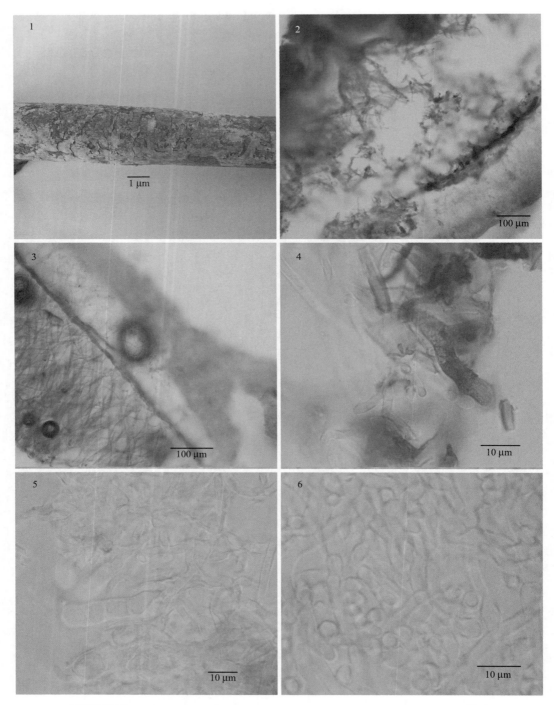

裂缝隔担菌 *Septobasidium fissuratum* Wei Li bis & L. Guo（HMAS 244419，主模式）。
1. 担子果；2、3. 切片；4、5. 担子；6.吸器。

图版 XLIII

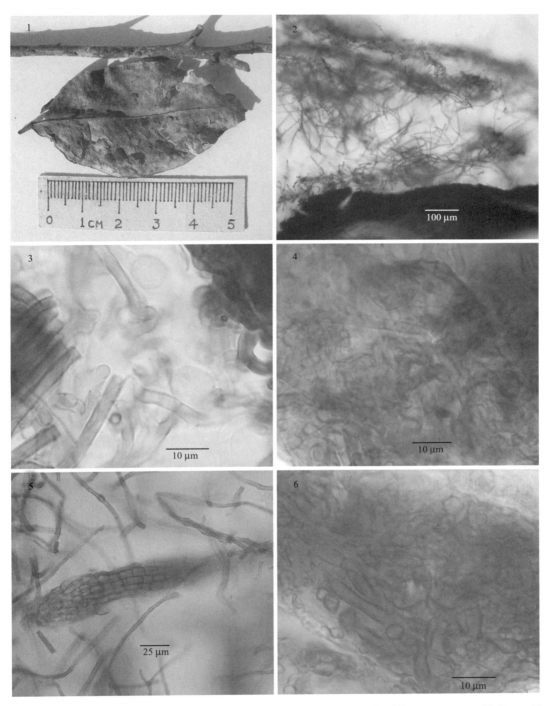

台湾隔担菌 *Septobasidium formosense* Couch ex L.D. Gómez & Henk。1.担子果 (BPI 268667，模式); 2. 切片 (BPI 268667，模式); 3.原担子 (BPI 268668); 4. 担子 (BPI 268667，模式); 5.分生孢子束 (BPI 268667，模式); 6. 吸器 (BPI 268667，模式)。

图版 XLIV

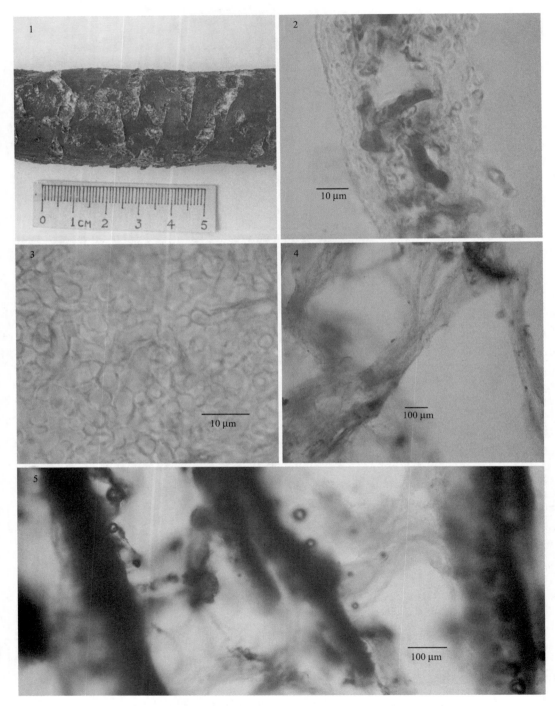

高黎贡山隔担菌 *Septobasidium gaoligongense* C.X. Lu & L. Guo (HMAS 199577,主模式)。
1. 担子果;2. 担子;3. 吸器;4、5. 切片。

图版 XLV

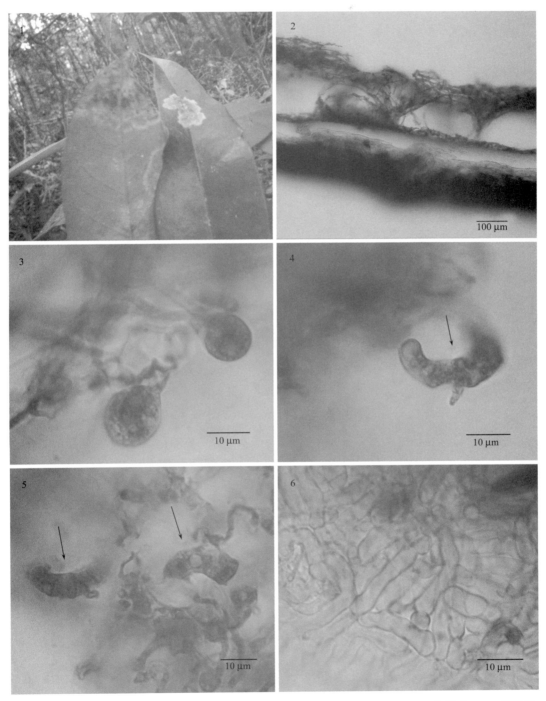

山小橘隔担菌 *Septobasidium glycosmidis* S.Z. Chen & L. Guo (HMAS 242746, 主模式)。1. 担子果；2. 切片；3. 原担子；4、5. 担子 (箭头所示)；6. 吸器。

图版 XLVI

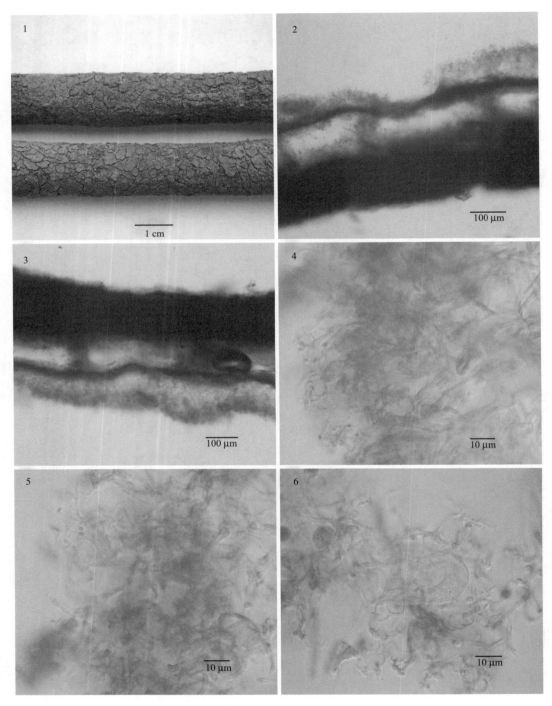

广西隔担菌 *Septobasidium guangxiense* Wei Li bis & L. Guo (HMAS 244542,主模式)。
1. 担子果；2、3. 切片；4~6. 担子。

图版 XLVII

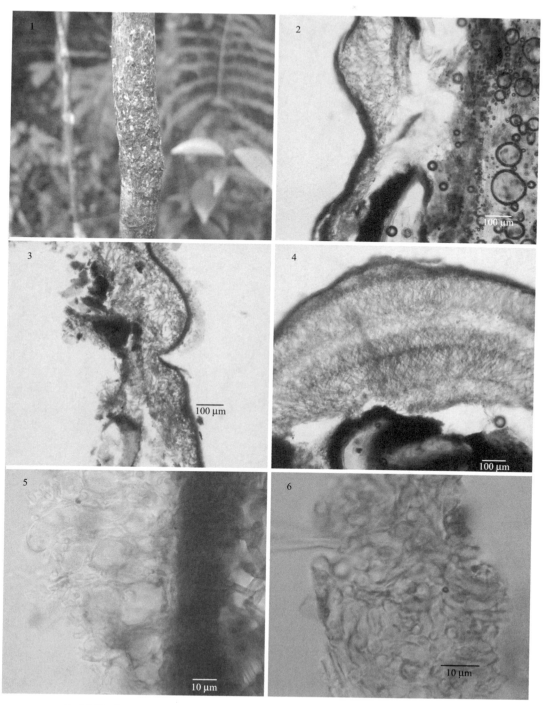

海南隔担菌 *Septobasidium hainanense* C.X. Lu & L. Guo (HMAS 240078，主模式)。
1. 担子果；2～4. 切片；5. 担子；6. 吸器。

图版 XLVIII

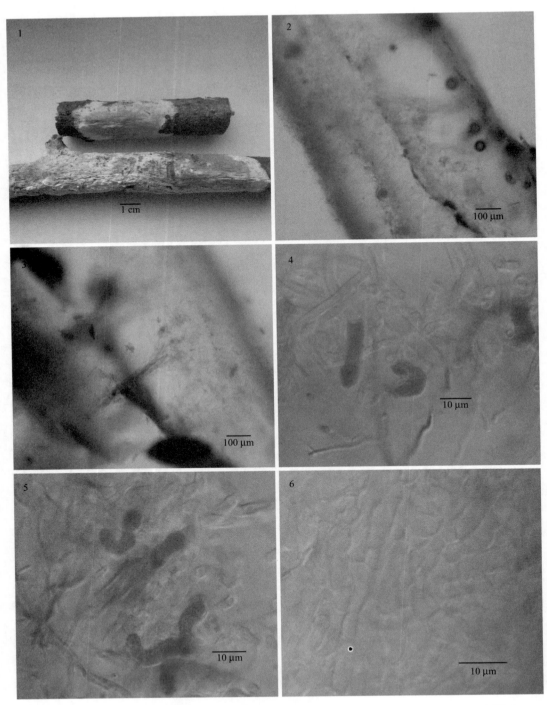

山龙眼隔担菌 *Septobasidium heliciae* Wei Li bis & L. Guo 的担子（HMAS 244418，主模式）。
1. 担子果；2、3. 切片；4、5. 担子；6. 吸器。

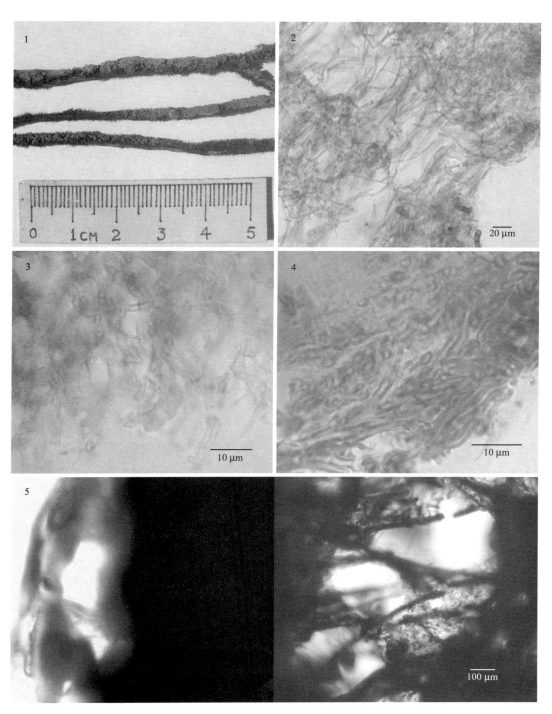

亨宁斯隔担菌 *Septobasidium henningsii* Pat. (HMAS 251152)。
1. 担子果；2. 子实层；3. 担子；4. 吸器；5.切片。

图版 L

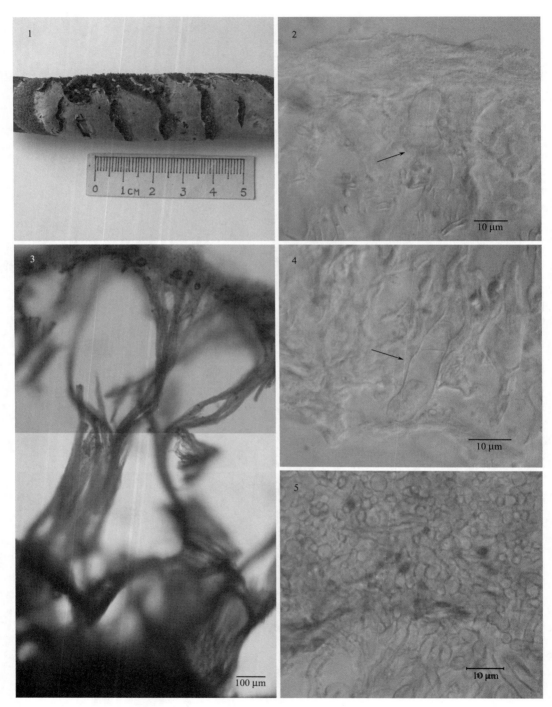

枳椇隔担菌 *Septobasidium hoveniae* Wei Li bis S.Z. Chen, L. Guo & Y.Q. Ye (HMAS 252321，主模式)。
1. 担子果；2、4. 担子；3. 切片；5. 吸器。

图版 LI

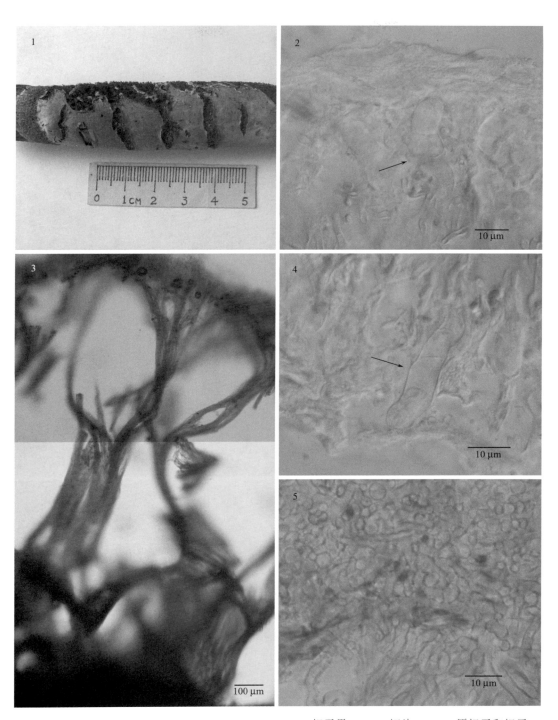

叶隔担菌 *Septobasidium humile* Racib. (TNM F21295)。1. 担子果；2、3. 切片；4～6. 原担子和担子。

图版 LII

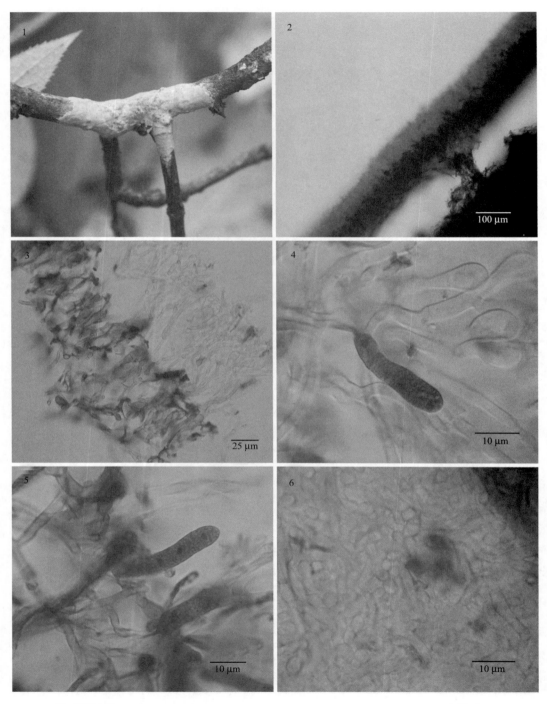

绣球隔担菌 *Septobasidium hydrangeae* S.Z. Chen & L. Guo（HMAS 251270，主模式）。
1. 担子果；2. 切片；3. 子实层，4、5. 担子；6. 吸器。

图版 LIII

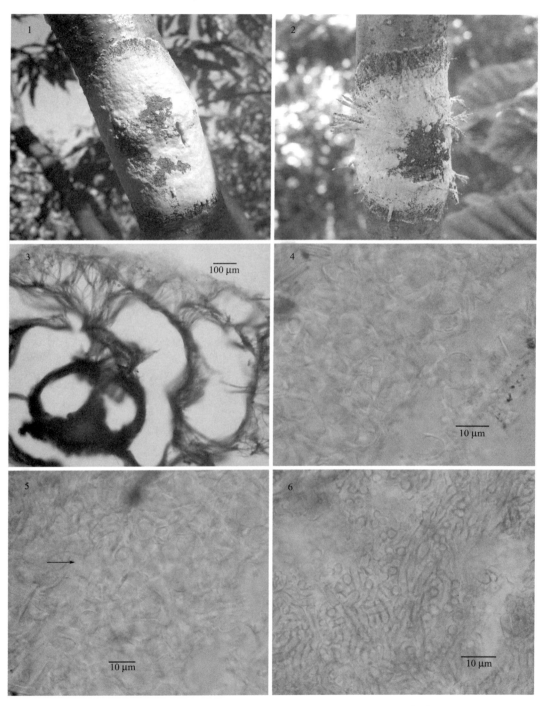

龟井隔担菌 Septobasidium kameii Kaz. Ito。1、2. 担子果（HMAS 196463）；3. 切片（HMAS 196463）；4. 原担子（HMAS 197040）；5. 担子（HMAS 197040）；6.吸器(HMAS 196463)。

图版 LIV

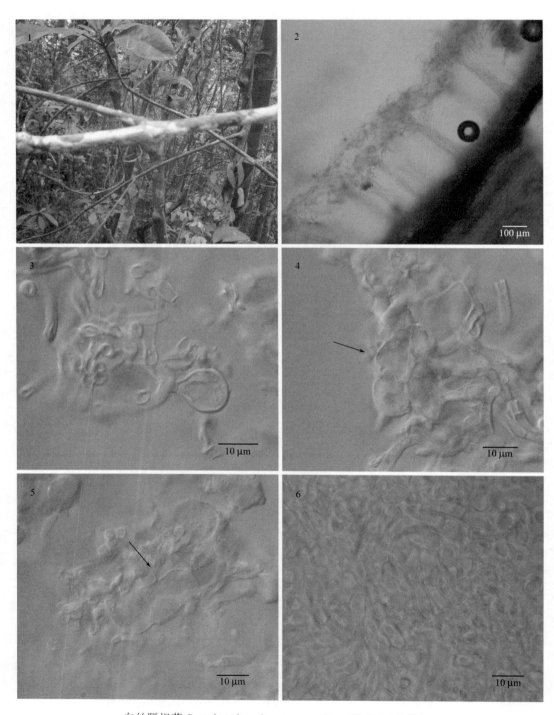

白丝隔担菌 *Septobasidium leucostemum* Pat. (HMAS 242794)。
1. 担子果；2. 切片；3. 原担子；4、5. 担子(箭头所示)；6. 吸器。

图版 LV

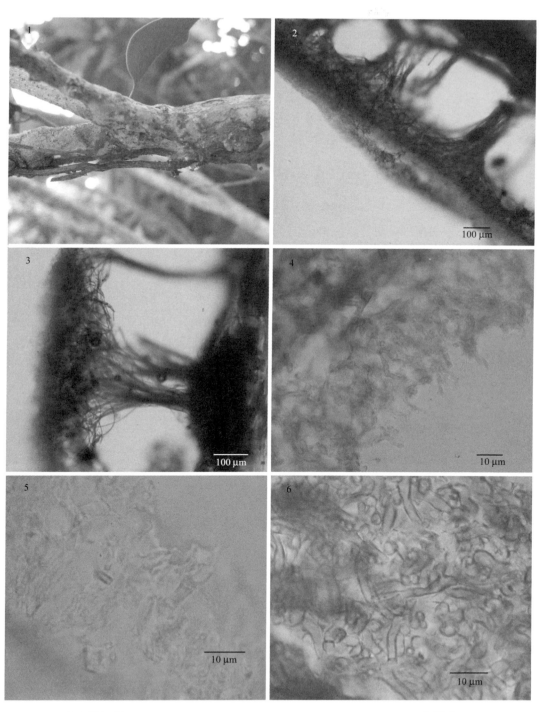

女贞隔担菌 *Septobasidium ligustri* C.X. Lu & L. Guo (HMAS 240079, 主模式)。
1. 担子果; 2、3. 切片; 4.子实层; 5. 担子; 6.吸器。

图版 LVI

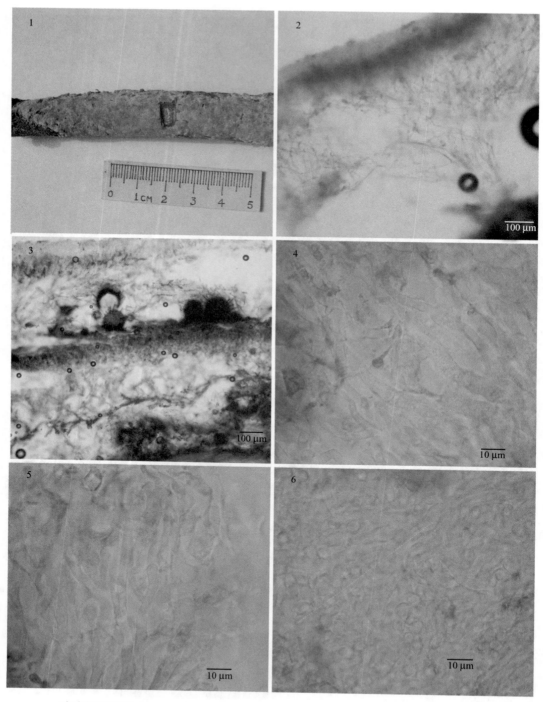

珍珠花隔担菌 *Septobasidium lyoniae* C.X. Lu & L. Guo (HMAS 250384, 主模式)。
1. 担子果; 2、3. 切片; 4、5. 子实层和担子; 6. 吸器。

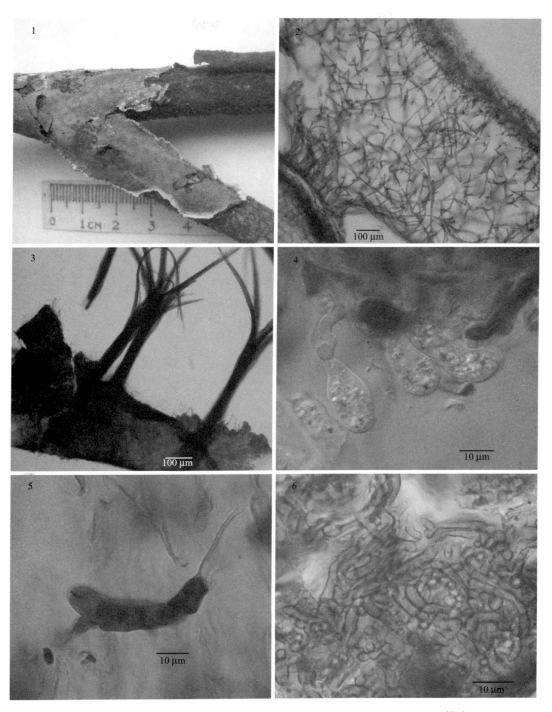

杜茎山隔担菌 *Septobasidium maesae* C.X. Lu & L. Guo (HMAS 184981，主模式)。
1. 担子果；2、3. 切片；4. 原担子；5. 担子、小梗和担孢子；6. 吸器。

图版 LVIII

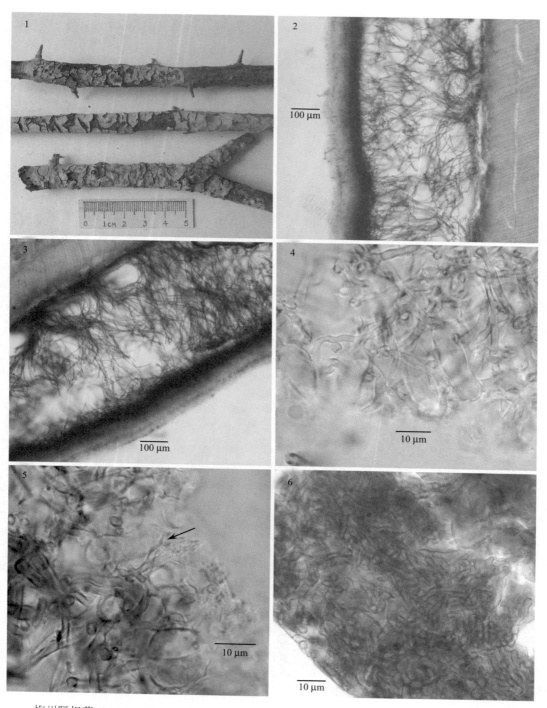

梅州隔担菌 *Septobasidium meizhouense* C.X. Lu, L. Guo & J.B. Li (HMAS 197041，主模式)。
1. 担子果；2、3. 切片；4.担子初期；5. 担子；6.吸器。

图版 LIX

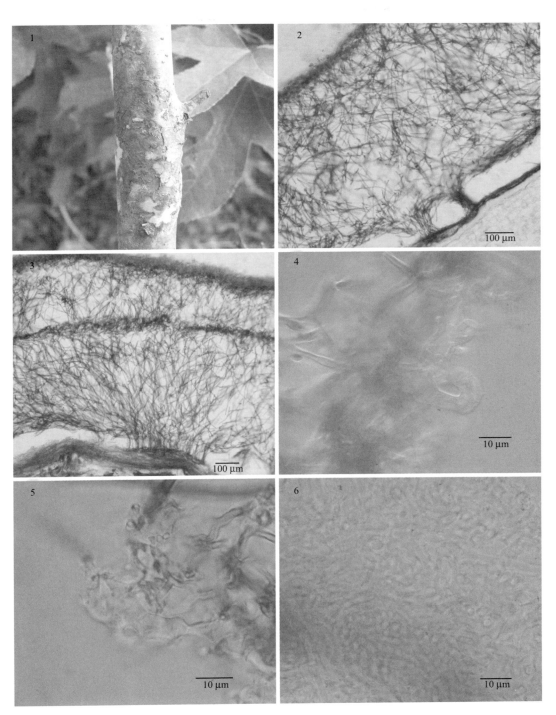

南方隔担菌 *Septobasidium meridionale* C.X. Lu & L. Guo (HMAS 240076,主模式)。
1. 担子果;2、3. 切片;4、5. 担子;6. 吸器。

图版 LX

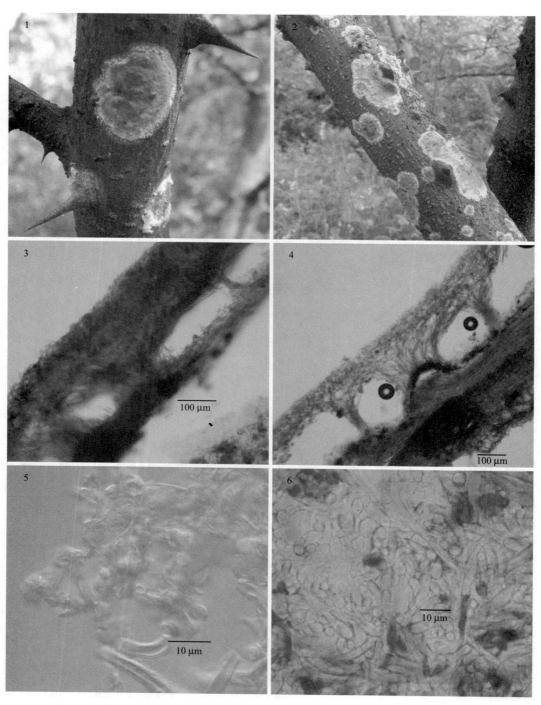

浅色隔担菌 *Septobasidium pallidum* Couch ex. L.D. Gómez & Henk (HMAS 199578)。
1、2. 担子果；3、4. 切片；5. 担子；6.吸器。

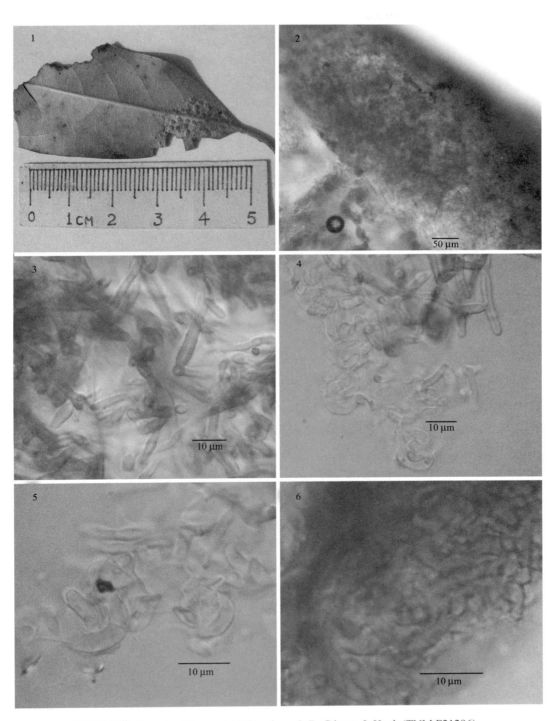

佩奇隔担菌 *Septobasidium petchii* Couch ex. L.D. Gómez & Henk (TNM F21296)。
1. 担子果；2. 切片；3. 菌丝；4、5. 担子；6. 吸器。

图版 LXII

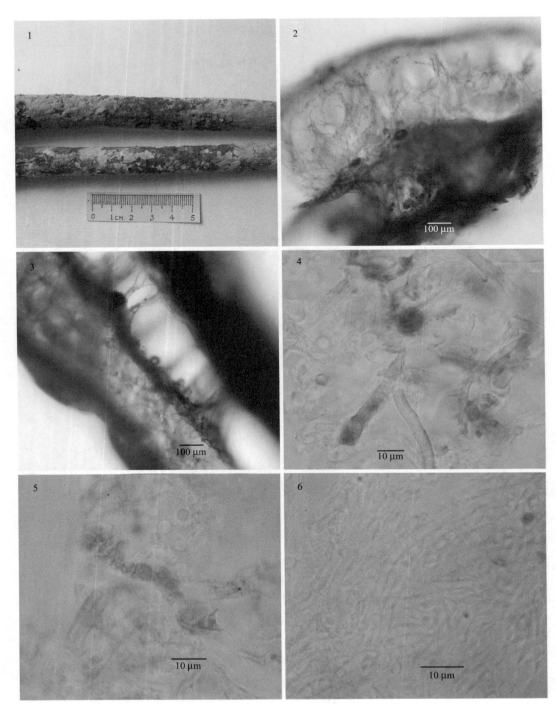

海桐花隔担菌 *Septobasidium pittospori* C.X. Lu & L. Guo (HMAS 240137，主模式)。
1. 担子果；2、3. 切片；4、5. 担子；6.吸器。

图版 LXIII

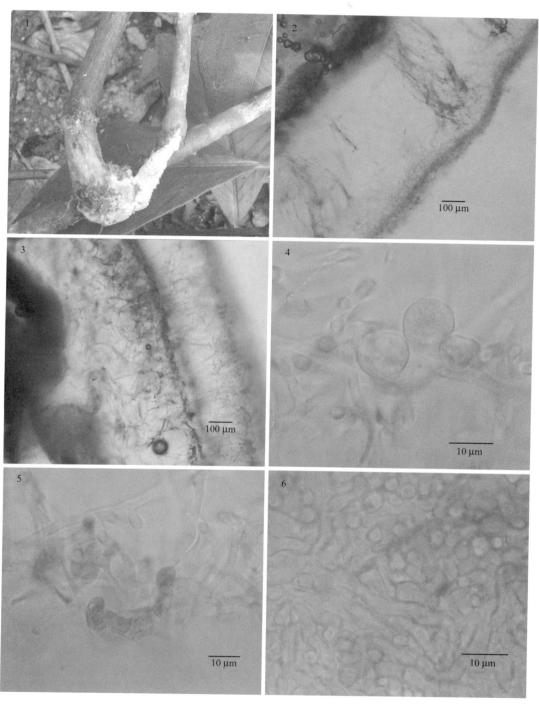

蓼隔担菌 *Septobasidium polygoni* C.X. Lu & L. Guo (HMAS 196488，主模式)。
1. 担子果；2、3. 切片；4. 原担子；5. 担子；6.吸器。

图版 LXIV

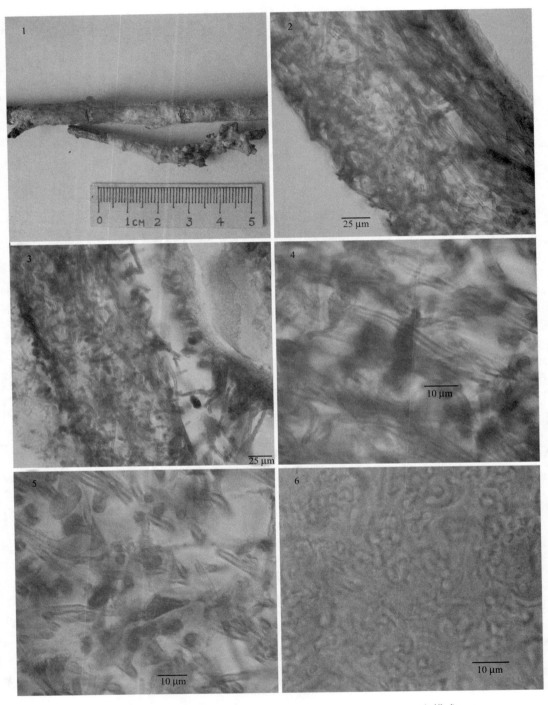

李隔担菌 *Septobasidium pruni* C.X. Lu & L. Guo (HMAS 91283, 主模式)。
1. 担子果; 2、3. 切片; 4、5. 担子; 6. 吸器。

图版 LXV

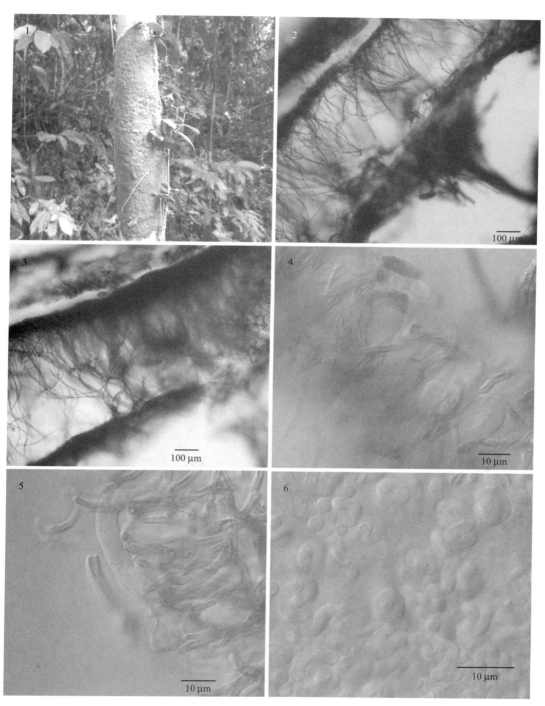

假柄隔担菌 *Septobasidium pseudopedicellatum* Burt (HMAS 242745)。
1. 担子果；2、3. 切片；4. 原担子；5. 担子；6. 吸器。

图版 LXVI

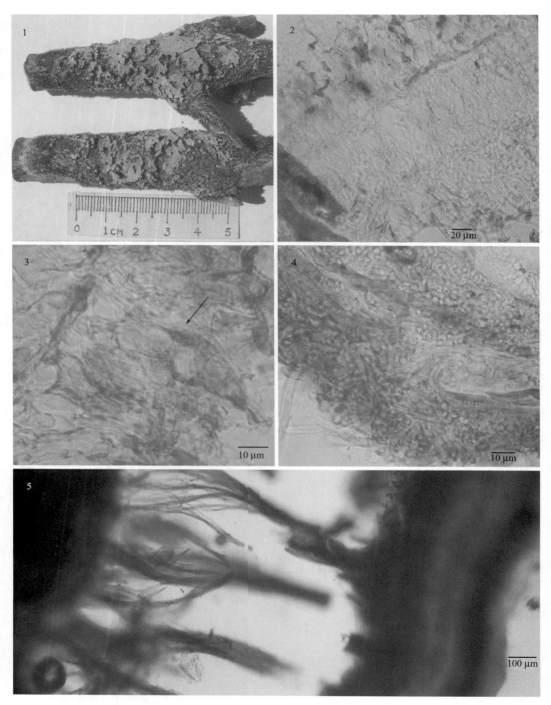

梭罗树隔担菌 *Septobasidium reevesiae* S.Z. Chen & L. Guo (HMAS 263427,主模式)。
1. 担子果;2. 子实层;3. 担子;4. 吸器;5. 切片。

图版 LXVII

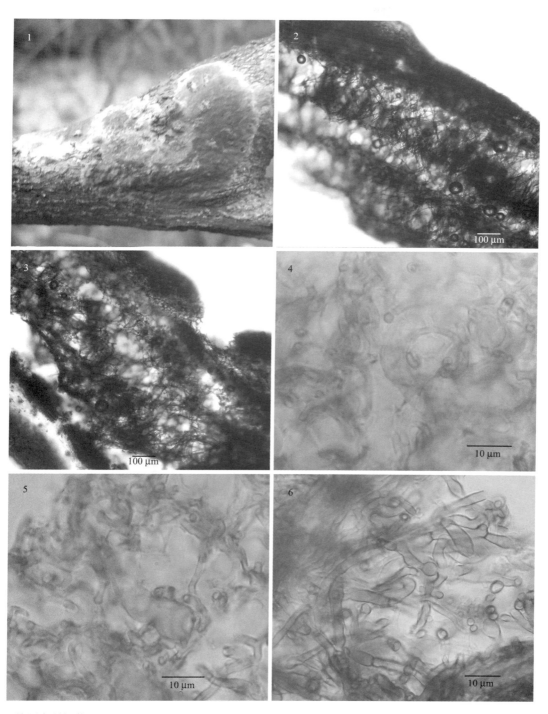

赖因金隔担菌 *Septobasidium reinkingii* Couch ex L.D. Gómez & Henk。1. 担子果 (HMAS 240195); 2、3. 切片 (HMAS 240195); 4、5. 担子 (HMAS 184987); 6. 吸器 (HMAS 184987)。

图版 LXVIII

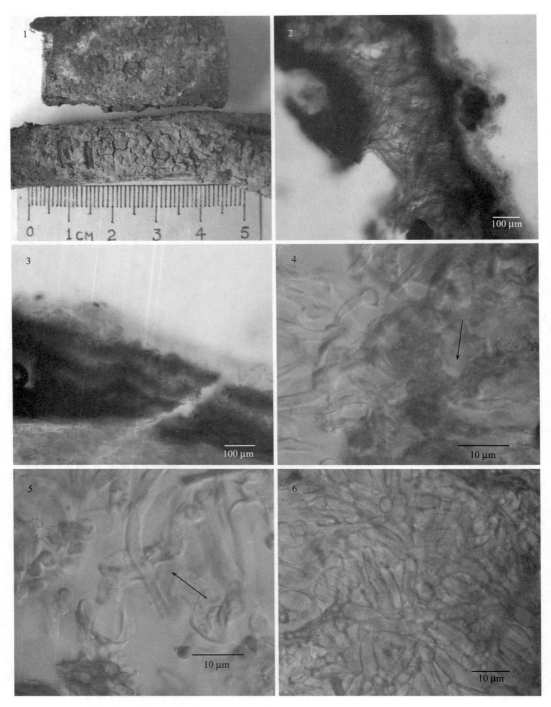

黄色隔担菌 *Septobasidium rhabarbarinum* (Mont.) Bres.。(HMAS 251990)。
1. 担子果；2、3. 切片；4、5. 担子；6. 吸器。

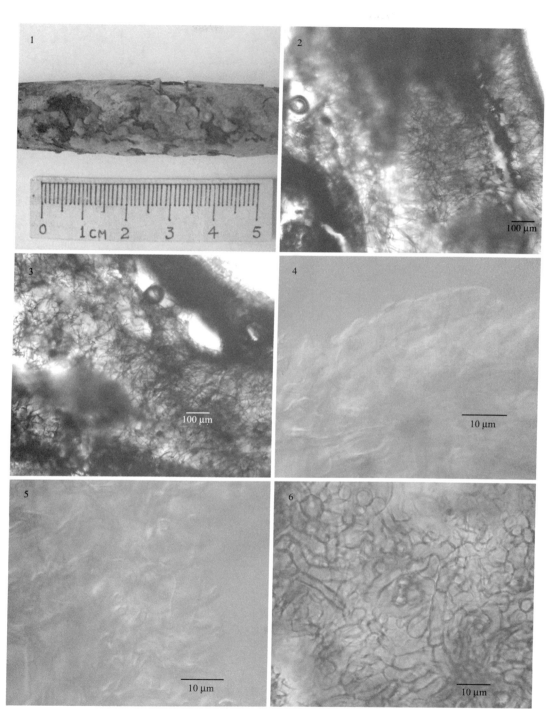

水东哥隔担菌 *Septobasidium saurauiae* S.Z.Chen & L.Guo。(HMAS 263145，主模式)。
1. 担子果；2、3. 切片；4、5. 担子；6. 吸器。

图版 LXX

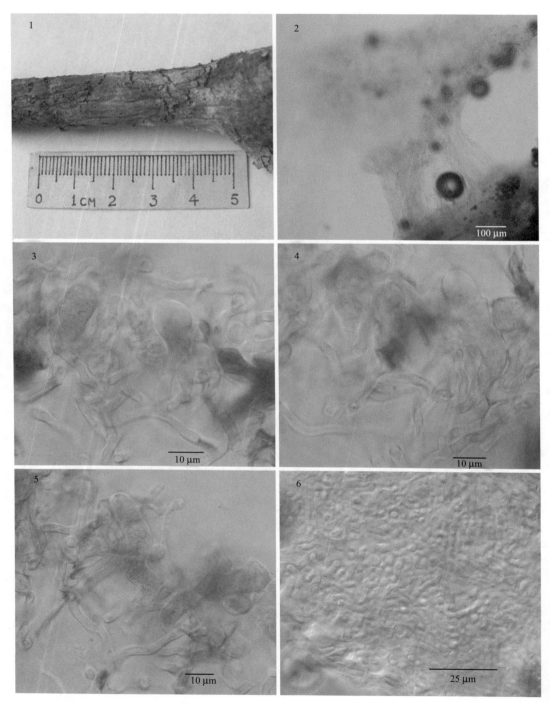

拟隔担菌 *Septobasidium septobasidioides* (Henn.) Höhn. & Litsch. (HMAS 196879)。
1. 担子果；2. 切片；3~5. 担子；6. 吸器。

图版 LXXI

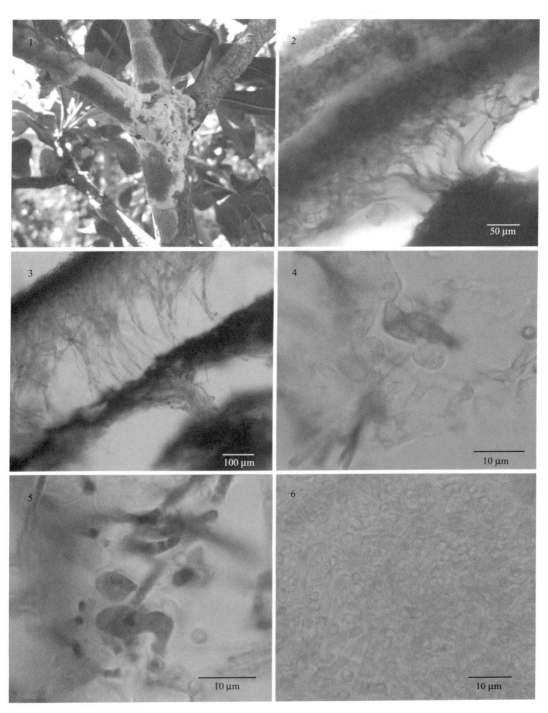

四川隔担菌 *Septobasidium sichuanense* S.Z. Chen & L. Guo (HMAS 242046，主模式)。
1. 担子果；2、3. 切片；4、5. 担子；6. 吸器。

图版 LXXII

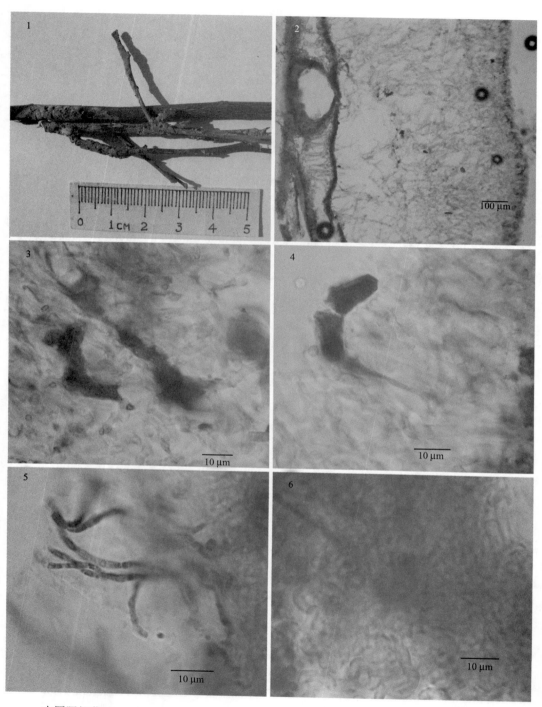

中国隔担菌 *Septobasidium sinense* Couch ex L.D. Gómez & Henk (BPI 268361，等模式)。
1. 担子果；2. 切片；3、4. 担子；5.分生孢子；6. 吸器。

图版 LXXIII

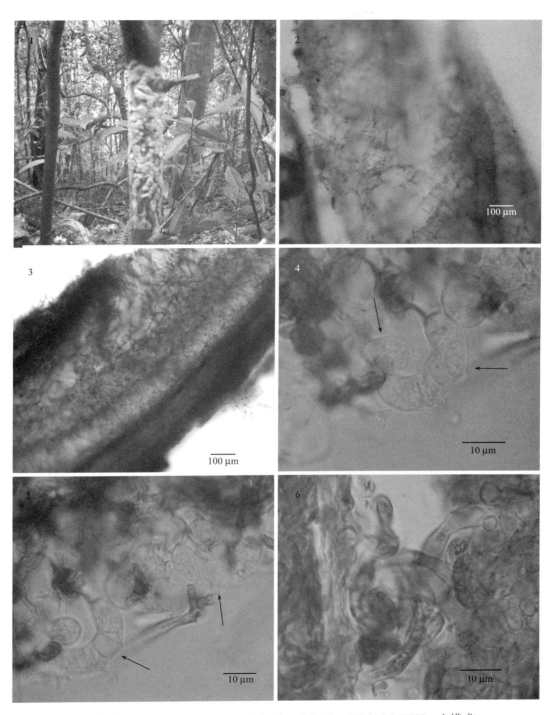

山矾隔担菌 *Septobasidium symploci* S.Z. Chen & L. Guo (HMAS 242888，主模式)。
1. 担子果；2、3. 切片；4、5. 担子和原担子（箭头所示）；6. 吸器。

图版 LXXIV

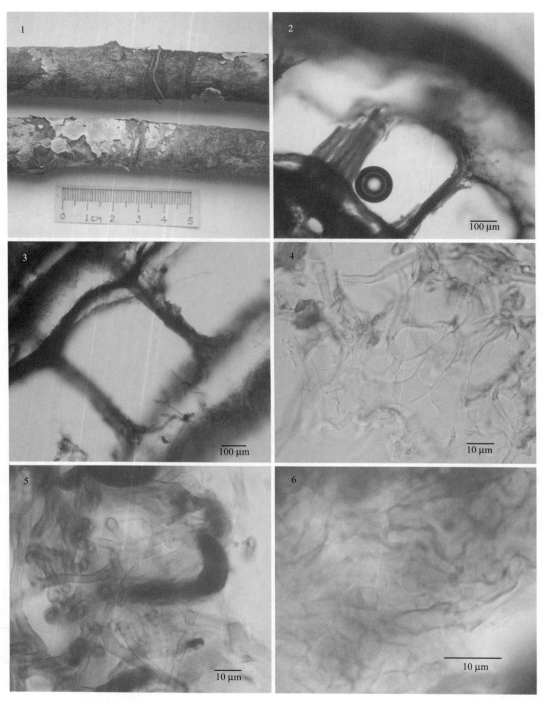

横层隔担菌 *Septobasidium transversum* Wei Li bis & L. Guo 的担子（HMAS 244429，主模式）。
1. 担子果；2、3. 切片；4、5. 担子；6. 吸器。

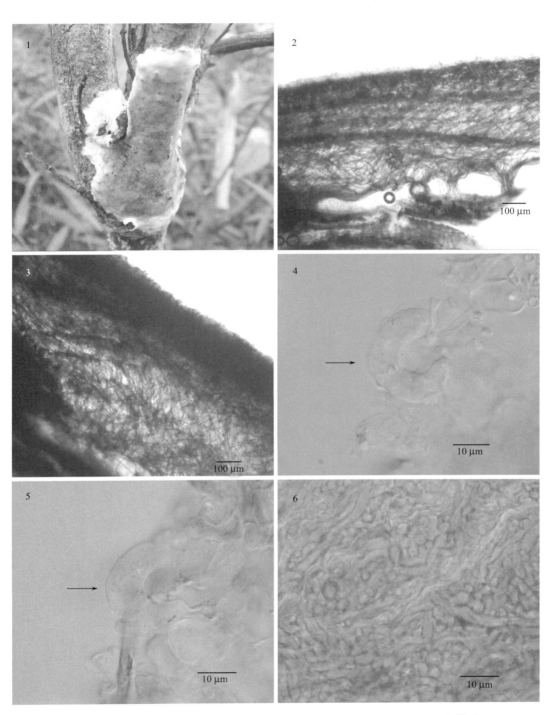

云南隔担菌 *Septobasidium yunnanense* S.Z. Chen & L. Guo (HMAS 243166，主模式)。
1. 担子果；2、3. 切片；4、5. 担子（箭头所示）；6. 吸器。

(Q-3543.01)
ISBN 978-7-03-044660-2